Einführung in die Statistik

Von Prof. Dr. rer. nat. Jürgen Lehn
und Prof. Dr. rer. nat. Helmut Wegmann
Technische Hochschule Darmstadt

2., überarbeitete Auflage
Mit zahlreichen Figuren und Beispielen

B. G. Teubner Stuttgart 1992

Prof. Dr. rer. nat. Jürgen Lehn

Geboren 1941 in Karlsruhe. Studium der Mathematik an den Universitäten Freiburg und Karlsruhe. Wiss. Assistent an den Universitäten Karlsruhe und Regensburg. 1968 Diplom in Karlsruhe, 1972 Promotion in Regensburg, 1978 Habilitation in Karlsruhe. 1978 Professor für Mathematik an der Universität Marburg, seit 1979 an der Technischen Hochschule Darmstadt.

Prof. Dr. rer. nat. Helmut Wegmann

Geboren 1938 in Worms. Studium der Mathematik und Physik an den Universitäten Mainz und Tübingen. Wiss. Assistent an den Universitäten Mainz und Stuttgart. 1962 Staatsexamen in Mainz, 1964 Promotion in Mainz, 1969 Habilitation in Stuttgart. Seit 1970 Professor für Mathematik an der Technischen Hochschule Darmstadt.

Die Deutsche Bibliothek – CIP-Einheitsaufnahme

Lehn, Jürgen:
Einführung in die Statistik : mit zahlreichen Figuren und Beispielen / von Jürgen Lehn und Helmut Wegmann. – 2., überarb. Aufl. – Stuttgart : Teubner, 1992
(Teubner-Studienbücher : Mathematik)
ISBN 3-519-12071-2
NE: Wegmann, Helmut:

Lizenzausgabe mit Genehmigung
der Wissenschaftlichen Buchgesellschaft Darmstadt

Printed in Germany
Druck: Wissenschaftliche Buchgesellschaft, Darmstadt
Umschlaggestaltung: M. Koch, Reutlingen

Vorwort zur ersten Auflage

Das vorliegende Buch entstand aus einem Vorlesungsskriptum zu einer Vorlesung "Einführung in die Statistik", die wir in den vergangenen Jahren mehrfach an der Technischen Hochschule Darmstadt für Studierende der Fachrichtungen Mathematik, Informatik und Wirtschaftsinformatik gehalten haben. Auch Studenten aus den natur– und ingenieurwissenschaftlichen Fachbereichen gehörten zum Hörerkreis dieser Vorlesung, die einen zeitlichen Umfang von drei Semesterwochenstunden hatte und von einer einstündigen Übung begleitet wurde. Für einen Teil der Mathematik–Studenten steht diese Vorlesung am Beginn eines auf mehrere Semester angelegten Stochastik–Studiums. Dagegen ist sie für die Mehrzahl der Studenten die einzige Lehrveranstaltung über dieses Gebiet. Dies und die unterschiedliche mathematische Vorbildung erfordern sowohl in der Stoffauswahl als auch in der Darstellung Rücksicht auf die speziellen Interessen beider Gruppen. Das Konzept, das dieser einführenden Statistik–Vorlesung zugrunde lag und im folgenden beschrieben werden soll, hat sich bei diesem gemischten Hörerkreis bewährt.

Durch die Stoffauswahl und durch die Veranschaulichung der Theorie mit Hilfe von zahlreichen Beispielen haben wir versucht, in die stochastischen Denkweisen einzuführen und die Anwendungsmöglichkeiten der Statistik anzudeuten. Die Hörer sollten lernen, was für eine sachgemäße Anwendung statistischer Verfahren zu beachten ist und wie die Ergebnisse einer statistischen Untersuchung zu beurteilen sind. Darüber hinaus sollte der Mathematik–Student für die weiterführenden Lehrveranstaltungen über Wahrscheinlichkeitstheorie und Mathematische Statistik ausreichend motiviert werden. Bei der Formulierung wesentlicher Bestandteile der Theorie wurde die in der Mathematik übliche Strenge angestrebt, aber auf die mathematische Herleitung tiefer liegender Sätze verzichtet. Hilfsmittel der Maßtheorie konnten nicht herangezogen werden. Dies hätte den zeitlichen Rahmen der Veranstaltung gesprengt und die meisten Hörer überfordert. Einerseits sollten die Hörer aus den nichtmathematischen Fachbereichen an mathematische Formulierungen stochastischer Sachverhalte gewöhnt werden, andererseits sollten sie nicht durch komplizierte mathematische Beweisführungen entmutigt werden. Wir haben versucht, diese Einführung in die Statistik so zu gestalten, daß sie für einen Mathematik–Studenten ansprechend, aber auch dem Anwender mit geringeren mathematischen Kenntnissen noch zugänglich ist.

Ein an der Mathematischen Statistik interessierter Student kann diese Einführung lesen, um sich auf das Studium weiterführender Texte, wie z.B. des Lehrbuchs "Grundkurs Stochastik" von K. Behnen und G. Neuhaus oder der Bände "Mathematische Statistik" von H. Witting und "Angewandte Mathematische Statistik" von H. Witting und G. Nölle vorzubereiten. Es war nicht unsere Absicht, ein Handbuch der elementaren Statistik oder ein Nachschlagewerk für statistische Methoden zu schreiben, sondern dem Leser das Umfeld der mathematischen Modellbildung verständlich zu machen, in das die in der Praxis angewendeten statistischen Verfahren einzuordnen sind.

Kollegen und Mitarbeitern unserer Arbeitsgruppe Stochastik und Operations Research wie auch Hörern der Vorlesungen danken wir für viele Verbesserungsvorschläge. Den Herren Dipl.-Math. U. Krzensk, Dipl.-Math. S. Rettig und Dr. F. Rummel gilt unser besonderer Dank für ihre Hilfe bei der Vorbereitung und Fertigstellung des Textes. Ebenso danken wir Frau U. Sauter für ihre Mühe beim Schreiben des Manuskriptes.

Darmstadt, im Februar 1985
J. Lehn, H. Wegmann

Vorwort zur zweiten Auflage

Die zweite Auflage dieses Buches unterscheidet sich von der ersten lediglich durch einige Ergänzungen, die wir auch am Stoff unserer Vorlesung vorgenommen haben. An einigen Stellen sind wir Verbesserungsvorschlägen gefolgt, die uns von Mitarbeitern und Mitarbeiterinnen unserer Arbeitsgruppe Stochastik und Operations Research wie auch von Hörern und Hörerinnen der Vorlesungen gemacht wurden. Ihnen allen, insbesondere den Herren Dipl.-Math. P. Plappert und Dr. S. Rettig danken wir dafür. Herrn Plappert gilt unser besonderer Dank für seine Bereitschaft, eine erste Fassung des Manuskripts durchzusehen. Ebenso danken wir Frau G. Schumm, die mit großer Sorgfalt und viel Geschick den Text in eine ansprechende Form gebracht hat, so daß die zweite Auflage unserer Einführung in dieser Hinsicht nicht hinter der dazugehörigen Aufgabensammlung zurückstehen muß.

Darmstadt, im November 1991
J. Lehn, H. Wegmann

Inhaltsverzeichnis

Einleitung

In der Statistik, wie sie im folgenden behandelt werden soll, geht es um das Problem, Beobachtungen, die unter Einfluß des Zufalls entstanden sind, zu analysieren. Ein erster Schritt dabei ist die Aufbereitung des Beobachtungsmaterials, was mit Hilfe von graphischen Darstellungen, wie Histogrammen oder Punktediagrammen, und durch die Berechnung von Kennzahlen, wie Durchschnittswerten und Streuungsmaßzahlen, geschehen kann. Im ersten Kapitel über *Beschreibende Statistik* wird auf solche Möglichkeiten zur Aufbereitung des Datenmaterials eingegangen. In einem zweiten Schritt werden auf diesen Grundlagen die Daten beurteilt mit dem Ziel, Aussagen über das Zufallsgesetz zu gewinnen, das ihrer Entstehung zugrunde lag. Dies geschieht mit Verfahren der *Schließenden Statistik*, die der eigentliche Gegenstand dieser Einführung sind und im dritten Kapitel behandelt werden. Da statistische Schlüsse auf Daten beruhen, die unter Zufallseinfluß entstanden sind, sind sie mit Unsicherheiten behaftet. Man muß das Risiko von Fehlern in Kauf nehmen. Dieses Risiko soll jedoch kalkulierbar sein. Zu einem statistischen Verfahren gehören darum immer quantitative Aussagen über die Wahrscheinlichkeiten, mit denen bei seiner Anwendung Fehlschlüsse auftreten. Aus diesem Grund müssen mathematische Modelle entwickelt werden, die sich zur Beschreibung aller zufallsabhängigen Vorgänge eignen, von der Entstehung der Daten bis zu ihrer Beurteilung. Solche Modelle sind Gegenstand des zweiten Kapitels über *Wahrscheinlichkeitstheorie*. Hier wird auch auf die für die Interpretation wahrscheinlichkeitstheoretischer Aussagen nötigen Sachverhalte eingegangen. Die Auswahl des Stoffes für dieses Kapitel wurde nicht zuletzt im Hinblick auf seine Bedeutung für eine sachgerechte Anwendung statistischer Verfahren getroffen.

Einleitung

1 Beschreibende Statistik

1.1 Merkmale

Beginnen wir mit einem

Beispiel 1.1. *Bei einer Befragung von 250 Hörern einer Statistik–Vorlesung wurden die folgenden Daten ermittelt: (1) Familienstand, (2) Studienrichtung, (3) Interesse am Vorlesungsgegenstand (gemäß folgender Einstufung: außerordentlich interessiert – sehr interessiert – interessiert – kaum interessiert – überhaupt nicht interessiert), (4) Anzahl der Geschwister, (5) Anzahl der bereits studierten Hochschulsemester, (6) Körpergröße, (7) Körpergewicht, (8) Weglänge von der Wohnung zur Hochschule.*

Die Gesamtheit der befragten Hörer der Vorlesung wird als *Beobachtungsmenge* bezeichnet, ein einzelner Hörer heißt *Beobachtungseinheit.* Die Eigenschaften oder Sachverhalte, die erfragt werden, heißen *Beobachtungsmerkmale.* Die Ergebnisse, die bei der Beobachtung eines Merkmals auftreten können, heißen *Merkmalsausprägungen.*

Man unterscheidet die folgenden Merkmalstypen:
qualitative Merkmale wie (1) und (2)
Rangmerkmale wie (3)
quantitativ–diskrete Merkmale wie (4) und (5)
quantitativ–stetige Merkmale wie (6), (7) und (8).

Qualitative Merkmale können natürlich auch durch Zahlen beschrieben werden. So läßt sich das Merkmal Konfession z.B. in folgender Weise verschlüsseln: keine = 0, römisch–katholisch = 1, evangelisch = 2, jüdisch = 3, sonstige = 4. Dadurch wird natürlich das Merkmal Konfession nicht zu einem quantitativen Merkmal. Während bei quantitativen Merkmalen, wie etwa der Körpergröße, ein Durchschnittswert, die "durchschnittliche Größe" ein sinnvoller Begriff ist, hat es keinen Sinn, bei zwei Personen, die gemäß obiger Quantifizierung die Konfession 0 (= keine) und 4 (= sonstige) besitzen, von der mittleren Konfession 2 (= evangelisch) zu sprechen.

Bei *Rangmerkmalen* sind die Vergleiche zwischen den einzelnen Merkmalsausprägungen im Sinne einer Reihenfolge möglich. Bei einer zahlenmäßigen Verschlüsselung der Merkmalsausprägungen wird man daher darauf achten, daß sich diese Reihenfolge oder Rangordnung in der Größer- bzw. Kleinerrelation der zugeordneten Zahlen ausdrückt. Das Merkmal "Interesse am Vorlesungsgegenstand" des obigen Beispiels könnte wie folgt verschlüsselt werden: außerordentlich interessiert = 5, sehr interessiert = 4, interessiert = 3, kaum interessiert = 2, überhaupt nicht interessiert = 1.

Aufgrund dieser Quantifizierung hat es jedoch keinen Sinn, von einem Hörer mit Interesse 4 (= sehr interessiert) zu sagen, er habe doppelt soviel Interesse wie ein Hörer mit Interesse 2 (= kaum interessiert). Sinnvoll ist es jedoch zu sagen (und es freut den Dozenten, wenn dies gesagt werden kann), daß mehr als die Hälfte der Hörer mindestens Interesse 3 (= interessiert) haben. Diese Problematik liegt auch bei der Leistungsmessung im Schul- und Hochschulalltag und bei der Intelligenzmessung in der Psychologie vor, wo ebenfalls Rangmerkmale betrachtet werden müssen.

Wir werden uns im folgenden jedoch hauptsächlich mit quantitativen Merkmalen befassen, da in der Technik und in den Naturwissenschaften die Daten vornehmlich durch Messen oder Zählen gewonnen werden. *Quantitativ–diskrete Merkmale* sind solche, bei denen die Merkmalsausprägungen nur bestimmte auf der Zahlengeraden getrennt liegende Zahlenwerte (z.B. nur ganze Zahlen) sein können, während *quantitativ–stetige Merkmale* dadurch gekennzeichnet sind, daß (zumindest theoretisch) jeder Wert eines Intervalls als Ausprägung möglich ist. Obwohl es sich selbst bei Längenmessungen, ja bei Messungen überhaupt, streng genommen – bedingt durch die Meßgenauigkeit – auch um quantitativ–diskrete Merkmale handelt, ist es trotzdem sinnvoll, sie als quantitativ–stetige Merkmale zu betrachten.

1.2 Darstellung von Meßreihen

Wir gehen zunächst davon aus, daß zu jeder Beobachtungseinheit ein quantitatives Merkmal gehört oder daß die verschiedenen Merkmale getrennt voneinander untersucht werden sollen.

Wir legen ein quantitatives Merkmal zugrunde und nehmen an, daß an n Beobachtungseinheiten die entsprechenden Merkmalsausprägungen ermittelt werden. Notieren wir die nicht notwendig voneinander verschiedenen Beobachtungsergebnisse $x_1, \ldots, x_n$ in der Reihenfolge, in der sie anfallen, so sprechen wir von einer *Meßreihe* $x_1, \ldots, x_n$.

Beispiel 1.2. *(Quantitativ–diskretes Merkmal)*
Es wird bei 20 Streichholzschachteln jeweils die Anzahl der darin enthaltenen Streichhölzer ermittelt. Dabei ergibt sich die folgende Meßreihe:
37, 40, 41, 42, 40, 38, 38, 41, 43, 41, 40, 35, 40, 38, 37, 38, 40, 38, 37, 38.

Für $x \in \mathbb{R}$ bezeichne $G(x)$ die Anzahl der Werte in der Meßreihe, die kleiner oder gleich der Zahl x sind. $G(x)$ heißt Summenhäufigkeit *und, falls n die Gesamtzahl der Meßwerte bezeichnet,*

$$H(x) = \frac{1}{n}\, G(x)$$

relative Summenhäufigkeit *an der Stelle x. Die dadurch definierte Funktion* $H : \mathbb{R} \to \mathbb{R}$ *heißt* empirische Verteilungsfunktion. *Es handelt sich dabei um eine Treppenfunktion, deren Sprungstellen die Werte der Meßreihe sind. Die jeweiligen Sprunghöhen sind die relativen Häufigkeiten der Meßwerte in der Meßreihe.*

Wir erstellen die folgende Tabelle:

Anzahl der Streichhölzer	*abs. Häufigkeit*	*rel. Häufigkeit*
35	1	0.05
36	0	0.00
37	3	0.15
38	6	0.30
39	0	0.00
40	5	0.25
41	3	0.15
42	1	0.05
43	1	0.05

Diese Ergebnisse veranschaulichen wir graphisch durch ein *Stabdiagramm* der relativen Häufigkeiten und eine Skizze der empirischen Verteilungsfunktion.

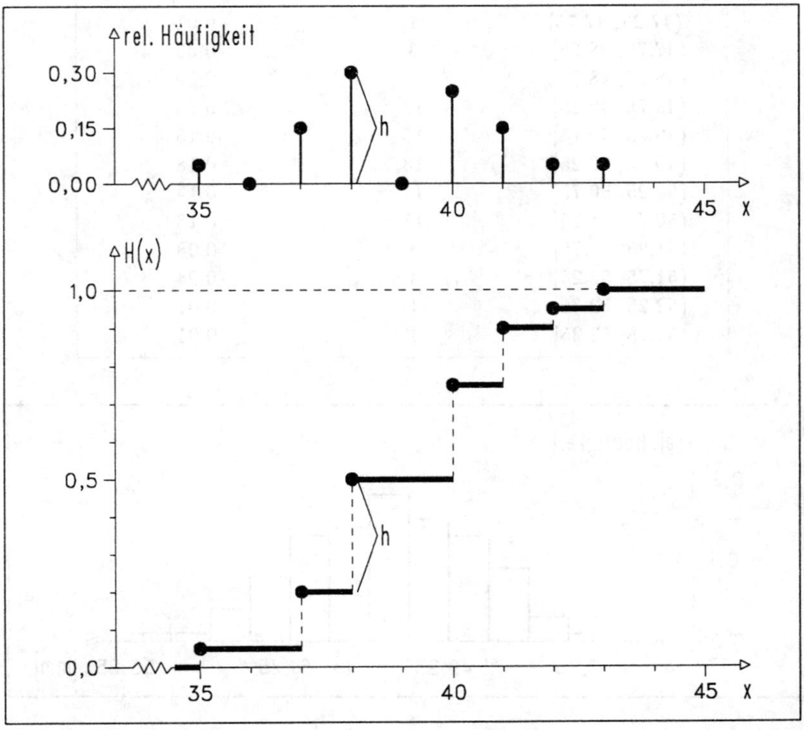

Beispiel 1.3. *(Quantitativ–stetiges Merkmal)*
100 Holzschrauben mit der angegebenen Länge von 5 cm wurden auf 0.5 Millimeter genau nachgemessen. Aus der Meßreihe $x_1, \ldots, x_{100}$ wurde folgende Tabelle ermittelt:

Länge in mm	47.5	48.0	48.5	49.0	49.5	50.0	50.5	51.0	51.5	52.0	52.5	53.0
Anzahl der Schrauben	1	3	9	13	15	18	14	13	8	4	1	1

Durch die Meßgenauigkeit ist in natürlicher Weise eine *Klasseneinteilung* der Meßwerte gegeben. Haben wir etwa 49.5 gemessen, so ist die Länge der Schrauben eine Zahl des Intervalls (49.25, 49.75]. Zur übersichtlichen Darstellung der Meßreihe benutzt man ein *Histogramm*, in dem die *relativen Klassenhäufigkeiten* gemäß folgender Tabelle eingetragen werden:

Länge im Intervall	Klassenhäufigkeit	rel. Klassenhäufigkeit
(47.25, 47.75]	1	0.01
(47.75, 48.25]	3	0.03
(48.25, 48.75]	9	0.09
(48.75, 49.25]	13	0.13
(49.25, 49.75]	15	0.15
(49.75, 50.25]	18	0.18
(50.25, 50.75]	14	0.14
(50.75, 51.25]	13	0.13
(51.25, 51.75]	8	0.08
(51.75, 52.25]	4	0.04
(52.25, 52.75]	1	0.01
(52.75, 53.25]	1	0.01

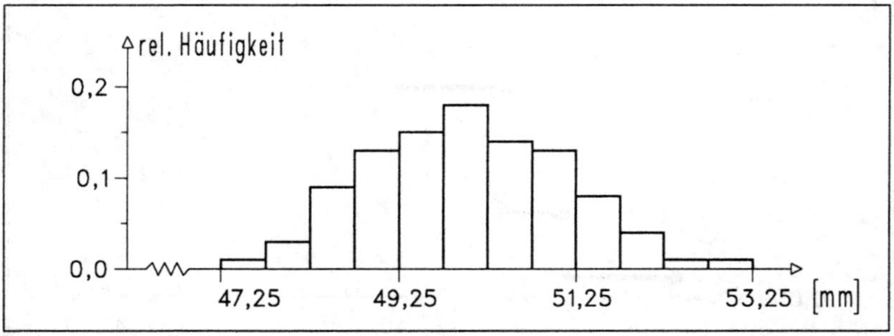

Ist die Zahl der verschiedenen Meßwerte sehr groß, so liefert die durch die Meßgenauigkeit vorgegebene Klasseneinteilung keine befriedigende Darstellung im Histogramm. Man wird dann eine andere Klasseneinteilung vornehmen, wie im folgenden Beispiel.

Beispiel 1.4. *(Quantitativ–stetiges Merkmal)*
200 Nietkopfdurchmesser wurden gemessen (in Millimeter auf 2 Dezimalen genau). Alle Zahlenwerte der Meßreihe $x_1, \ldots, x_n$ lagen im Intervall (14.10, 14.60]. Die Werte wurden in Klassen mit der Klassenbreite 0.05 eingeteilt. Es ergab sich folgende Tabelle:

Länge im Intervall	Klassenhäufigkeit	rel. Klassenhäufigkeit
(14.10, 14.15]	2	0.010
(14.15, 14.20]	4	0.020
(14.20, 14.25]	12	0.060
(14.25, 14.30]	23	0.115
(14.30, 14.35]	39	0.195
(14.35, 14.40]	42	0.210
(14.40, 14.45]	36	0.180
(14.45, 14.50]	24	0.120
(14.50, 14.55]	12	0.060
(14.55, 14.60]	6	0.030

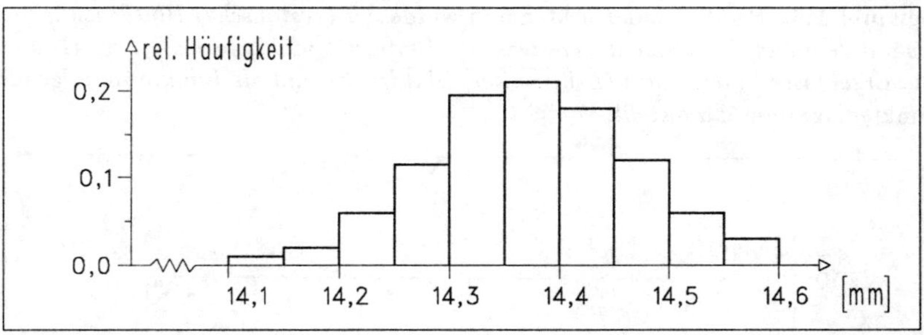

Wird die doppelte Klassenbreite gewählt und soll das dabei entstehende Histogramm mit dem eben gezeichneten vergleichbar bleiben, so ist darauf zu achten, daß der Maßstab auf der senkrechten Achse des Diagramms entsprechend geändert wird. Die relativen Klassenhäufigkeiten sind dann: 0.030, 0.175, 0.405, 0.300, 0.090.

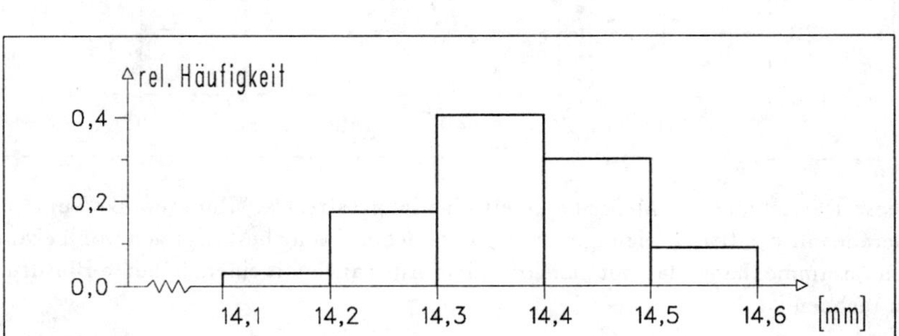

Das zweite Histogramm vermittelt einen weniger genauen Eindruck von der zugrundeliegenden Meßreihe. Man spricht hier davon, daß bei Vergrößerung der Klassenbreite "Information" verlorengeht.

Hinweis: Bei den eben dargestellten Histogrammen war eine äquidistante Klasseneinteilung zugrundegelegt. Deshalb war es sinnvoll, auf der senkrechten Achse die relative Häufigkeit abzutragen. Als Flächeninhalt der Gesamtfläche des Histogramms erhält man bei diesem Maßstab gerade die Klassenbreite. Will man ein Histogramm mit auf den Wert 1 normiertem Gesamtflächeninhalt haben, so ist auf der senkrechten Achse nicht die relative Häufigkeit sondern der Quotient aus relativer Häufigkeit und Klassenbreite zu wählen. Bei nicht äquidistanter Klasseneinteilung muß in dieser Weise verfahren werden, damit ein anschauliches Histogramm entsteht, bei dem die Flächeninhalte der Rechtecke und nicht ihre Höhen den relativen Klassenhäufigkeiten entsprechen.

Bei vielen statistischen Untersuchungen geht es aber nicht nur um ein einziges Merkmal, sondern oft werden Abhängigkeiten zwischen verschiedenen Merkmalen untersucht. Wir wollen nun annehmen, daß zu jeder Beobachtungseinheit zwei quantitative Merkmale gehören, die gemeinsam untersucht werden sollen. Eine Meßreihe $(x_1, y_1), \ldots, (x_n, y_n)$ besteht dann aus Paaren reeller Zahlen.

Beispiel 1.5. *Bei 30 gesunden Männern wurde der (systolische) Blutdruck gemessen mit dem Ziel, Zusammenhänge zwischen Blutdruck und Lebensalter zu erkennen. Die Ergebnisse in der Form (Lebensalter, Blutdruck) sind als Punkte im folgenden* Punktediagramm *dargestellt.*

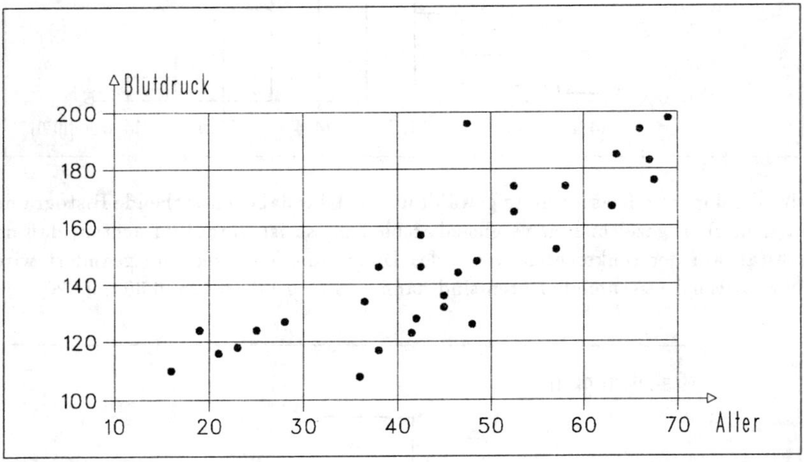

Diese Darstellung der Meßreihe liefert eine langgestreckte "Punktewolke" um eine Gerade mit positiver Steigung herum. Diese Beobachtung bestätigt den wohlbekannten Zusammenhang, daß mit zunehmendem Alter auch mit einem höheren Blutdruck zu rechnen ist.

Teilt man die Ergebnisse, so wie dies bei eindimensionalen Daten auch geschehen ist, in Klassen ein, so erhält man die folgende Häufigkeitstabelle, die man als *Kontingenztafel* bezeichnet.

Blutdruck B	Alter A 10<A≤20	 20<A ≤ 30	 30<A≤40	 40 <A≤50	 50<A≤60	 60<A≤70	Zeilen-summen
180<B≤200				1		4	5
160<B≤180					3	2	5
140<B≤160			1	4	1		6
120<B≤140	1	2	1	5			9
100<B≤120	1	2	2				5
Spalten-summen	2	4	4	10	4	6	30

Die absoluten Häufigkeiten in dieser Tabelle nennt man "Zellenhäufigkeiten", die Zeilen– bzw. die Spaltensummen "Randhäufigkeiten". Im Beispiel sind Zellenhäufigkeiten 0 nicht eingetragen. Dadurch wird optisch der Vergleich mit dem zugehörigen Punktediagramm erleichtert.

Die Randhäufigkeiten beschreiben die beiden eindimensionalen Meßreihen. Es ist klar, daß sich die Zellenhäufigkeiten nicht aus den Randhäufigkeiten bestimmen lassen. Sie charakterisieren die Art der gegenseitigen Abhängigkeit beider Merkmale.

Auf der Grundlage einer Kontingenztafel kann man wie im eindimensionalen Fall ein Histogramm erstellen, das in diesem Fall aus Säulen mit rechteckigem Querschnitt im dreidimensionalen Raum besteht. Doch ist in der Regel die graphische Darstellung des Datenmaterials durch ein Punktediagramm übersichtlicher.

1.3 Maßzahlen für eindimensionale Meßreihen

Meist ist man an einer knappen Beschreibung einer Meßreihe interessiert, z.B. durch Angabe typischer Eigenschaften der Häufigkeitsverteilung. Dies kann mit statistischen Maßzahlen geschehen. Diese sollen darüber Auskunft geben, wo die "Mitte" der beobachteten Werte ist und wie groß der "Bereich" ist, über den sich die Werte im wesentlichen erstrecken. Dementsprechend unterscheidet man zwischen Lage – und Streuungsmaßzahlen. Hinzu kommen bei mehrdimensionalen Meßreihen noch weitere Maßzahlen, die zusätzliche Informationen über die Form der Punktewolke im Punktediagramm liefern.

Sei $x_1, \ldots, x_n$ eine Meßreihe, so heißt

$$\bar{x} = \tfrac{1}{n}(x_1 + \cdots + x_n) = \tfrac{1}{n} \sum_{i=1}^{n} x_i \qquad (1)$$

arithmetisches Mittel (oder empirischer Mittelwert) der Meßreihe.

Ordnet man die Zahlen der Meßreihe $x_1, \ldots, x_n$ der Größe nach, so heißt die entstehende Meßreihe

$$x_{(1)}, \ldots, x_{(n)}$$

mit $x_{(1)} \leq \cdots \leq x_{(n)}$ die zugehörige *geordnete Meßreihe.*

Die Zahl

$$\tilde{x} = \begin{cases} x_{(\frac{n+1}{2})}, & \text{falls } n \text{ ungerade} \\ x_{(\frac{n}{2})}, & \text{falls } n \text{ gerade} \end{cases} \tag{2}$$

heißt (empirischer) *Median* der Meßreihe $x_1, \ldots, x_n$.

Mittelwert und Median einer Meßreihe geben Auskunft über die Lage der beobachteten Werte auf der Zahlengeraden und heißen deshalb *Lagemaßzahlen* (oder Lageparameter), während die jetzt zu definierenden *Streuungsmaßzahlen* (oder Streuungsparameter) darüber Auskunft geben, wie sehr die Werte um ihr "Zentrum" schwanken oder streuen.

Die *Spannweite* (oder Variationsbreite) ist die Differenz zwischen größtem und kleinstem Wert der Meßreihe $x_1, \ldots, x_n$, also

$$v = \max_{i=1,\ldots,n} x_i - \min_{i=1,\ldots,n} x_i = x_{(n)} - x_{(1)},$$

wenn $x_{(1)}, \ldots, x_{(n)}$ wieder die zugehörige geordnete Meßreihe bezeichnet.

Maße für die mittlere Abweichung vom arithmetischen Mittel sind die *empirische Varianz*

$$s^2 = \frac{1}{n-1} \sum_{i=1}^{n} (x_i - \bar{x})^2 \tag{3}$$

und die *empirische Standardabweichung* oder *Streuung*

$$s = \sqrt{\frac{1}{n-1} \sum_{i=1}^{n} (x_i - \bar{x})^2} \,. \tag{4}$$

Der Grund, weshalb bei der Definition der empirischen Varianz der Faktor $\frac{1}{n-1}$ und nicht $\frac{1}{n}$ vor der Summe gewählt wird, soll später im Beispiel 2.72 bei der Behandlung von Schätzverfahren erläutert werden. Zur praktischen Berechnung von s^2 ist oft die Formel

$$s^2 = \frac{1}{n-1} \Big(\sum_{i=1}^{n} x_i^2 - n\bar{x}^2 \Big) \tag{5}$$

nützlich. Diese Formel läßt sich zwar leicht durch algebraische Umformung von (3) verifizieren, wir wollen jedoch einen geometrischen Beweis angeben, um bei dieser Gelegenheit einige weitere Begriffe einzuführen, die im folgenden von Bedeutung sein werden:

Wir fassen die Meßreihe $x_1, \ldots, x_n$ zu einem Spaltenvektor

$$x = (x_1, \ldots, x_n)^T$$

zusammen, den wir als *Datenvektor* bezeichnen. Datenvektoren der Form $(c, c, \ldots, c)^T$ mit gleichen Komponenten nennen wir *deterministisch*, da die zugehörige Meßreihe offensichtlich keine zufälligen Schwankungen enthält. Zur Abkürzung führen wir den Vektor

$$\mathbb{1} = (1, 1, \ldots, 1)^T$$

ein und können damit deterministische Datenvektoren als $c \cdot \mathbb{1}$ schreiben. Jeden beliebigen Datenvektor x können wir in einen *deterministischen Anteil* und einen *Streuungsanteil* zerlegen:

$$x = c \cdot \mathbb{1} + (x - c \cdot \mathbb{1}).$$

Dabei wollen wir als deterministischen Anteil den Vektor $c \cdot \mathbb{1}$ wählen, für den die Differenz $x - c \cdot \mathbb{1}$ minimale Länge hat. Dies ist genau dann der Fall, wenn $x - c \cdot \mathbb{1}$ und $\mathbb{1}$ orthogonal sind.

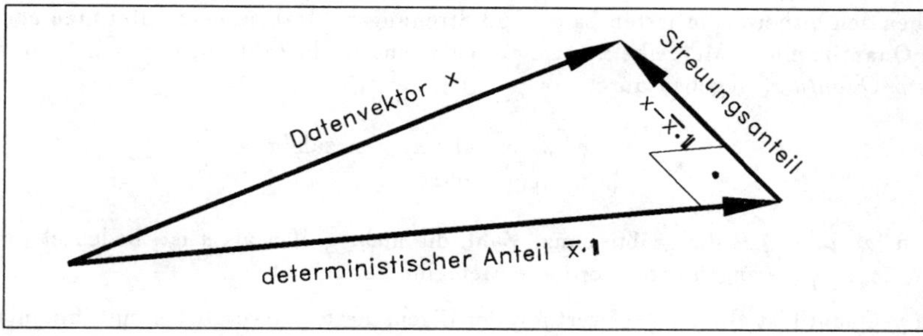

Also läßt sich c aus der Gleichung

$$(x - c \cdot \mathbb{1})^T \mathbb{1} = 0$$

bestimmen, und man erhält wegen

$$\sum_{i=1}^{n} (x_i - c) = 0$$

das Ergebnis $c = \bar{x}$. Die Zerlegung des Datenvektors lautet demnach

$$x = \bar{x} \cdot \mathbb{1} + (x - \bar{x} \cdot \mathbb{1}). \tag{6}$$

Die Quadrate der Längen dieser drei Vektoren sind

$$|x|^2 = \sum_{i=1}^{n} x_i^2, \qquad |\bar{x} \cdot \mathbb{1}|^2 = n\bar{x}^2$$

und

$$|x - \bar{x} \cdot \mathbb{1}|^2 = \sum_{i=1}^{n} (x_i - \bar{x})^2. \tag{7}$$

Da $\bar{x} \cdot \mathbb{1}$ und $(x - \bar{x} \cdot \mathbb{1})$ orthogonal sind, folgt mit dem Satz des Pythagoras

$$\sum_{i=1}^{n} x_i^2 = n\bar{x}^2 + \sum_{i=1}^{n} (x_i - \bar{x})^2.$$

Daraus ergibt sich unmittelbar Gleichung (5) zur Berechnung von s^2.

Die Quadratsumme (7) bezeichnen wir mit ssx (vom englischen "sum of squares"). Sie stimmt bis auf den Faktor $\frac{1}{n-1}$ mit der empirischen Varianz überein. Es gilt nach (3)

$$s^2 = \frac{\text{ssx}}{\text{n} - 1}. \tag{8}$$

Der Mittelwert $\bar{x}$ einer Meßreihe bestimmt also den deterministischen Anteil $\bar{x} \cdot \mathbb{1}$ des zugehörigen Datenvektors, die Quadratsumme ssx ist das Quadrat der Länge des dazu orthogonalen Streuungsanteils $x - \bar{x} \cdot \mathbb{1}$.

Neben den bisher diskutierten Lage– und Streuungsmaßzahlen betrachtet man noch die Quantile einer Meßreihe $x_1, \ldots, x_n$. Ist p eine reelle Zahl mit $0 < p < 1$, so ist das *p–Quantil* x_p gegeben durch

$$x_p = \begin{cases} x_{(np)}, & \text{falls } np \text{ ganzzahlig} \\ x_{([np+1])} & sonst \end{cases} \tag{9}$$

wenn $[a]$ für $a \in \mathbb{R}$ die größte ganze Zahl, die nicht größer als a ist, bedeutet und $x_{(1)}, \ldots, x_{(n)}$ die zugehörige geordnete Meßreihe bezeichnet.

Ein p–Quantil ist also ein Meßwert mit der Eigenschaft, daß verglichen mit ihm mindestens $p \cdot 100\%$ der Meßwerte nicht größer sind und mindestens $(1-p) \cdot 100\%$ nicht kleiner sind. Der Median $\tilde{x}$ ist das 0.5–Quantil $x_{0.5}$. Besonders häufig verwendet man die Quantile $x_{0.25}$ und $x_{0.75}$, die *erstes* bzw. *drittes Quartil* heißen. Sie werden z.B. bei der Definition des *Quartilabstandes*

$$q = x_{0.75} - x_{0.25} \tag{10}$$

benutzt.

Die Charakterisierung der Struktur einer Meßreihe an Hand dieser Maßzahlen kann mit Hilfe eines *Boxplots* veranschaulicht werden.

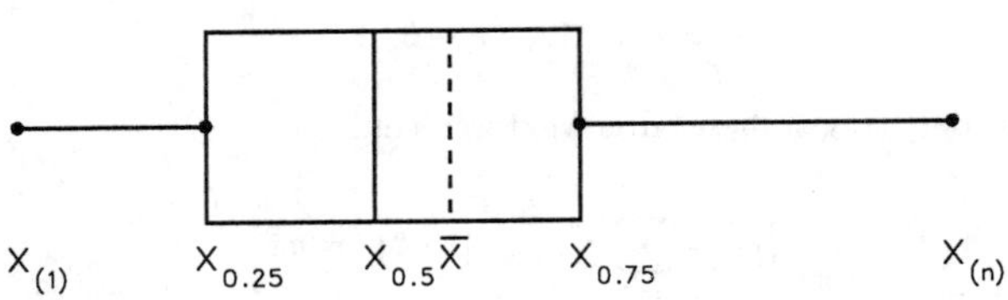

Die beiden Strecken beschreiben die Lage des unteren bzw. oberen Viertels der Meßreihe. Das Rechteck kennzeichnet den Bereich, in dem die restlichen 50% der Meßwerte liegen. Die durchgezogene Linie innerhalb des Rechtecks beschreibt die Lage des Medians $x_{0.5}$, die unterbrochene Linie die des arithmetischen Mittels $\bar{x}$.

Beispiel 1.6. *Gegeben sei die Meßreihe:*

165, 173, 174, 173, 169, 164, 170, 165, 171, 168, 172, 170, 177, 168, 171.

Quantile lassen sich am einfachsten aus einer graphischen Darstellung der empirischen Verteilungsfunktion ablesen.

Empirische Verteilungsfunktion:

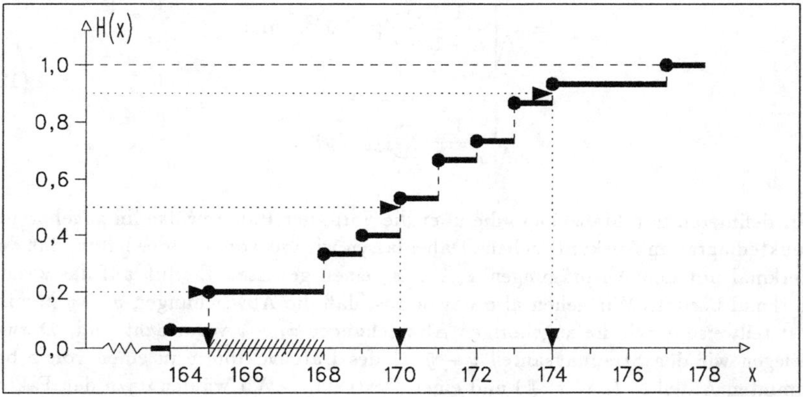

Median $\tilde{x} = 170$ **20%–Quantil** $x_{0.2} = 165$ **90%–Quantil** $x_{0.9} = 174$

Hinweis auf eine andere Definition des Quantils in der Literatur: Da nicht nur für den Wert $x = 165$ gesagt werden kann, daß mindestens 20 % der Meßwerte $\leq x$ und mindestens 80 % der Meßwerte $\geq x$ sind, sondern diese Eigenschaft jedem Wert $x \in [165, 168]$ zukommt, ist es auch sinnvoll, jeden Wert des angegebenen Intervalls als 20%–Quantil zu bezeichnen. Für ganzzahliges $n \cdot p$ wird dann das Intervall $[x_{(np)}, x_{(np+1)}]$ als $p \cdot 100\%$–*Quantil–Intervall* und entsprechend bei geradzahligem n das Intervall $[x_{(\frac{n}{2})}, x_{(\frac{n}{2}+1)}]$ als *Median–Intervall* bezeichnet.

Man spricht dann abweichend von unserer Bezeichnungsweise bei jedem Wert des Median–Intervalls von einem Median (entsprechend bei jedem Wert des p–Quantil–Intervalls von einem p–Quantil).

1.4 Maßzahlen für zweidimensionale Meßreihen

Bei zweidimensionalen Meßreihen kann man die oben beschriebenen Maßzahlen für jede Komponente einzeln berechnen. Man erhält ein Paar

$$(\bar{x}, \bar{y}) = \left(\tfrac{1}{n}\sum_{i=1}^{n} x_i, \tfrac{1}{n}\sum_{i=1}^{n} y_i\right)$$

von empirischen Mittelwerten, zwei empirische Varianzen

$$\begin{aligned} s_x^2 &= \frac{\text{ssx}}{n-1} = \frac{1}{n-1}\sum_{i=1}^{n}(x_i - \bar{x})^2 \quad \text{und} \\ s_y^2 &= \frac{\text{ssy}}{n-1} = \frac{1}{n-1}\sum_{i=1}^{n}(y_i - \bar{y})^2 \end{aligned} \tag{11}$$

sowie zwei empirische Standardabweichungen

$$
\begin{aligned}
s_x &= \sqrt{\frac{1}{n-1}\sum_{i=1}^{n}(x_i-\bar{x})^2} \quad \text{und} \\
s_y &= \sqrt{\frac{1}{n-1}\sum_{i=1}^{n}(y_i-\bar{y})^2}\,.
\end{aligned}
\tag{12}
$$

Wir definieren nun Maßzahlen, die über die Form der Punktewolke im zugehörigen Punktediagramm Auskunft geben. Dabei lassen wir uns von der Idee leiten, daß das Merkmal mit den Ausprägungen $x_1, \ldots, x_n$ einen gewissen Einfluß auf das zweite Merkmal besitzt. Wir gehen also davon aus, daß die Abweichungen $y_i - \bar{y}$ zumindest teilweise durch die zugehörigen Abweichungen $x_i - \bar{x}$ verursacht sind. Darum zerlegen wir den Streuungsanteil $y - \bar{y} \cdot \mathbb{1}$ des Datenvektors y in einen von x bestimmten Anteil $a \cdot (x - \bar{x} \cdot \mathbb{1})$ und einen Restvektor. Wir wählen dazu den Faktor a so, daß die Differenz

$$(y - \bar{y} \cdot \mathbb{1}) - a \cdot (x - \bar{x} \cdot \mathbb{1})$$

minimale Länge besitzt. Dies ist genau dann der Fall, wenn $x - \bar{x} \cdot \mathbb{1}$ zu diesem Differenzenvektor orthogonal ist, d.h. wenn

$$(x - \bar{x} \cdot \mathbb{1})^T((y - \bar{y} \cdot \mathbb{1}) - a \cdot (x - \bar{x} \cdot \mathbb{1})) = 0$$

gilt. Aus dieser Gleichung ergibt sich der Faktor a zu

$$a = \frac{(x - \bar{x} \cdot \mathbb{1})^T(y - \bar{y} \cdot \mathbb{1})}{(x - \bar{x} \cdot \mathbb{1})^T(x - \bar{x} \cdot \mathbb{1})} = \frac{\mathrm{sxy}}{\mathrm{ssx}}\,. \tag{13}$$

Der Nenner dieses Bruches ist ssx (siehe (7)). Den Zähler bezeichnen wir mit sxy:

$$\mathrm{sxy} = (x - \bar{x} \cdot \mathbb{1})^T(y - \bar{y} \cdot \mathbb{1}) = \sum_{i=1}^{n}(x_i - \bar{x})(y_i - \bar{y})\,. \tag{14}$$

Die Kenngröße

$$s_{xy} = \frac{\mathrm{sxy}}{n-1} = \frac{1}{n-1}\sum_{i=1}^{n}(x_i - \bar{x})(y_i - \bar{y}) \tag{15}$$

heißt die *empirische Kovarianz* der zweidimensionalen Meßreihe.

Insgesamt ist nun der Datenvektor y in drei paarweise orthogonale Anteile zerlegt: den deterministischen Anteil $\bar{y} \cdot \mathbb{1}$, den durch x bestimmten Anteil $a \cdot (x - \bar{x} \cdot \mathbb{1})$ und einen Restvektor

$$r = y - \bar{y} \cdot \mathbb{1} - a \cdot (x - \bar{x} \cdot \mathbb{1}) \tag{16}$$

den sogenannten *Residuenvektor*. Es gilt also

$$y = \bar{y} \cdot \mathbb{1} + \frac{\mathrm{sxy}}{\mathrm{ssx}} \cdot (x - \bar{x} \cdot \mathbb{1}) + r. \tag{17}$$

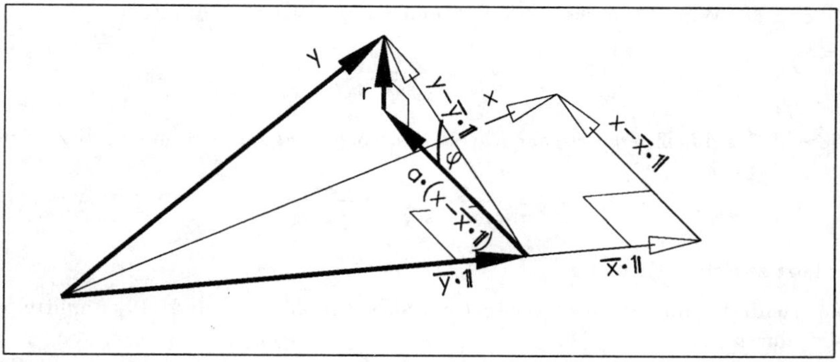

Nun stellen wir den Zusammenhang dieser Zerlegung mit der Form der Punktewolke her. Dazu formen wir (17) um in

$$y = a \cdot x + b \cdot \mathbb{1} + r$$

mit

$$a = \frac{\mathrm{sxy}}{\mathrm{ssx}} \quad \text{und} \quad b = \bar{y} - a\bar{x}.$$

Für die einzelnen Komponenten ergibt sich daraus

$$y_i = ax_i + b + r_i, \quad i = 1, \dots, n.$$

Die Punkte (x_i, y_i) der Punktewolke gruppieren sich also um eine Gerade mit der Steigung a und dem y–Achsenabschnitt b. Diese Gerade heißt *Regressionsgerade.* Die Abweichungen (in vertikaler Richtung) der Punkte (x_i, y_i) von der Regressionsgeraden sind die *Residuen*

$$r_i = y_i - ax_i - b, \quad i = 1, \dots, n.$$

Sind die Residuen klein, so handelt es sich um eine schmale, langgestreckte Punktewolke. In diesem Fall ist der Datenvektor y bis auf kleine Abweichungen durch seinen deterministischen Anteil und den durch x bestimmten Anteil gegeben. Bei großen Residuen handelt es sich um eine breite Punktewolke. Um dies quantitativ fassen zu können, betrachten wir die Quadratsumme aller Residuen, die wir mit ssr bezeichnen. Aus der orthogonalen Zerlegung (17) von y erhält man mit dem Satz des Pythagoras

$$\mathrm{ssr} = |r|^2 = |y - \bar{y} \cdot \mathbb{1}|^2 - \frac{\mathrm{sxy}^2}{\mathrm{ssx}^2}|x - \bar{x} \cdot \mathbb{1}|^2$$

also

$$\mathrm{ssr} = \mathrm{ssy} - \frac{\mathrm{sxy}^2}{\mathrm{ssx}} = \mathrm{ssy}\Big(1 - \frac{\mathrm{sxy}^2}{\mathrm{ssx} \cdot \mathrm{ssy}}\Big). \tag{18}$$

Der Quotient $\dfrac{\mathrm{sxy}^2}{\mathrm{ssx} \cdot \mathrm{ssy}}$ hat eine anschauliche geometrische Bedeutung: Nach dem Kosinussatz gilt nämlich

$$\mathrm{sxy} = (x - \bar{x} \cdot \mathbb{1})^T(y - \bar{y} \cdot \mathbb{1}) = |x - \bar{x} \cdot \mathbb{1}| \cdot |y - \bar{y} \cdot \mathbb{1}| \cdot \cos\varphi = \sqrt{\mathrm{ssx} \cdot \mathrm{ssy}} \cdot \cos\varphi,$$

wobei φ der Winkel zwischen $x - \bar{x} \cdot \mathbb{1}$ und $y - \bar{y} \cdot \mathbb{1}$ ist. Es gilt also

$$\cos\varphi = \frac{\text{sxy}}{\sqrt{\text{ssx} \cdot \text{ssy}}} \ .$$

Diese Maßzahl heißt *empirischer Korrelationskoeffizient* und wird mit r_{xy} bezeichnet

$$r_{xy} = \frac{\text{sxy}}{\sqrt{\text{ssx} \cdot \text{ssy}}} = \frac{s_{xy}}{s_x \cdot s_y} \ . \tag{19}$$

Er liegt zwischen -1 und 1.

Die Quadratsumme ssr der Residuen ist also, wie aus (18) und (19) unmittelbar folgt, durch

$$\text{ssr} = \text{ssy} \cdot (1 - r_{xy}^2) \tag{20}$$

gegeben.

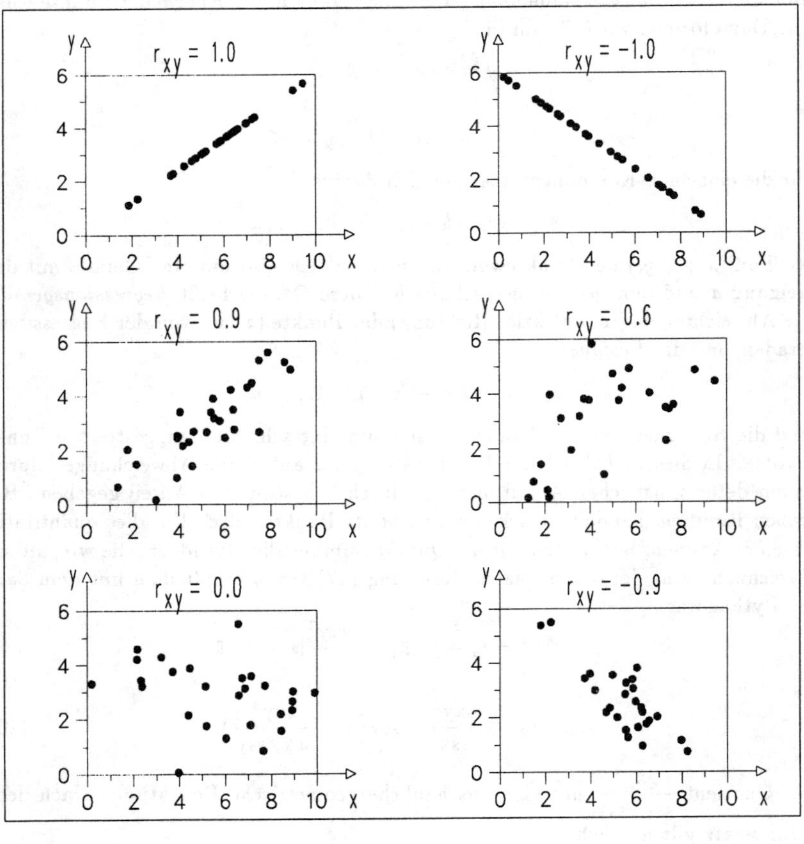

Die Breite der Punktewolke hängt demnach eng mit dem empirischen Korrelationskoeffizienten zusammen. Ist r_{xy}^2 nahe bei 1, so ist ssr klein, die Punktewolke also schmal. In den Extremfällen $r_{xy} = 1$ oder $r_{xy} = -1$ ist sogar ssr = 0, d.h. alle Residuen verschwinden, und die Punkte der Wolke liegen exakt auf einer Geraden. Ist r_{xy} nahe bei 0, so ist die Punktewolke breit. Da der Korrelationskoeffizient $r_{xy} = \mathrm{sxy}/\sqrt{\mathrm{ssx}\cdot\mathrm{ssy}}$ und die Steigung $a = \mathrm{sxy}/\mathrm{ssx}$ das gleiche Vorzeichen besitzen, ergibt sich im Falle $r_{xy} > 0$ eine Regressionsgerade mit positiver Steigung. Im Falle $r_{xy} < 0$ ist die Steigung negativ. Ist $r_{xy} = 0$, so liegt die Regressionsgerade parallel zur x-Achse. Der durch x bestimmte Anteil $a \cdot (x - \bar{x} \cdot \mathbb{1})$ des Datenvektors y verschwindet.

Die obigen Skizzen zeigen Punktewolken mit den zugehörigen empirischen Korrelationskoeffizienten.

Ein Beispiel für die numerische Durchführung der linearen Regression, wie sie soeben beschrieben wurde, findet sich in Abschnitt 3.9, wo Beispiel 1.5 über den Zusammenhang zwischen Alter und Blutdruck noch einmal aufgegriffen wird.

1.5 Bemerkungen zur Robustheit von Maßzahlen

Neben den klassischen Verfahren der Statistik, die sich vielfach auf die Berechnung von arithmetischem Mittel und Streuung stützen, haben in den letzten Jahren sogenannte 'robuste' Verfahren an Bedeutung gewonnen. Gelegentlich wird empfohlen, 'robuste' Verfahren neben den klassischen zu verwenden, um die Ergebnisse der klassischen Verfahren besser einschätzen zu können. Wenn die klassischen Verfahren und die 'robusten' ungefähr die gleichen Ergebnisse liefern, kann dies als Bestätigung der mit den klassischen Verfahren erzielten Resultate gewertet werden. Stimmen sie jedoch nicht überein, so sind zusätzliche Analysen notwendig. Unter Umständen muß nach Fehlern bei der Erhebung der Daten gesucht werden, was zur Entdeckung unerwarteter Zusammenhänge führen kann.

Um die Ideen, die den sogenannten 'robusten' Verfahren zugrunde liegen, wenigstens anzudeuten, beginnen wir mit einem Beispiel aus dem Sport.

Beispiel 1.7. *(Haltungsnoten beim Skispringen)*

Neben der Weite des Sprunges wird bei einem Skisprungwettbewerb auch die Haltung des Springers bewertet, und zwar durch 5 Schiedsrichter, die Bewertungen zwischen 0 und 20 (in Abständen von 0.5) erteilen. Bei internationalen Wettkämpfen liegt die Bewertung meist zwischen 16 und 19. Liegen die fünf Bewertungen vor, so wird die niedrigste und die höchste Bewertung weggestrichen und die Summe der drei "mittleren" Bewertungen als Haltungsnote gegeben. Dadurch wird verhindert, daß ein einzelner parteiischer Schiedsrichter durch übertrieben positive oder negative Bewertung des Sprunges die Haltungsnote beeinflussen kann. Werden z.B. von den 5 Schiedsrichtern die Haltungsbewertungen

16.5; 17.0; 16.5; 17.5; 19.0

erteilt, so hat sich der 5. Schiedsrichter (z.B. aus Voreingenommenheit für den Springer) nach oben vergriffen, ohne jedoch die Haltungsnote dadurch wesentlich zu beeinflussen. Er hätte den Sprung auch mit 20.0 bewerten können, es hätte sich trotzdem

$$16.5 + 17.0 + 17.5 = 51.0$$

als Haltungsnote ergeben. Man erkennt, daß die Haltungsnote in einem gewissen Sinne "robust" ist gegenüber parteiischer oder irrtümlicher Über– bzw. Unterbewertung einzelner Schiedsrichter.

In der statistischen Auswertung hat man es mit ähnlichen Problemen zu tun. Dort können extrem große bzw. extrem kleine Daten z.B. durch Übertragungsfehler entstehen. Für diese extremen Daten hat sich die Bezeichnung "Ausreißer" eingebürgert. Das arithmetische Mittel hat den Nachteil einer großen "Ausreißerempfindlichkeit". Betrachten wir etwa die Meßreihe

$$13, \ 12, \ 14, \ 11, \ 100$$

bei der der letzte Wert 100 besonders groß (d.h. ein "Ausreißer") ist. Er könnte etwa als Übertragungsfehler entstanden sein; es könnte eine Null zuviel getippt worden sein. Als arithmetisches Mittel ergibt sich $\bar{x} = 30$, ein Wert, der nicht typisch ist für die Mehrheit der Daten, denn abgesehen vom letzten Wert sind alle weniger als halb so groß wie $\bar{x}$. Wegen dieser "Ausreißerempfindlichkeit" des arithmetischen Mittels ist es oft sinnvoll, den Median $\tilde{x}$ als Durchschnittswert zu verwenden.

In unserem Falle ergäbe sich $\tilde{x} = 13$. Nehmen wir an, daß der "Ausreißer" 100 in der obigen Meßreihe durch einen Übertragungsfehler zustande kam und der richtige Meßwert 10 sein sollte, so erkennen wir aus dem Vergleich der folgenden beiden Meßreihen, daß der Median "robuster" (im Sinne von weniger "ausreißerempfindlich") ist als das arithmetische Mittel:

Meßreihe $x_1, \ldots, x_5$	arithmetisches Mittel $\bar{x}$	Median $\tilde{x}$
13, 12, 14, 11, 10	12	12
13, 12, 14, 11, 100	30	13

Kehren wir zurück zum Beispiel der Haltungsnoten beim Skispringen. Auch hier wird ein Verfahren angewandt, das "robust" ist gegenüber "Ausreißern". Solange nur eine einzige Schiedsrichterwertung aus dem Rahmen fällt (d.h. ein "Ausreißer" ist), wird die Haltungsnote nicht verzerrt.

Die vorangestellten Überlegungen führen zu den folgenden "robusten" Mittelwerten:

Sei wieder $x_1, \ldots, x_n$ eine Meßreihe und $0 < \alpha < 0.5$. Dann unterteilen wir die zugehörige geordnete Meßreihe in drei Gruppen von Meßwerten

$$x_{(1)}, \ldots, x_{(k)}; \quad x_{(k+1)}, \ldots, x_{(n-k)}; \quad x_{(n-k+1)}, \ldots, x_{(n)},$$

so daß die linke Gruppe die $k = [n \cdot \alpha]$ kleinsten und die rechte Gruppe die k größten Werte enthält. Streicht man die extremen Werte und bildet man den Mittelwert der in der mittleren Gruppe verbliebenen Werte

$$\bar{x}_\alpha = \frac{1}{n-2k}\left(x_{(k+1)} + \cdots + x_{(n-k)}\right), \tag{21}$$

so erhält man das *α–gestutzte Mittel*. Ersetzt man statt dessen jeden der extremen Werte durch den nächstgelegenen in der mittleren Gruppe, so ergibt sich als Mittelwert

$$w_\alpha = \tfrac{1}{n}(k \cdot x_{(k+1)} + x_{(k+1)} + \cdots + x_{(n-k)} + k \cdot x_{(n-k)}) \tag{22}$$

das *α–winsorisierte Mittel*. (In manchen Lehrbüchern werden für diese Mittel Definitionen angegeben, die von den hier gegebenen etwas abweichen, jedoch für große n ungefähr auf die gleichen Werte führen.) Man erkennt, daß sich für $n \cdot \alpha < 1$ diese Mittel nicht vom arithmetischen Mittel ($\bar{x} = \bar{x}_\alpha = w_\alpha$) und für ungerades n mit $n \cdot \alpha \geq \frac{n-1}{2}$ nicht vom Median ($\tilde{x} = \bar{x}_\alpha = w_\alpha$) unterscheiden. Sie sind in diesem Sinne Kompromisse zwischen arithmetischem Mittel und Median. Man erkennt auch, daß die Haltungsnote beim Skispringen das dreifache 20 %–gestutzte Mittel $3 \cdot \bar{x}_{0.2}$ der Schiedsrichterbewertungen $x_1, \ldots, x_5$ ist.

Beispiel 1.8. *(Durchschnittsalter einer Fußballmannschaft)*

Die Fußballmannschaft B hatte gegen die Mannschaft A gewonnen. In der Sportzeitung war zu lesen: "Die jüngere Mannschaft gewann das Spiel".

Alter der Spieler der Mannschaften:

A	39	20	22	22	21	20	33	22	22	21	22
B	22	23	24	23	22	23	22	25	23	22	24

In der Mannschaft A hat der Torwart das Alter 39, und der Libero ist 33 Jahre alt. Außer diesen beiden Spielern der Mannschaft A ist keiner älter als der jüngste Spieler der Mannschaft B.

Mittelwerte:

Mannschaft	$\bar{x}$	$\bar{x}_{0.1}$	$\bar{x}_{0.2}$	$\tilde{x}$	$w_{0.1}$	$w_{0.2}$
A	24.0	22.8	21.7	22	23.5	21.6
B	23.0	22.9	22.9	23	22.9	22.9

Wird das Durchschnittsalter aufgrund des arithmetischen Mittels $\bar{x}$ oder des 10%–winsorisierten Mittels $w_{0.1}$ angegeben, so ist die Mannschaft A die ältere, während sich bei den anderen Mittelbildungen jeweils B als die ältere Mannschaft ergibt.

Bei einigen in diesem Kapitel behandelten Beispielen wurde stillschweigend von der Annahme ausgegangen, daß die Meßreihe, die an zufällig ausgewählten Objekten ermittelt wurde, die Größenverhältnisse in der Gesamtheit der Objekte widerspiegelt. Inwieweit eine solche Vorgehensweise zulässig ist und wie stark dabei mit falschen Ergebnissen gerechnet werden muß, kann mit Methoden der Wahrscheinlichkeitstheorie untersucht werden. Daß bei statistischen Analysen Fehler auftreten können, liegt in der Natur der Sache. Ziel der wahrscheinlichkeitstheoretischen Analyse ist es daher, das Risiko für Fehlschlüsse zu quantifizieren, z.B. durch Angabe von Wahrscheinlichkeiten dafür, daß bei der Verwendung bestimmter Auswertungsverfahren gewisse Fehler auftreten. Solche Angaben sind nur möglich im Rahmen eines mathematischen Modells, mit dem man den zu analysierenden Vorgang der zufälligen Beobachtung zu beschreiben versucht. Sie sind nur realistisch, wenn der Vorgang durch das mathematische Modell angemessen beschrieben wird, und sie sind i.a. falsch, wenn bei der Auswahl des mathematischen Modells wesentliche Teile der Realität unberücksichtigt bleiben.

2 Grundbegriffe der Wahrscheinlichkeitstheorie

Für zufällige Vorgänge, wie sie meist der Ermittlung von Meßreihen zugrunde liegen, soll im folgenden eine mathematische Beschreibung gegeben werden. In der Wahrscheinlichkeitstheorie werden mathematische Modelle zur Beschreibung derartiger Vorgänge bereitgestellt und analysiert. Wir behandeln zunächst einfache und übersichtliche Vorgänge, bei denen der Zufall eine Rolle spielt, und gehen später wieder auf das Problem der zufällig zustandekommenden Meßreihen ein.

2.1 Wahrscheinlichkeitsräume

Ein Vorgang, der so präzis beschrieben ist, daß er als beliebig oft wiederholbar angesehen werden kann, dessen Endzustand oder *Ergebnis* außerdem vom Zufall abhängt und daher nicht vorhersagbar ist, heißt *Zufallsexperiment.* Wir wollen jedoch annehmen, die Menge der möglichen Ergebnisse sei soweit bekannt, daß wir jedem Ergebnis in eindeutiger Weise ein Element ω einer Menge Ω zuordnen können. Wenn wir im folgenden von einem Zufallsexperiment reden, soll jeweils vorher geklärt sein, welche *Ergebnismenge* Ω zugrunde liegt. Dann ist auch klar, was es bedeuten soll, wenn wir kurz vom Ergebnis ω sprechen.

Beispiele 2.1.

1. *Werfen eines Würfels,* $\Omega = \{1, \ldots, 6\}$.

2. *Ermitteln der Fahrstrecke (in km), die ein bestimmter PKW mit 10 Liter Treibstoff zurücklegen kann,* $\Omega = \{\omega \in \mathbb{R} : \omega \geq 0\}$.

3. *Überprüfung von n Geräten, ob sie defekt (= 1) oder intakt (= 0) sind,*

$$\Omega = \{\omega = (\omega_1, \ldots, \omega_n) : \omega_i = 0 \text{ oder } 1, \quad i = 1, \ldots, n\}.$$

4. *Ermittlung einer Meßreihe durch Bestimmung der Lebensdauern* $\omega_1, \ldots, \omega_n$ *(in Std.) von n Geräten,* $\Omega = \mathbb{R}^n$.

Im Beispiel 4 ist die Ergebnismenge $\Omega = \mathbb{R}^n$ sicherlich zu groß, da z.B. negative Werte für die Lebensdauer nicht auftreten können. Es ist jedoch zulässig, die Ergebnismenge Ω bei der Modellbildung "größer als nötig" zu wählen. Entsprechendes läßt sich auch für die Wahl von Ω in Beispiel 2 sagen.

Teilmengen $A, B, C, \ldots$ von Ω (i.a. nicht alle) heißen *Ereignisse*. Man sagt "das Ereignis A tritt ein", wenn ein Ergebnis ω mit $\omega \in A$ auftritt.

Beispiele 2.1 (Fortsetzung)

1. *Das Ereignis "ungerade Augenzahl" beim Werfen mit einem Würfel:* $A = \{1, 3, 5\}$.

2. *Das Ereignis "mindestens 70 km" bei der Ermittlung der Fahrstrecke mit 10 Liter Treibstoff:* $A = \{\omega \in \mathbb{R} : \omega \geq 70\}$.

3. *Das Ereignis "mindestens zwei Geräte sind defekt"*
$$A = \{\omega \in \Omega : \omega_1 + \cdots + \omega_n \geq 2\}.$$

4. *Das Ereignis "die durchschnittliche Lebensdauer der untersuchten Geräte liegt zwischen 100 und 120 Stunden"*
$$A = \{\omega = (\omega_1, \ldots, \omega_n) \in \mathbb{R}^n : 100 \leq \frac{\omega_1 + \cdots \omega_n}{n} \leq 120\}.$$

Häufig interessieren Ereignisse, die durch Zusammensetzen anderer Ereignisse entstehen. Wir sagen:

Das Ereignis "A oder B" tritt ein, wenn ein $\omega \in A \cup B$ auftritt.

Das Ereignis "A und B" tritt ein, wenn ein $\omega \in A \cap B$ auftritt.

A^C nennen wir das zu A *komplementäre Ereignis* ($A^C = \Omega \backslash A$). Zwei Ereignisse A und B heißen *unvereinbar*, wenn $A \cap B = \emptyset$ (leere Menge). $\emptyset$ heißt das *unmögliche Ereignis*. Die einelementigen Teilmengen $\{\omega\}$ von Ω heißen *Elementarereignisse*. Mit zwei Ereignissen A und B sollen die Ereignisse $A \cup B$, $A \cap B$, A^C, B^C auch zum "System der Ereignisse" gehören. Betrachtet man eine Folge $(A_i)_{i \in \mathbb{N}}$ von Ereignissen, so kann man die Frage stellen, ob mindestens ein Ereignis der Folge eintritt, und man kann sich auch dafür interessieren, ob alle Ereignisse der Folge zugleich eintreten. Es ist daher sinnvoll, auch $\bigcup_{i=1}^{\infty} A_i$ und $\bigcap_{i=1}^{\infty} A_i$ als Ereignisse zu betrachten. Man nimmt also an, daß das "System der Ereignisse" gemäß folgender Definitionen eine σ–Algebra bildet:

Definition 2.2. *Sei Ω eine nichtleere Menge. Ein System $\mathfrak{A}$ von Teilmengen von Ω heißt σ–Algebra über Ω, falls*

(i) $\Omega \in \mathfrak{A}$.

(ii) Für $A \in \mathfrak{A}$ gilt auch $A^C \in \mathfrak{A}$.

(iii) Aus $A_i \in \mathfrak{A}$ für alle $i \in \mathbb{N}$ folgt $\bigcup_{i=1}^{\infty} A_i \in \mathfrak{A}$.

Ist neben einer Ergebnismenge Ω eine σ–Algebra über Ω gegeben, so heißen alle $A \in \mathfrak{A}$ *Ereignisse.*

Man sieht sofort, daß die Potenzmenge $\mathfrak{P}(\Omega)$ einer beliebigen nichtleeren Menge Ω, d.h. die Menge aller Teilmengen von Ω, die Eigenschaften (i) bis (iii) hat, also eine σ–Algebra ist.

Bemerkung: Aus der de Morganschen Regel

$$\bigcap_{i=1}^{\infty} A_i = \Big(\bigcup_{i=1}^{\infty} A_i^C\Big)^C$$

und den Eigenschaften (ii) und (iii) einer σ–Algebra folgt, daß mit den Ereignissen $A_i \in \mathfrak{A}$, $i = 1, 2, \ldots$, auch deren Durchschnitt $\bigcap_{i=1}^{\infty} A_i$ ein Ereignis ist. Da wegen (i) und (ii) auch die leere Menge ein Ereignis ist, sind auch endliche Vereinigungen, endliche Durchschnitte und Differenzen $A_1 \backslash A_2 = A_1 \cap A_2^C$ von Ereignissen wiederum Ereignisse. Ist Ω wie in mehreren der angegebenen Beispiele eine endliche Menge oder ist Ω abzählbar unendlich, so wird in den meisten Fällen für $\mathfrak{A}$ die Potenzmenge $\mathfrak{P}(\Omega)$ von Ω gewählt. Ist Ω die reelle Zahlengerade $\mathbb{R}$ oder wie in einem der obigen Beispiele $\Omega = \{\omega \in \mathbb{R} : \omega \geq 0\}$, so interessieren in erster Linie Ereignisse vom Typ "ω liegt in einem bestimmten Intervall". Man wird dann die σ–Algebra $\mathfrak{A}$ immerhin so groß wählen, daß alle Intervalle zu $\mathfrak{A}$ gehören, jedoch im allgemeinen nicht $\mathfrak{A} = \mathfrak{P}(\Omega)$ betrachten, da sich die Potenzmenge in der mathematischen Theorie als zu groß erweist.

Wird ein Zufallsexperiment immer wieder unter den gleichen Bedingungen durchgeführt und bezeichnet n_A die Anzahl der Versuchsdurchführungen unter den ersten n, bei denen ein bestimmtes Ereignis A auftritt, so lehrt die Erfahrung, daß die Folge der relativen Häufigkeiten $h_n(A) = \frac{n_A}{n}$ mit wachsendem n in der Regel einem für A charakteristischen Zahlenwert zuzustreben scheint *(Stabilisierungseffekt der Folge der relativen Häufigkeiten).*

In der Literatur wird über sehr lange Folgen von Münzwürfen berichtet, bei denen die relativen Häufigkeiten für das Ereignis A ("Kopf liegt oben") berechnet wurden.

	n	n_A	$h_n(A)$
Buffon	4040	2048	0.5069
Pearson	24000	12012	0.5005

Solche experimentellen Befunde legen es nahe, bei der mathematischen Beschreibung eines Zufallsexperiments jedem Ereignis A einen charakteristischen Zahlenwert $P(A)$ zuzuordnen, der ein Maß dafür darstellt, wie stark mit seinem Eintreten zu rechnen ist. Betrachten wir nun bei einer Folge von n Versuchsdurchführungen für zwei unvereinbare Ereignisse A und B die relativen Häufigkeiten $h_n(A)$, $h_n(B)$ und $h_n(A \cup B)$, so gilt offensichtlich $h_n(A) + h_n(B) = h_n(A \cup B)$ (Additivität der relativen Häufigkeiten). Es liegt daher nahe, die zur mathematischen Beschreibung zu wählenden Zahlen $P(A)$, $P(B)$ und
$P(A \cup B)$, die nach unserer Vorstellung in irgendeinem Sinne von den relativen

Häufigkeiten "angenähert" werden sollen, so einzurichten, daß $P(A) + P(B) = P(A \cup B)$ gilt. Es erweist sich als nützlich, die "Additivitätseigenschaft" sogar für Folgen paarweise unvereinbarer Ereignisse zu verlangen, und man spricht dabei von "σ–Additivität".

Man definiert daher:

Definition 2.3. *Ist Ω eine Ergebnismenge und ist $\mathfrak{A}$ eine σ–Algebra von Ereignissen (über Ω), so heißt eine Abbildung $P : \mathfrak{A} \to \mathbb{R}$ ein Wahrscheinlichkeitsmaß, wenn gilt:*

(i) $P(A) \geq 0$ *für alle* $A \in \mathfrak{A}$,

(ii) $P(\Omega) = 1$,

(iii) $P\Big(\bigcup_{i=1}^{\infty} A_i\Big) = \sum_{i=1}^{\infty} P(A_i)$ *für paarweise unvereinbare Ereignisse* $A_1, A_2, \ldots \in \mathfrak{A}$.

Das Tripel $(\Omega, \mathfrak{A}, P)$ heißt Wahrscheinlichkeitsraum. $P(A)$ heißt Wahrscheinlichkeit des Ereignisses A.

Bemerkung: Die Eigenschaften (i) bis (iii) werden als *Axiome von Kolmogoroff* bezeichnet. Der russische Mathematiker A. N. Kolmogoroff (1903–1987) veröffentlichte 1933 eine Monographie, in der er einen axiomatischen Aufbau der Wahrscheinlichkeitstheorie vorschlug, der sich als außerordentlich brauchbar erwies.

Im folgenden legen wir ohne besondere Erwähnung stets einen Wahrscheinlichkeitsraum $(\Omega, \mathfrak{A}, P)$ zugrunde. Aus den Eigenschaften von P in Definition 2.3 ergeben sich noch folgende Rechenregeln:

Satz 2.4.

(i) $0 \leq P(A) \leq 1$ *für alle* $A \in \mathfrak{A}$,

(ii) $P(\emptyset) = 0$,

(iii) $P(A^C) = 1 - P(A)$ *für alle* $A \in \mathfrak{A}$,

(iv) $A, B \in \mathfrak{A},\ A \subset B \Rightarrow P(A) \leq P(B)$,

(v) $P(A \cup B) = P(A) + P(B) - P(A \cap B)$ *für alle* $A, B \in \mathfrak{A}$,

(vi) $$P(A_1 \cup \cdots \cup A_n) = \sum_{1 \leq i \leq n} P(A_i) - \sum_{1 \leq i < j \leq n} P(A_i \cap A_j)$$
$$\sum_{1 \leq i < j < k \leq n} P(A_i \cap A_j \cap A_k) - \cdots + (-1)^{n+1} P(A_1 \cap \cdots \cap A_n).$$

Es folgen (i)–(v) unmittelbar aus Definition 2.3. Daher soll hier nur die Rechenregel (vi) bewiesen werden. Wir führen den Beweis durch Induktion nach n. Für $n = 2$ stimmen die Gleichungen (v) und (vi) überein. Wir nehmen an, die Behauptung sei für n bewiesen, und berechnen

$$P(A_1 \cup \cdots \cup A_{n+1}) = P((A_1 \cup \cdots \cup A_n) \cup A_{n+1}).$$

Wegen (v) erhalten wir

$$\begin{aligned}&P(A_1 \cup \cdots \cup A_{n+1})\\&= P(A_1 \cup \cdots \cup A_n) + P(A_{n+1}) - P((A_1 \cup \cdots \cup A_n) \cap A_{n+1})\\&= P(A_1 \cup \cdots \cup A_n) + P(A_{n+1}) - P((A_1 \cap A_{n+1}) \cup \cdots \cup (A_n \cap A_{n+1})).\end{aligned}$$

Wir wenden die Induktionsvoraussetzung auf den ersten und dritten Summanden an und erhalten durch Umordnung der Summanden die Behauptung.

Beispiel 2.5. *(Laplace–Annahme)*
Ist die Ergebnismenge $\Omega = \{\omega_1, \ldots, \omega_n\}$ endlich und ist das Zufallsexperiment, das wir mathematisch beschreiben wollen, so geartet, daß z.B. aufgrund von Symmetrieüberlegungen kein Grund besteht, eines der Ergebnisse $\{\omega_1, \ldots, \omega_n\}$ hinsichtlich der "Chance" seines Auftretens höher zu bewerten als ein anderes, so ist es sinnvoll, wegen

$$P(\{\omega_1\}) + \cdots + P(\{\omega_n\}) = P(\Omega) = 1$$

die Annahme

$$P(\{\omega_i\}) = \tfrac{1}{n}, \quad i = 1, \ldots, n,$$

zu machen. Man nennt dies die Laplace–Annahme.
Für die Wahrscheinlichkeit eines beliebigen Ereignisses A, das aus k $(0 \le k \le n)$ Ergebnissen besteht, ergibt sich dann

$$P(A) = \frac{k}{n}.$$

Bezeichnet man die zu A gehörigen Ergebnisse als "für A günstige Ergebnisse", so läßt sich dies auch in folgender sehr einprägsamen Regel formulieren:

$$P(A) = \frac{\text{Anzahl der für } A \text{ günstigen Ergebnisse}}{\text{Anzahl der möglichen Ergebnisse}}$$

Macht man also bei der Beschreibung eines Zufallsexperiments mit endlich vielen Ergebnissen die Annahme der Gleichwahrscheinlichkeit der Elementarereignisse, die wir im folgenden kurz die Laplace–Annahme nennen, so reduziert sich die Berechnung der Wahrscheinlichkeit für ein bestimmtes Ereignis A auf das Abzählen der für A günstigen Ergebnisse.

Beispiel 2.6.

1. *Wurf mit einem Würfel, $\Omega = \{1, \ldots, 6\}$, A: "ungerade Zahl",*

$$P(A) = \frac{3}{6} = \frac{1}{2}.$$

2. *Viermaliges Werfen einer Münze. Bei jedem Wurf sind die Ergebnisse "Wappen" (= 0) oder "Zahl" (= 1) möglich. Darum wählen wir die Ergebnismenge*

$$\Omega = \{0,1\} \times \{0,1\} \times \{0,1\} \times \{0,1\},$$

die 2^4 *Elemente enthält. Zur Berechnung der Wahrscheinlichkeit des Ereignisses* A*: "mindestens einmal Wappen" ist es zweckmäßig, zunächst das komplementäre Ereignis*

$$A^C = \{(1,1,1,1)\},$$

das ein Elementarereignis ist, zu betrachten. Wegen $P(A^C) = \frac{1}{2^4}$ *gilt mit Satz 2.4*

$$P(A) = 1 - \frac{1}{2^4} = \frac{15}{16}.$$

3. *Gründliches Mischen eines Kartenstapels von 32 Karten, die von 1 bis 32 durchnumeriert sind. Ergebnisse sind die 32! möglichen Reihenfolgen der Zahlen* $1,\ldots,32$.

$$\Omega = \text{ Menge der Permutationen von } (1,\ldots,32).$$

Das Ereignis A *"erste Karte an erster Stelle und letzte Karte an letzter Stelle" hat die Wahrscheinlichkeit* $P(A) = \frac{30!}{32!} = \frac{1}{31\cdot 32} = \frac{1}{992}$, *da es insgesamt 32! Anordnungen gibt, von denen 30! sowohl die erste Karte an erster Stelle als auch die letzte Karte an der letzten Stelle haben.*

Trotz dieser sehr einfachen Vorschrift für die Berechnung von Wahrscheinlichkeiten unter der Laplace–Annahme können bei der Wahl einer mathematischen Beschreibung für einen zufallsabhängigen Vorgang noch Probleme auftreten. Dies soll das folgende Beispiel zeigen:

Beispiel 2.7. *In einem Speisewagen gibt es 5 Tische mit je 4 Plätzen. Bevor der Speisewagen geöffnet wird, geht der Kellner durch den Zug und nimmt die Platzreservierungswünsche der Fahrgäste entgegen. Gleich die ersten beiden Fahrgäste, die er unabhängig voneinander anspricht, lassen sich einen Platz reservieren. Wie groß ist (unter geeigneter Laplace–Annahme) die Wahrscheinlichkeit, daß die beiden am gleichen Tisch zu sitzen kommen, wenn der Kellner die Auswahl der zu reservierenden Plätze zufällig vornimmt?*

1. Lösung: Betrachten wir die Situation nach der ersten Reservierung. Der Kellner wählt für den zweiten Fahrgast mit gleicher Wahrscheinlichkeit einen der fünf Tische aus. Mit Wahrscheinlichkeit $\frac{1}{5}$ *wird dies der Tisch sein, an dem auch der erste Fahrgast sitzen wird.*

2. Lösung: Betrachten wir die Situation wieder nach der ersten Reservierung. Der Kellner wählt für den zweiten Fahrgast mit gleicher Wahrscheinlichkeit einen der noch freien 19 Plätze aus. Mit Wahrscheinlichkeit $\frac{3}{19}$ *wird dies einer der noch drei freien Plätze am Tisch des ersten Fahrgastes sein.*

Auf den ersten Blick scheint es unverständlich, daß sich zwei verschiedene Wahrscheinlichkeiten, nämlich 0.20 und 0.1579, ergeben. Man spricht in solchen Fällen von Paradoxa der Wahrscheinlichkeitstheorie. Solche Paradoxa beruhen darauf, daß die Beschreibung des zufallsabhängigen Vorgangs nicht präzise genug ist. So ist in unserem Beispiel unklar, ob die zufällige Auswahl der zu reservierenden Plätze durch die Laplace–Annahme für die Wahl des Tisches oder des Platzes beschrieben werden soll.

Bei der Berechnung von Wahrscheinlichkeiten unter der Laplace–Annahme treten gelegentlich die folgenden *Grundaufgaben der Kombinatorik* auf:

Seien n und k natürliche Zahlen mit $k \leq n$.

1. Für $i = 1, \ldots, k$ sei M_i eine endliche Menge mit n_i Elementen. Dann besteht die Menge $M_1 \times \cdots \times M_k$ aus $n_1 \cdot \ldots \cdot n_k$ Elementen.

Für das folgende sei M eine endliche Menge mit n Elementen.

2. Unter einer geordneten Probe aus M vom Umfang k mit Wiederholung versteht man ein k–Tupel $(x_1, \ldots, x_k)$ mit Komponenten $x_i \in M, \quad i = 1, \ldots, k$. Die Anzahl solcher Proben ist n^k.

3. Unter einer geordneten Probe aus M vom Umfang k ohne Wiederholung versteht man ein k–Tupel $(x_1, \ldots, x_k)$ mit paarweise verschiedenen Komponenten $x_i \in M$, $i = 1, \ldots, k$. Die Anzahl solcher Proben ist
$$n \cdot (n-1) \cdot \ldots \cdot (n-k+1).$$
Im Falle $n = k$ heißt eine solche Probe auch Permutation der n–elementigen Menge M. Die Anzahl der Permutationen ist, wie in Beispiel 2.6.3 bereits verwendet,
$$n! = n \cdot (n-1) \cdot \ldots \cdot 2 \cdot 1.$$

4. Unter einer ungeordneten Probe aus M vom Umfang k ohne Wiederholung versteht man eine k–elementige Teilmenge von M. Die Anzahl dieser Proben ist
$$\binom{n}{k} = \frac{n!}{k!(n-k)!}\,.$$

Einige dieser Abzählregeln sollen im folgenden Beispiel angewendet werden.

Beispiel 2.8. *(Rencontre–Problem)*

Auf einer Tanzparty, an der n Ehepaare teilnehmen, wird für ein Tanzspiel den n Damen je ein Partner zugelost. Wie groß ist – unter geeigneter Laplace–Annahme – die Wahrscheinlichkeit dafür, daß mindestens eine Dame ihren eigenen Ehemann als Partner bekommt?

Als Ergebnismenge Ω wählen wir die Menge der $n!$ Permutationen der Zahlen $1, \ldots n$ und betrachten die Ereignisse
$$A_i \text{ “i–te Dame tanzt mit ihrem Ehemann”}, \quad i = 1, \ldots, n.$$

Für jedes i besteht die Menge A_i aus allen Permutationen, die die Zahl i fest lassen; sie enthält also $(n-1)!$ Permutationen. Es gilt daher
$$P(A_i) = \frac{(n-1)!}{n!} = \frac{1}{n}\,.$$

Entsprechend erhalten wir für paarweise verschiedene Indizes i, j, k

$$\begin{aligned} P(A_i \cap A_j) &= \frac{(n-2)!}{n!} = \frac{1}{n(n-1)}, \\ P(A_i \cap A_j \cap A_k) &= \frac{(n-3)!}{n!} = \frac{1}{n(n-1)(n-2)}, \ldots, \\ P(A_1 \cap \cdots \cap A_n) &= \frac{1}{n!}. \end{aligned}$$

Mit Satz 2.4 ergibt sich die Wahrscheinlichkeit für das Ereignis "mindestens eine Dame tanzt mit ihrem Ehemann"

$$\begin{aligned} & P(A_1 \cup \cdots \cup A_n) \\ &= \sum_{1 \le i \le n} \frac{1}{n} - \sum_{1 \le i < j \le n} \frac{1}{n(n-1)} + \sum_{1 \le i < j < k \le n} \frac{1}{n(n-1)(n-2)} - \cdots + (-1)^{n+1} \frac{1}{n!} \\ &= \binom{n}{1} \cdot \frac{1}{n} - \binom{n}{2} \frac{1}{n(n-1)} + \binom{n}{3} \frac{1}{n(n-1)(n-2)} - \cdots + (-1)^{n+1} \frac{1}{n!} \\ &= 1 - \frac{n!}{2!(n-2)!} \cdot \frac{1}{n(n-1)} + \frac{n!}{3!(n-3)!} \cdot \frac{1}{n(n-1)(n-2)} - \cdots + (-1)^{n+1} \frac{1}{n!} \\ &= 1 - \frac{1}{2!} + \frac{1}{3!} - \frac{1}{4!} + \cdots + (-1)^{n+1} \frac{1}{n!} = 1 - \sum_{i=0}^{n} (-1)^i \cdot \frac{1}{i!}. \end{aligned}$$

Wegen $\sum_{i=0}^{\infty} \frac{(-1)^i}{i!} = e^{-1}$ *konvergiert die Folge dieser Wahrscheinlichkeiten für* $n \to \infty$ *gegen* $1 - e^{-1} \approx 0.63212$. *Da die Folge sehr schnell konvergiert, erhalten wir das überraschende Ergebnis, daß sich die berechneten Wahrscheinlichkeiten für größere n praktisch kaum unterscheiden. Die in diesem Beispiel angesprochene Problemstellung ist in der Literatur als Rencontre–Problem bekannt.*

2.2 Bedingte Wahrscheinlichkeit, Unabhängigkeit

Wiederholen wir ein Zufallsexperiment n–mal unter den gleichen Bedingungen und tritt in der Reihe der einzelnen Versuchsdurchführungen das Ereignis A genau n_A–mal ein, das Ereignis B genau n_B–mal und das Ereignis $A \cap B$ ("A und B gleichzeitig") genau $n_{A\cap B}$–mal, so ist $n_{A\cap B}/n_B$ die relative Häufigkeit des Eintretens von A in der Serie jener Versuchsdurchführungen, bei denen das Ereignis B eintritt. Bei dieser Überlegung greifen wir aus der ganzen Versuchsserie nur jene Versuchsdurchführungen heraus, die der Bedingung "B tritt ein" genügen. Man spricht daher auch von der bedingten relativen Häufigkeit von A unter der Bedingung B. Die offensichtlich geltende Gleichung

$$n_{A\cap B}/n_B = \frac{n_{A\cap B}/n}{n_B/n}$$

legt die folgende Definition der *bedingten Wahrscheinlichkeit* nahe:

Definition 2.9. *$(\Omega, \mathfrak{A}, P)$ sei ein Wahrscheinlichkeitsraum. Sind $A, B \in \mathfrak{A}$ Ereignisse und gilt $P(B) > 0$, so heißt*

$$P(A|B) = \frac{P(A \cap B)}{P(B)} \tag{23}$$

die bedingte Wahrscheinlichkeit von A unter der Bedingung B.

In der obigen Definition gehen wir davon aus, daß die Wahrscheinlichkeiten der Ereignisse B und $A \cap B$ bekannt sind, so daß wir die bedingte Wahrscheinlichkeit $P(A|B)$ berechnen können. In den Anwendungen werden jedoch häufig Experimente durch Angabe gewisser bedingter Wahrscheinlichkeiten beschrieben und die Wahrscheinlichkeiten von Ereignissen der Form $A \cap B$ durch

$$P(A \cap B) = P(A|B) \cdot P(B) \tag{24}$$

bzw. von A durch

$$P(A) = P(A \cap B) + P(A \cap B^C) = P(A|B) \cdot P(B) + P(A|B^C) \cdot P(B^C) \tag{25}$$

berechnet. Allgemein gilt für das Rechnen mit bedingten Wahrscheinlichkeiten die folgende leicht zu beweisende

Regel 2.10. *(von der vollständigen Wahrscheinlichkeit):*

Seien $B_1, \ldots, B_n$ paarweise disjunkte Ereignisse mit $\bigcup_{i=1}^{n} B_i = \Omega$ und $P(B_i) > 0$, $i = 1, \ldots n$. Dann gilt für ein Ereignis A

$$P(A) = \sum_{i=1}^{n} P(A|B_i) \cdot P(B_i). \tag{26}$$

Beispiel 2.11. *Aus einem Skatblatt (32 Karten, davon 4 Asse) werden nacheinander zwei Karten gezogen, ohne daß die erste Karte wieder zurückgesteckt wird. Wie groß ist (unter Laplace–Annahme für die einzelnen Züge) die Wahrscheinlichkeit, beim zweiten Zug ein As zu ziehen?*

Als Ergebnismenge Ω können wir wählen

$$\Omega = \{(0,0), (1,0), (0,1), (1,1)\},$$

wobei "As" durch 1 und "kein As" durch 0 kodiert wird. Sei A das Ereignis "As im zweiten Zug", B_1 das Ereignis "As im ersten Zug" und B_2 das Ereignis "kein As im ersten Zug". Dann gilt nach der Laplace–Annahme

$$P(B_1) = \frac{4}{32}, \quad P(B_2) = \frac{28}{32}, \quad P(A|B_1) = \frac{3}{31} \quad \text{und} \quad P(A|B_2) = \frac{4}{31}.$$

Daraus ergibt sich mit (25)

$$\begin{aligned} P(A) &= P(A|B_1) \cdot P(B_1) + P(A|B_2) \cdot P(B_2) \\ &= \frac{3}{31} \cdot \frac{4}{32} + \frac{4}{31} \cdot \frac{28}{32} = \frac{1}{8}. \end{aligned}$$

Regel 2.12. *(Formel von Bayes):*

Unter den Voraussetzungen von Regel 2.10 gilt im Falle $P(A) > 0$

$$P(B_i|A) = \frac{P(A|B_i) \cdot P(B_i)}{P(A)} \quad \text{für} \quad i = 1, \ldots, n. \tag{27}$$

Beispiel 2.13. *In der Situation von Beispiel 2.11 werde die erste gezogene Karte verdeckt auf den Tisch gelegt und die zweite Karte gezogen. Angenommen diese zweite Karte ist ein As. Wie groß ist die bedingte Wahrscheinlichkeit dafür, daß man beim Aufdecken der ersten Karte auch ein As erhält? Unter Verwendung der Ergebnisse von Beispiel 2.11 und (27) erhält man*

$$P(B_1|A) = \frac{P(A|B_1) \cdot P(B_1)}{P(A)} = \frac{\frac{3}{31} \cdot \frac{4}{32}}{\frac{1}{8}} = \frac{3}{31},$$

also das zu erwartende Ergebnis.

Bemerkung: In vielen Lehrbüchern wird im obigen Zusammenhang die Frage gestellt: "Wie groß ist die Wahrscheinlichkeit dafür, daß die verdeckte Karte ein As ist, wenn als zweite Karte ein As gezogen wurde?" Diese Wahrscheinlichkeit ist, da das Experiment bereits abgeschlossen ist, streng genommen 1 oder 0, je nachdem, ob die verdeckte Karte ein As war oder nicht. Wenn uns jedoch die Kenntnis fehlt, welcher der beiden Fälle vorliegt, interpretieren wir die bedingte Wahrscheinlichkeit $P(B_1|A)$ vorsichtiger als einen Grad des Überzeugtseins. Man kann allenfalls die Frage stellen, wie groß die Wahrscheinlichkeit ist, bei einer *zukünftigen* Versuchsdurchführung, bei der die zweite gezogene Karte ein As ist, mit dem Tip "die verdeckte Karte ist ein As" richtig zu liegen.

Eine weitere leicht zu beweisende Regel ist die folgende

Regel 2.14. *(Multiplikationsformel):*

Seien $A_1, \ldots, A_n$ *Ereignisse mit* $P(A_1 \cap \cdots \cap A_{n-1}) > 0$. *Dann gilt:*

$$P(A_1 \cap \cdots \cap A_n) = P(A_1) \cdot P(A_2|A_1) \cdot P(A_3|A_1 \cap A_2) \cdot \ldots \cdot P(A_n|A_1 \cap \cdots \cap A_{n-1}). \tag{28}$$

Beispiel 2.15. *Wir fragen nach der Wahrscheinlichkeit, daß unter* $n \leq 365$ *zufällig ausgewählten Personen keine zwei am selben Tag Geburtstag haben. Zur Vereinfachung nehmen wir an, daß keine der Personen am 29. Februar geboren ist und daß alle anderen Tage mit gleicher Wahrscheinlichkeit auftreten. Wir stellen uns vor, die Personen würden nacheinander ausgewählt. Bezeichnet dann* A_k *das Ereignis, daß die als* k*–te gewählte Person an einem anderen Tag Geburtstag hat als alle vorher ausgewählten Personen,* $k = 1, \ldots, n$, *so erhält man unter dieser Voraussetzung*

$$P(A_1) = \tfrac{365}{365}, \qquad P(A_2|A_1) = \tfrac{364}{365},$$
$$P(A_3|A_1 \cap A_2) = \tfrac{363}{365}, \ldots, \ldots, P(A_n|A_1 \cap \ldots \cap A_{n-1}) = \tfrac{365-n+1}{365}.$$

Dann folgt aus Regel 2.14 $P(A_1 \cap \ldots \cap A_n) = \frac{365 \cdot 364 \cdot \ldots \cdot (365-n+1)}{365^n}$.

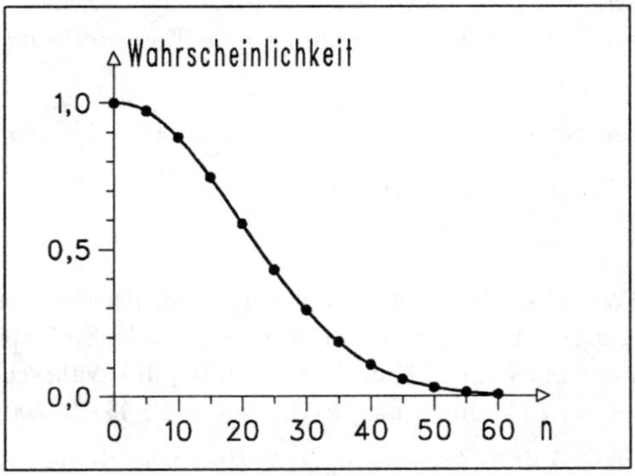

n	*Wahrsch.*
5	0.973
10	0.883
15	0.747
20	0.589
25	0.431
30	0.294
35	0.186
40	0.109
45	0.059
50	0.030
55	0.014
60	0.006

Dieses Ergebnis hätte auch auf folgendem Wege gewonnen werden können: Schreibt man die Geburtstage der n ausgewählten Personen der Reihe nach auf, so sind 365^n verschiedene Ergebnisse denkbar. Darunter sind nach Abzählregel 3 genau $365 \cdot 364 \cdot \ldots \cdot (365 - n + 1)$, die lauter verschiedene Geburtstage enthalten, so daß man das oben angegebene Resultat als Quotient ("Anzahl der günstigen durch Anzahl der möglichen Ergebnisse") erhält. Wir erkennen, daß man bereits bei 50 bis 60 zufällig zusammengekommenen Personen praktisch sicher sein kann, mindestens zwei mit gleichem Geburtstag dabei zu haben.

Für unvereinbare Ereignisse A und B gilt, falls wir $P(B) > 0$ voraussetzen, $P(A|B) = 0$, d.h., nach Beobachtung von B wissen wir mit Sicherheit, daß A nicht eingetreten sein kann. Ein anderer "Extremfall" liegt vor, falls A und B Ereignisse sind mit $B \subset A$ und $P(B) > 0$. Dann gilt $P(A|B) = 1$, d.h., nach Beobachtung von B wissen wir, daß A ebenfalls eingetreten sein muß. Es gibt jedoch Situationen, in denen das Wissen davon, daß B eingetreten ist, überhaupt nichts darüber aussagt, ob A eingetreten ist oder nicht. Wir betrachten dazu folgendes Beispiel.

Beispiel 2.16. *Ändert man in Beispiel 2.11 die Versuchsbedingungen, indem man nach dem Ziehen der ersten Karte diese zurücksteckt und vor dem Ziehen der zweiten Karte neu mischt, so sind im Gegensatz zu dort bei der mathematischen Beschreibung die Wahrscheinlichkeiten*

$$P(A|B_1) = \frac{4}{32} \quad \text{und} \quad P(A|B_2) = \frac{4}{32}$$

zu wählen. Da sich auch hier, wie eine kurze Rechnung zeigt, $P(A) = \frac{4}{32} = \frac{1}{8}$ ergibt, stimmen in diesem Falle die bedingten Wahrscheinlichkeiten von A mit der ("unbedingten") Wahrscheinlichkeit $P(A)$ überein. Insbesondere gilt

$$P(A \cap B_1) = P(A|B_1) \cdot P(B_1) = P(A) \cdot P(B_1).$$

Es ist intuitiv klar, daß die beiden Ereignisse A und B_1 völlig unabhängig voneinander eintreten, da ja durch das Mischen zwischen den beiden Zügen das Ergebnis des ersten Zuges ohne Einfluß auf das Ergebnis des zweiten Zuges ist. Diese aufgrund der Durchführung des Experiments gegebene "Unabhängigkeit" der Ereignisse A und B_1 soll nun bei der mathematischen Beschreibung eine Entsprechung finden. Man definiert daher:

Definition 2.17. *Zwei Ereignisse A und B heißen (stochastisch) unabhängig, falls*

$$P(A \cap B) = P(A) \cdot P(B) \tag{29}$$

gilt.

Immer wenn aufgrund der Versuchsordnung die Annahme gerechtfertigt erscheint, daß das Eintreten eines Ereignisses A völlig ohne Einfluß ist auf das Eintreten eines Ereignisses B, wollen wir bei der mathematischen Beschreibung die Wahrscheinlichkeiten $P(A), P(B)$ und $P(A \cap B)$ so wählen, daß $P(A \cap B) = P(A) \cdot P(B)$ gilt.

Bemerkung: Sind die Ereignisse A und B unabhängig, so sind es auch die Ereignisse A und B^C, die Ereignisse A^C und B sowie die Ereignisse A^C und B^C, denn aus $P(A) \cdot P(B) = P(A \cap B)$ folgt $P(A) \cdot P(B^C) = P(A) \cdot (1 - P(B)) = P(A) - P(A) \cdot P(B) = P(A) - P(A \cap B) = P(A \cap B^C)$ und entsprechend $P(A^C) \cdot P(B) = P(A^C \cap B)$ sowie mit Satz 2.4

$$\begin{aligned} P(A^C) \cdot P(B^C) &= (1 - P(A)) \cdot (1 - P(B)) = 1 - P(A) - P(B) + P(A) \cdot P(B) \\ &= 1 - P(A) - P(B) + P(A \cap B) \\ &= 1 - P(A \cup B) = P(A^C \cap B^C). \end{aligned}$$

Beispiel 2.18. *Ein Gerät besteht aus zwei Bauteilen T_1 und T_2, bei denen unabhängig voneinander Defekte auftreten können. Nach einer bestimmten Betriebsdauer kann eines oder es können beide Bauteile ausgefallen sein. Wir wollen diese Situation mathematisch wie folgt beschreiben: Das Ereignis A_i "Bauteil T_i bleibt intakt" tritt mit Wahrscheinlichkeit p_i ein ($i = 1, 2$), und die beiden Ereignisse sind unabhängig. Man spricht von einer Serienschaltung der Bauteile T_1 und T_2,*

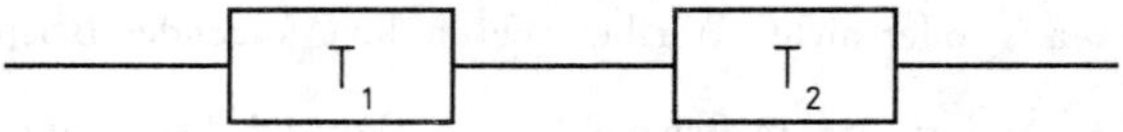

falls das Gerät genau dann funktionsfähig ist, wenn beide Bauteile intakt sind, und von einer Parallelschaltung der Bauteile T_1 und T_2,

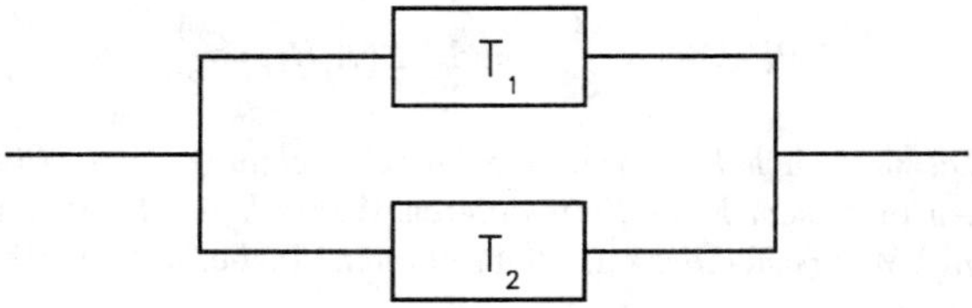

falls das Gerät genau dann funktionsfähig ist, wenn mindestens eines der Bauteile intakt ist. Für das Ereignis G "Gerät bleibt intakt" ergibt sich dann im Falle einer Serienschaltung

$$P(G) = P(A_1 \cap A_2) = P(A_1) \cdot P(A_2) = p_1 \cdot p_2$$

und im Falle einer Parallelschaltung (mit Satz 2.4)

$$\begin{aligned} P(G) &= P(A_1 \cup A_2) = P(A_1) + P(A_2) - P(A_1) \cdot P(A_2) \\ &= p_1 + p_2 - p_1 \cdot p_2 = 1 - (1 - p_1) \cdot (1 - p_2). \end{aligned}$$

Nehmen wir $p_1 = p_2 = 0.9$ an, so ergibt sich im ersten Fall $P(G) = 0.81$, während wir im zweiten Fall $P(G) = 0.99$ erhalten.

Definition 2.19. *n Ereignisse $A_1, \ldots, A_n$ heißen unabhängig (oder vollständig unabhängig), falls für jede Zahl $k = 2, \ldots, n$ und jede nichtleere k–elementige Teilmenge $\{i_1, i_2, \ldots i_k\}$ von $\{1, \ldots, n\}$*

$$P(A_{i_1} \cap A_{i_2} \cap \cdots \cap A_{i_k}) = P(A_{i_1}) \cdot P(A_{i_2}) \cdot \ldots \cdot P(A_{i_k})$$

gilt.

Bemerkung: Man beachte, daß im allgemeinen die Unabhängigkeit von n Ereignissen $A_1, \ldots, A_n$ nicht aus der paarweisen Unabhängigkeit der Ereignisse folgt.

Beispiel 2.20. $\Omega = \{1, 2, 3, 4\}$, $\mathfrak{A} = \mathfrak{P}(\Omega)$ *und* $P(\{i\}) = \frac{1}{4}$ *für* $i = 1, \ldots, 4$. *Die Ereignisse $A = \{1, 2\}$, $B = \{1, 3\}$, $C = \{2, 3\}$ sind wegen $P(A \cap B) = P(A) \cdot P(B) = \frac{1}{4}$, $P(A \cap C) = P(A) \cdot P(C) = \frac{1}{4}$, und $P(B \cap C) = P(B) \cdot P(C) = \frac{1}{4}$ zwar paarweise unabhängig, aber wegen $P(A \cap B \cap C) = 0$ und $P(A) \cdot P(B) \cdot P(C) = \frac{1}{8}$ nicht (vollständig) unabhängig.*

2.3 Zufallsvariablen und Verteilungsfunktionen

Bei vielen Zufallsexperimenten tritt als Versuchsergebnis unmittelbar ein Zahlwert auf, wie z.B. beim Messen der Körpergröße eines aus einer Schulklasse zufällig ausgewählten Schülers. Auch wenn die bei einem Zufallsexperiment auftretenden Ergebnisse nicht selbst Zahlenwerte sind, interessiert man sich in vielen Fällen für einen durch das Ergebnis bestimmten Zahlenwert. Ein Beispiel mag dies illustrieren.

Beispiel 2.21. *Das Gewicht eines in einer Hühnerfarm gelegten Eies kann als Ergebnis eines Zufallsexperimentes angesehen werden. Die Eier werden in Gewichtsklassen eingeteilt. Bei der Kalkulation ist der Erlös, den ein bestimmtes Ei erbringt, von Interesse. Dafür ist aber nicht sein genaues Gewicht, sondern nur der Preis für Eier seiner Gewichtsklasse maßgebend.*

Bei der mathematischen Beschreibung der Situation wird jedem Ergebnis ω eine reelle Zahl $X(\omega)$ zugeordnet: dem zufälligen Gewicht ω die zufällige Gewichtsklasse

$X(\omega)$. Die Zuordnungsvorschrift ist damit eine Abbildung $X : \Omega \to \mathbb{R}$.

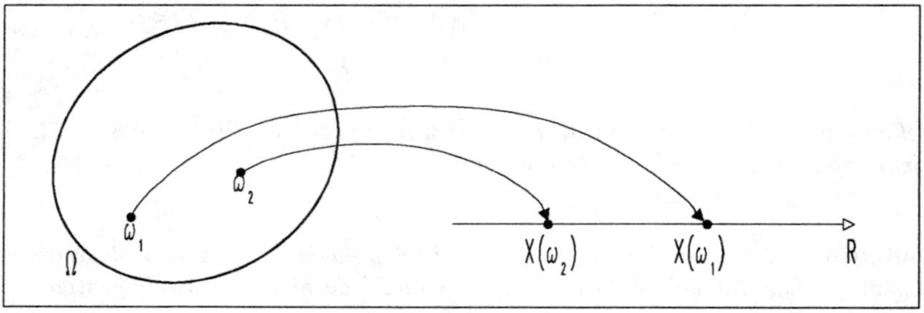

Beispiel 2.22.

1. *Viermaliges Werfen einer Münze mit der Ergebnismenge* $\Omega = \{0,1\}^4$ *(siehe Beispiel 2.6.2)*

$$X(\omega) = \text{Anzahl der Münzen, die "Zahl" zeigen beim Ergebnis } \omega.$$

   Für $\omega = (\omega_1, \omega_2, \omega_3, \omega_4) \in \Omega$ *ist also*

$$X(\omega) = \omega_1 + \omega_2 + \omega_3 + \omega_4$$

2. *Wurf zweier Würfel,* $\Omega = \{(i,j) : i,j \in \{1,\ldots,6\}\}$ *(*(i,j) *bedeutet "erster Würfel zeigt* i*, zweiter zeigt* j*"). Wir ordnen jedem Ergebnis die Summe der beiden geworfenen Zahlen zu und erhalten die Abbildung* $X : \Omega \to \mathbb{R}$ *mit*

$$X\Big((i,j)\Big) = i + j \quad \text{für } i,j = 1,\ldots,6.$$

3. *Ermittlung einer Meßreihe* $\omega = (\omega_1, \ldots, \omega_n)$ *durch Ermittlung der Lebensdauern von* n *Geräten,* $\Omega = \mathbb{R}^n$*. Für* $\omega \in \Omega$ *sei*

   a) $X_i(\omega) = \omega_i$: *"Lebensdauer des* i*–ten Gerätes",* $i = 1, \ldots, n$

   b) $\overline{X}(\omega) = \frac{1}{n}(X_1(\omega) + \cdots + X_n(\omega))$: *"Mittelwert der Meßreihe"*

   c) $S^2(\omega) = \frac{1}{n-1} \sum_{i=1}^{n} (X_i(\omega) - \overline{X}(\omega))^2$: *"Empirische Varianz der Meßreihe".*

Da das sich einstellende Ergebnis ω des Zufallsexperiments vom Zufall abhängt, wird auch der daraus ermittelte Zahlenwert $X(\omega)$ zufallsabhängig sein. Man wird sich also für die Wahrscheinlichkeit interessieren, daß $X(\omega)$ in einem bestimmten Intervall $I \subset \mathbb{R}$ liegt, daß also $X(\omega) \in I$ gilt. Zur Beantwortung der Frage nach dieser Wahrscheinlichkeit betrachten wir die Gesamtheit aller Ergebnisse ω, für die $X(\omega) \in I$ gilt, also die folgende Teilmenge von Ω:

$$A_I = \{\omega \in \Omega : X(\omega) \in I\}$$

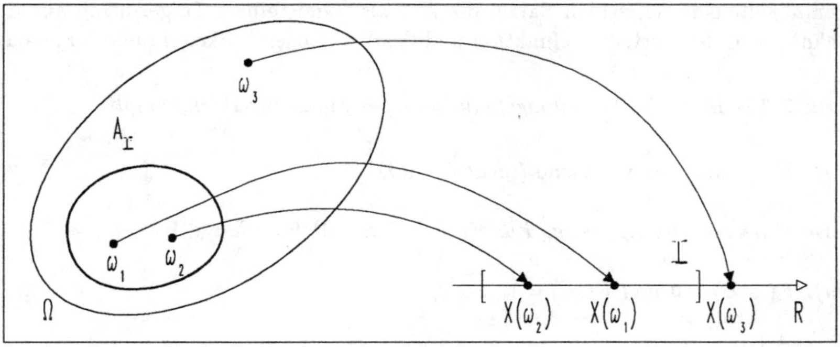

Ist diese Teilmenge ein Ereignis des Wahrscheinlichkeitsraumes $(\Omega, \mathfrak{A}, P)$, gilt also $A_I \in \mathfrak{A}$, so ist $P(A_I)$ die gesuchte Wahrscheinlichkeit. Um die Wahrscheinlichkeit, daß $X(\omega)$ in einem bestimmten Intervall I liegt, angeben zu können, muß sichergestellt sein, daß für die Menge A_I eine Wahrscheinlichkeit definiert ist. Diese Überlegung macht die folgende Definition verständlich.

Definition 2.23. *Sei $(\Omega, \mathfrak{A}, P)$ ein Wahrscheinlichkeitsraum. Eine Abbildung $X : \Omega \to \mathbb{R}$ heißt Zufallsvariable (Zufallsgröße) über $(\Omega, \mathfrak{A}, P)$, falls*

$$\{\omega \in \Omega : X(\omega) \in I\} \in \mathfrak{A}$$

für alle Intervalle $I \subset \mathbb{R}$ gilt.

Bemerkung: Unter Intervallen verstehen wir Teilmengen von $\mathbb{R}$ von der Form $\{x \in \mathbb{R} : a < x \leq b\}$, $\{x \in \mathbb{R} : a \leq x \leq b\}$ u.s.w., aber auch "Halbachsen", wie etwa $\{x \in \mathbb{R} : x \leq b\}$ oder $\{x \in \mathbb{R} : a < x\}$. Damit gehören insbesondere die einelementigen Mengen zu den Intervallen.

Für die Wahrscheinlichkeit des Ereignisses $\{\omega \in \Omega : X(\omega) \in I\}$ schreiben wir abkürzend $P(X \in I)$ und entsprechend $P(a < X \leq b)$, $P(a \leq X \leq b)$, $P(X = a)$ u.s.w.

Die Wahrscheinlichkeiten solcher Ereignisse lassen sich mit Hilfe der in folgender Definition erklärten Verteilungsfunktion berechnen.

Definition 2.24. *Sei X eine Zufallsvariable über $(\Omega, \mathfrak{A}, P)$. Dann heißt die Abbildung $F : \mathbb{R} \to [0,1]$ mit*

$$F(x) = P(X \leq x), x \in \mathbb{R},$$

Verteilungsfunktion der Zufallsvariablen X.

Wir benutzen die Abkürzungen:

$$\begin{aligned} F(x-0) &= \lim_{h>0,h\to 0} F(x-h), \quad F(x+0) = \lim_{h>0,h\to 0} F(x+h), \\ F(-\infty) &= \lim_{x\to -\infty} F(x) \quad \text{und} \quad F(\infty) = \lim_{x\to\infty} F(x). \end{aligned}$$

Damit gelten die folgenden Sätze, die sich als unmittelbare Folgerungen aus den Definitionen der Verteilungsfunktion und des Wahrscheinlichkeitsraumes ergeben.

Satz 2.25. *Ist F die Verteilungsfunktion einer Zufallsvariablen, so gilt:*

(i) *F ist monoton wachsend (nicht fallend).*

(ii) *F ist rechtsseitig stetig, d.h. $F(x) = F(x+0)$ für alle $x \in \mathbb{R}$.*

(iii) $F(-\infty) = 0$ *und* $F(\infty) = 1$.

Satz 2.26. *Ist F die Verteilungsfunktion einer Zufallsvariablen X, so gilt für $a, b \in \mathbb{R}$, $a < b$:*

(i) $P(a < X \leq b) = F(b) - F(a)$

(ii) $P(X = a) = F(a) - F(a-0)$

(iii) $P(a \leq X \leq b) = F(b) - F(a) + P(X = a)$

(iv) $P(a \leq X < b) = F(b-0) - F(a-0)$

(v) $P(X > a) = 1 - F(a)$

Bemerkung: Während Satz 2.25 besagt, daß Verteilungsfunktionen stets ganz bestimmte Eigenschaften haben, läßt sich Satz 2.26 so interpretieren, daß durch die Verteilungsfunktion F einer Zufallsvariablen X das "Wahrscheinlichkeitsgesetz", nach dem die Zufallsvariable X ihre Werte annimmt, vollständig beschrieben ist. Zunächst lassen sich alle Wahrscheinlichkeiten $P(X \in I)$ dafür, daß X Werte in Intervallen I annimmt, mit Hilfe von F berechnen. Es läßt sich aber auch zeigen, daß durch F Wahrscheinlichkeiten $P(X \in B)$ für viele Teilmengen B von $\mathbb{R}$ (wie z.B. für Durchschnitte und Vereinigungen von endlich und abzählbar unendlich vielen Intervallen sowie für beliebige offene und abgeschlossene Teilmengen von $\mathbb{R}$) eindeutig bestimmt sind. Dieses durch F festgelegte "Wahrscheinlichkeitsgesetz", nach dem die Zufallsvariable X ihre Werte annimmt, wollen wir im folgenden die *Verteilung von* X nennen.

Beispiel 2.27. *Anzahl der "Wappen" beim dreimaligen Werfen einer Münze,* $\Omega = \{(0,0,0), (0,0,1), \ldots, (1,1,1)\}$, *wobei 0 "Wappen" und 1 "Zahl" bedeuten soll. Die Zufallsvariable hat dann die Werte* $X\Big((0,0,0)\Big) = 3,\ X\Big((0,0,1)\Big) = 2, \ldots, X\Big((1,1,1)\Big) = 0.$

Unter der Laplace–Annahme gilt dann

$$P(X=3) = \tfrac{1}{8}, \quad P(X=2) = \tfrac{3}{8}, \quad P(X=1) = \tfrac{3}{8} \quad \text{und} \quad P(X=0) = \tfrac{1}{8}.$$

Für die Verteilungsfunktion ergibt sich daher:

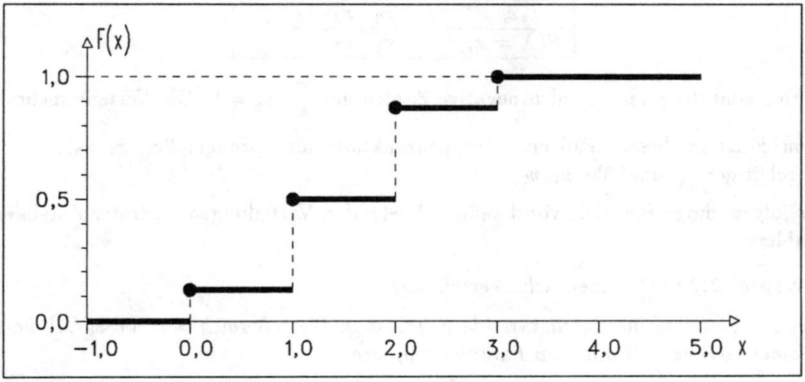

Bemerkung: Während in diesem Beispiel die Zufallsvariable X als Abbildung explizit angegeben wurde und die Wahrscheinlichkeiten dafür, daß X bestimmte Werte annimmt, aus der Abbildungsvorschrift errechnet wurden, wollen wir im folgenden den Abbildungscharakter von Zufallsvariablen in den Hintergrund treten lassen und uns nur noch auf die Wahrscheinlichkeiten konzentrieren, mit denen die Zufallsvariablen ihre Werte annehmen.

Definition 2.28. *Eine Zufallsvariable X heißt diskret (oder diskret verteilt), wenn ihr Wertebereich endlich oder abzählbar unendlich ist.*

Die Verteilungsfunktion (und damit die Verteilung) einer diskreten Zufallsvariablen X ist durch Angabe der Werte $x_1, x_2, \ldots$ und der Wahrscheinlichkeiten $P(X = x_1)$,

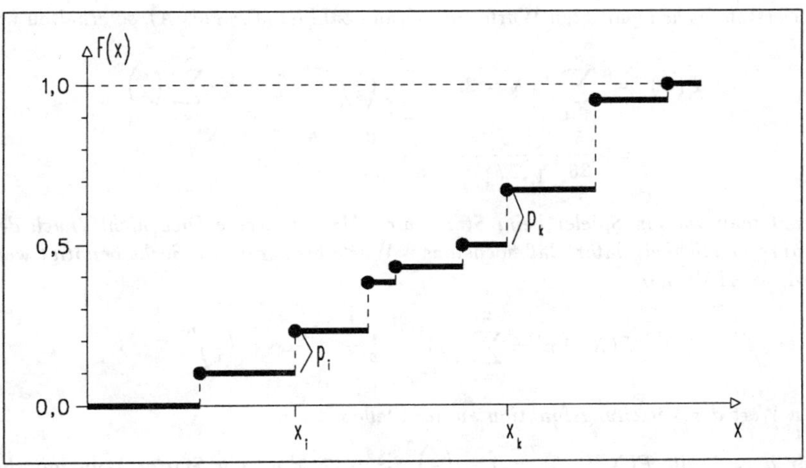

$P(X = x_2), \ldots$ festgelegt, die man oft in Form einer Tabelle darstellt:

x_i	x_1	x_2	x_3	$\cdots$
$P(X = x_i)$	p_1	p_2	p_3	$\cdots$

Dabei sind die $p_1, p_2, \ldots$ nichtnegative Zahlen mit $\sum_i p_i = 1$. Die Verteilungsfunktion F ist in diesem Fall eine Treppenfunktion mit Sprungstellen $x_1, x_2, \ldots$ und zugehöriger Sprunghöhe $p_1, p_2, \ldots$.

Es folgen einige Beispiele von häufig auftretenden Verteilungen diskreter Zufallsvariablen.

Beispiel 2.29. *(Geometrische Verteilung)*

Sei $0 < p < 1$. Eine Zufallsvariable X mit dem Wertebereich $\mathbb{N} = \{1, 2, \ldots\}$ heißt geometrisch verteilt mit dem Parameter p, wenn

$$P(X = i) = (1-p)^{i-1} \cdot p, \quad i = 1, 2, \ldots \tag{30}$$

gilt.

Geometrisch verteilte Zufallsvariablen tauchen in folgendem Zusammenhang auf. Ein Zufallsexperiment mit den möglichen Ergebnissen "Erfolg" (=1) und "Mißerfolg" (=0) wird unter gleichen Bedingungen beliebig oft wiederholt. Dabei soll jeweils "Erfolg" mit der Wahrscheinlichkeit p auftreten. Die Ergebnisse ω dieses Serienexperiments sind also Folgen von Nullen und Einsen. Ist $X(\omega)$ die Nummer des ersten Versuchs, bei dem "Erfolg" eintritt (die Anzahl der Versuche bis zum ersten Erfolg), so liefert die geometrische Verteilung mit dem Parameter p eine angemessene Beschreibung.

Betrachtet man etwa beim Würfeln das Auftreten einer Sechs als "Erfolg", so ist $p = \frac{1}{6}$ zu wählen. Fragen wir nach der Wahrscheinlichkeit, daß die Anzahl der bis zur ersten Sechs benötigten Würfe eine gerade Zahl ist (Ereignis A), so erhalten wir

$$\begin{aligned} P(A) &= \sum_{i=1}^{\infty} P(X = 2i) = \sum_{i=1}^{\infty} \left(\tfrac{5}{6}\right)^{2i-1} \cdot \tfrac{1}{6} = \tfrac{5}{36} \cdot \sum_{i=0}^{\infty} \left(\tfrac{5}{6}\right)^{2i} \\ &= \frac{5}{36} \cdot \frac{1}{1 - \left(\frac{5}{6}\right)^2} = \frac{5}{36} \cdot \frac{36}{11} = \frac{5}{11}. \end{aligned}$$

Fragt man wie ein Spieler beim Start zum "Mensch ärgere Dich nicht" nach der Wahrscheinlichkeit dafür, daß höchstens n Würfe bis zur ersten Sechs benötigt werden, so erhält man

$$P(X \leq n) = \sum_{i=1}^{n} \left(\tfrac{5}{6}\right)^{i-1} \cdot \tfrac{1}{6} = \cdots = 1 - \left(\tfrac{5}{6}\right)^{n},$$

den Wert der Verteilungsfunktion an der Stelle n.

Für $n = 3$ gilt $P(X \leq 3) = 1 - \left(\frac{5}{6}\right)^3 \approx 0.42$, d.h., ein Spieler kann mit der Wahrscheinlichkeit von ungefähr 0.42 spätestens nach dem dritten Wurf starten.

Die Wahrscheinlichkeit, mehr als 100 Würfe für die erste Sechs zu benötigen, ist $\left(\frac{5}{6}\right)^{100} \approx 1.2 \cdot 10^{-8}$, *also wesentlich kleiner als die Wahrscheinlichkeit, mit einem Tip im Lotto sechs Richtige zu tippen, die (unter der Laplace–Annahme) ungefähr gleich* $7.15 \cdot 10^{-8}$ *ist.*

Beispiel 2.30. *(Binomial–Verteilung)*

Sei $n \in \mathbb{N}$ *und* $0 < p < 1$. *Eine Zufallsvariable* X *mit dem Wertebereich* $\{0, 1, \ldots, n\}$ *heißt binomialverteilt mit dem Parameter* n *und* p *(kurz:* $B(n,p)$*–verteilt), falls*

$$P(X = i) = \binom{n}{i} p^i (1-p)^{n-i}, \quad i = 0, 1, \ldots, n \tag{31}$$

gilt.

Binomialverteilte Zufallsvariablen treten in folgendem Zusammenhang auf. Wie in Beispiel 2.29 werde ein Zufallsexperiment mit den möglichen Ergebnissen "Erfolg" und "Mißerfolg" wiederholt ausgeführt, jetzt aber nicht beliebig oft, sondern genau n*–mal. Die Anzahl der "Erfolge" in diesen* n *Wiederholungen läßt sich durch eine* $B(n,p)$*–verteilte Zufallsvariable beschreiben. Zum Beispiel ist für die Anzahl der "Wappen", die bei 10 Würfen einer Münze insgesamt auftreten,* $n = 10$ *und* $p = \frac{1}{2}$ *zu wählen. Für die Wahrscheinlichkeit, mindestens 7–mal "Wappen" zu erhalten, ergibt sich*

$$\begin{aligned} P(X \geq 7) &= \sum_{i=7}^{10} \binom{10}{i} \cdot \left(\frac{1}{2}\right)^{10} = \frac{1}{1024}\left(\binom{10}{7} + \binom{10}{8} + \binom{10}{9} + \binom{10}{10}\right) \\ &= \frac{1}{1024}(120 + 45 + 10 + 1) \approx 0.172\,. \end{aligned}$$

Beispiel 2.31. *(Poisson–Verteilung)*

Sei $\lambda > 0$. *Eine Zufallsvariable* X *mit dem Wertebereich* $\mathbb{N} \cup \{0\}$ *und*

$$P(X = i) = \frac{\lambda^i}{i!} e^{-\lambda}, \quad i = 0, 1, 2, \ldots \tag{32}$$

heißt Poisson–verteilt mit dem Parameter λ. *Sie eignet sich zur Beschreibung von Experimenten des folgenden Typs: In einer Telefonzentrale wird an einem normalen Werktagvormittag die Anzahl der innerhalb von 60 Sekunden ankommenden Telefongespräche ermittelt.* λ *hat die Bedeutung der "mittleren Anzahl" der Gespräche pro Minute.*

Eine in der Literatur häufig zitierte empirische Untersuchung, die die Brauchbarkeit der Poisson–verteilten Zufallsvariablen zur Beschreibung von Zählvorgängen der obigen Art unterstreicht, behandelt die Anzahl der Soldaten eines preußischen Kavallerieregiments, die innerhalb eines Jahres an den Folgen eines Huftritts starben. Für 10 Regimenter wurden über einen Zeitraum von 20 Jahren die entsprechende Zahlen ermittelt. Es liegen also 200 Zahlen vor, und zwar die Zahlen $0, 1, \ldots, 4$ *mit folgenden Häufigkeiten:*

Anzahl der Todesfälle	0	1	2	3	4
beobachtete Häufigkeit	109	65	22	3	1

Als "mittlere Anzahl" erhält man aus dieser Tabelle den Wert 0.61. Wir berechnen die Wahrscheinlichkeiten, mit denen eine mit dem Parameter $\lambda = 0.61$ Poisson–verteilte Zufallsvariable X die Werte $0, 1, \ldots, 4$ annimmt, und erhalten:

$$\begin{aligned}
P(X=0) &= e^{-0.61} = 0.543 \\
P(X=1) &= 0.61 \cdot e^{-0.61} = 0.331 \\
P(X=2) &= \frac{1}{2!} 0.61^2 \cdot e^{-0.61} = 0.101 \\
P(X=3) &= \frac{1}{3!} 0.61^3 \cdot e^{-0.61} = 0.021 \\
P(X=4) &= \frac{1}{4!} 0.61^4 \cdot e^{-0.61} = 0.003.
\end{aligned}$$

Diese Wahrscheinlichkeiten vergleichen wir in der folgenden Tabelle mit den relativen Häufigkeiten, die für die einzelnen Anzahlen von Todesfällen ermittelt wurden, und stellen eine gute Übereinstimmung fest.

Anzahl der Todesfälle	0	1	2	3	4
beob. rel. Häufigkeit	0.545	0.325	0.110	0.015	0.005
Wahrscheinlichkeit	0.543	0.331	0.101	0.021	0.003

Viele physikalische und technische Probleme können mit Poisson–verteilten Zufallsvariablen beschrieben werden, z.B. die Ermittlung der Anzahl der α–Teilchen, die in einer bestimmten Zeitspanne von einer radioaktiven Substanz emittiert werden.

Die bisher behandelten diskreten Zufallsvariablen entsprechen den quantitativ–diskreten Merkmalen der beschreibenden Statistik. Wir wenden uns nun Zufallsvariablen zu, die als Entsprechung zu den quantitativ–stetigenMerkmalen gesehen werden können.

Definition 2.32. *Eine Zufallsvariable X heißt stetig verteilt mit der Dichte f, falls sich ihre Verteilungsfunktion $F : \mathbb{R} \to \mathbb{R}$ in der folgenden Weise schreiben läßt:*

$$F(x) = \int_{-\infty}^{x} f(t)\, dt, \quad x \in \mathbb{R}.$$

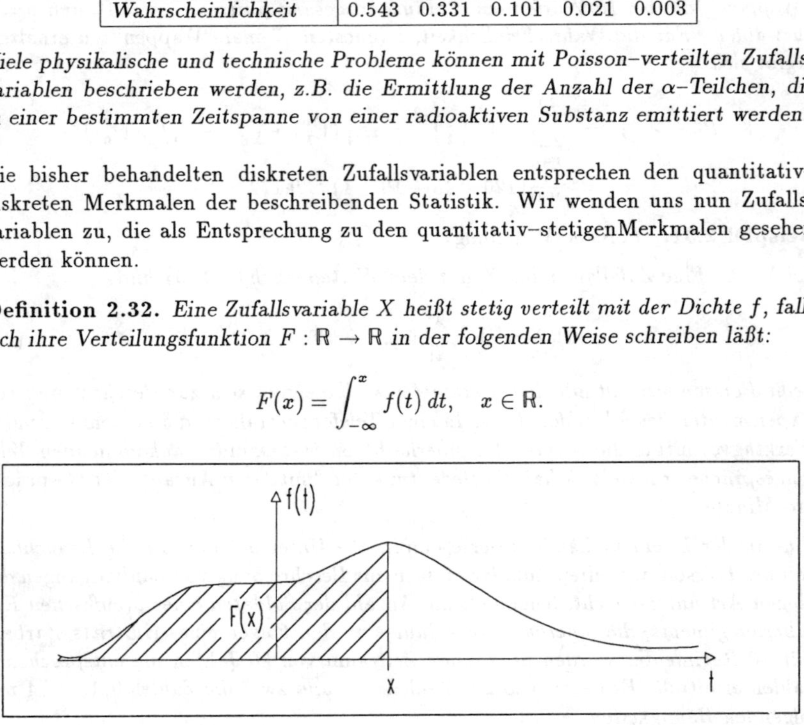

Bemerkungen:

1. Wegen $P(-\infty < X < \infty) = 1$ gilt $\int_{-\infty}^{\infty} f(t)\,dt = 1.$

2. Der Zusammenhang zwischen Dichte und Verteilungsfunktion läßt sich leicht geometrisch veranschaulichen. Für den Wert der Verteilungsfunktion F an der Stelle x gilt:

   $F(x) =$ "Inhalt der schraffierten Fläche"

3. Die Verteilungsfunktion einer stetig verteilten Zufallsvariablen X mit Dichte ist stetig. Insbesondere folgt daraus wegen Satz 2.26

$$P(X = x) = F(x) - F(x - 0) = 0 \quad \text{für alle} \quad x \in \mathbb{R}. \tag{33}$$

4. Für Stetigkeitsstellen x von f gilt $\frac{d}{dx}F(x) = f(x)$.

5. Ist X stetig verteilt mit der Dichte f, so lassen sich die Wahrscheinlichkeiten, mit denen X Werte in Intervallen annimmt, wie folgt veranschaulichen:

$P(X \leq b)$

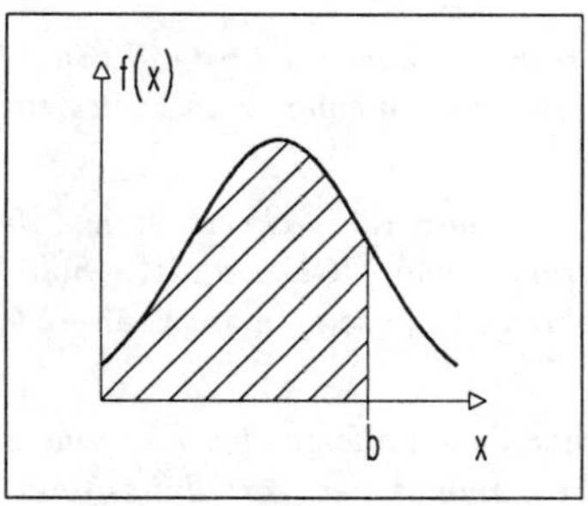

$P(a \leq X)$

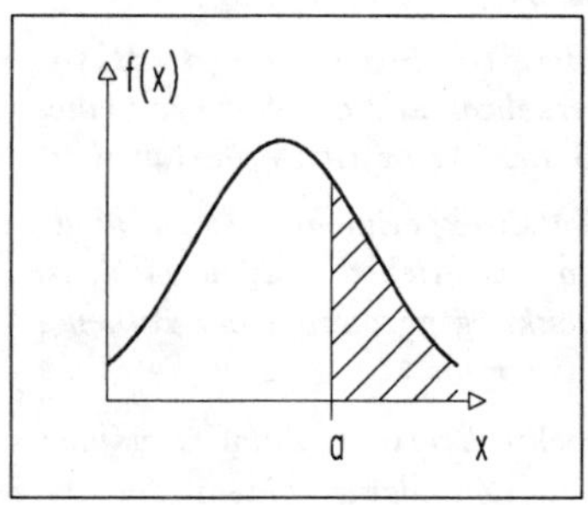

$P(a \leq X < b)$

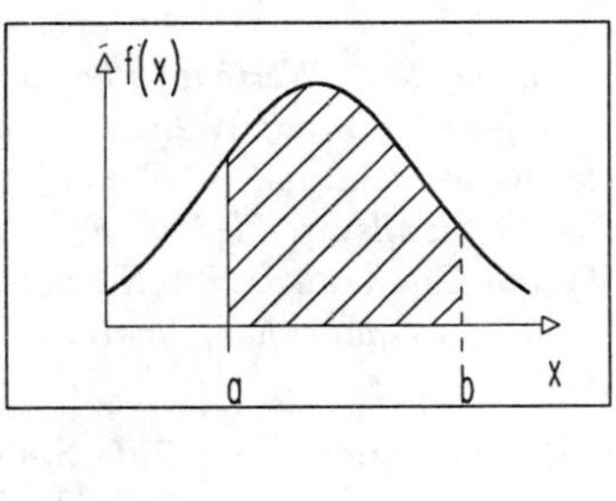

$P(|X - a| > b)$

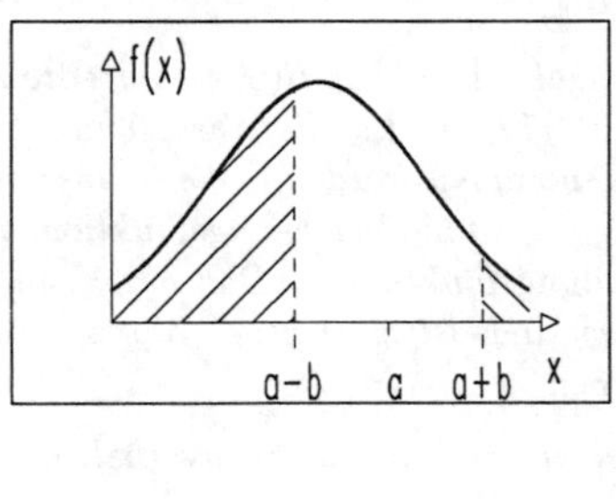

Dabei können wegen (33) die Ungleichungszeichen "$\leq$" durch strikte Ungleichungszeichen "$<$" und umgekehrt ersetzt werden.

Es folgt eine Reihe von Beispielen häufig auftretender Verteilungen mit einer Dichte.

Beispiel 2.33. *(Rechteckverteilung)*

Sei $-\infty < a < b < \infty$. Die Zufallsvariable X heißt rechteckverteilt im Intervall $[a, b]$ (kurz: $R(a, b)$–verteilt), falls X stetig verteilt ist mit der Dichte f der Form

$$f(t) = \begin{cases} \frac{1}{b-a} & \text{für} \quad a < t < b \\ 0 & \text{sonst.} \end{cases} \tag{34}$$

Die zugehörige Verteilungsfunktion F ergibt sich zu

$$F(x) = \begin{cases} 0 & \text{für} \quad x \leq a \\ \frac{x-a}{b-a} & \text{für} \quad a < x < b \\ 1 & \text{für} \quad x \geq b. \end{cases} \tag{35}$$

Rechteckverteilte Zufallsvariablen eignen sich zur Beschreibung von Vorgängen, bei denen die Ergebnisse nur Zahlen eines bestimmten Intervalls $[a, b]$ sein können und die Chance, daß das Ergebnis in ein bestimmtes Teilintervall fällt, lediglich durch dessen Länge bestimmt ist.

Eine derartige Situation liegt z.B. vor, wenn U–Bahn–Züge im Abstand von 3 Minuten verkehren und die Wartezeit eines Fahrgastes, der zu einem zufälligen Zeitpunkt den Bahnsteig betritt, ermittelt wird.

Ein Zufallsexperiment, das im allgemeinen mit einer rechteckverteilten Zufallsvariablen beschrieben werden kann, ist das Drehen eines "Glücksrads". Soll X die "Auslenkung gegenüber der Ruhelage" beschreiben, so setzt man X als $R(0, 2\pi)$–verteilt voraus.

Auf rechteckverteilte Zufallsvariablen stößt man auch im folgenden Zusammenhang: Ist Y eine Zufallsvariable mit der stetigen, streng monotonen Verteilungsfunktion F, so ist $X = F(Y)$ eine $R(0, 1)$–verteilte Zufallsvariable. Mit der im offenen Intervall (0,1) definierten Umkehrfunktion F^{-1} gilt nämlich

$$P(X \leq x) = P(F(Y) \leq x) = P(Y \leq F^{-1}(x)) = F(F^{-1}(x)) = x, \quad 0 < x < 1.$$

Ist umgekehrt X eine $R(0, 1)$–verteilte Zufallsvariable, deren Werte im offenen Intervall (0,1) liegen, d.h. die Werte 0 und 1, die von X jeweils nur mit Wahrscheinlichkeit 0 angenommen werden, sollen außer acht gelassen werden, und ist F eine stetige, streng monotone Verteilungsfunktion, so besitzt die Zufallsvariable $Y = F^{-1}(X)$ die Verteilungsfunktion F. Daß mit Y auch $F(Y)$ und mit X auch $F^{-1}(X)$ Zufallsvariablen sind, ist einsichtig. Wir werden auf diesen Zusammenhang später genauer eingehen.

Der eben beschriebene Sachverhalt ist wichtig für Simulationen mit Hilfe von Computern, in denen durch bestimmte Programme (Zufallsgeneratoren) Zahlenfolgen $(x_n)_{n\in\mathbb{N}}$ im Intervall (0,1) erzeugt werden, und zwar so, daß das Zustandekommen einer Zahl x_n durch eine $R(0, 1)$–verteilte Zufallsvariable X beschrieben wird. Durch

Übergang von x_n zu $y_n = F^{-1}(x_n)$ erhält man dann eine Zahlenfolge $(y_n)_{n\in\mathbb{N}}$, deren Elemente y_n nach dem durch die Verteilungsfunktion F festgelegten "Wahrscheinlichkeitsgesetz" zustande kommen. Für eine beliebige (nicht notwendig stetige und streng monotone) Verteilungsfunktion F gilt ein solcher Sachverhalt auch, wenn anstelle von $y_n = F^{-1}(x_n)$

$$y_n = \inf\{t : F(t) \geq x_n\}$$

gesetzt wird.

Beispiel 2.34. *(Normalverteilung)*

Sei $\mu \in \mathbb{R}$ und $\sigma > 0$. Eine Zufallsvariable X heißt normalverteilt mit den Parametern μ und σ^2 (kurz: $N(\mu, \sigma^2)$–verteilt), falls X stetig verteilt ist mit der folgenden Dichte f:

$$f(t) = \frac{1}{\sigma\sqrt{2\pi}} \exp(-\frac{1}{2}\left(\frac{t-\mu}{\sigma}\right)^2), \quad t \in \mathbb{R}. \tag{36}$$

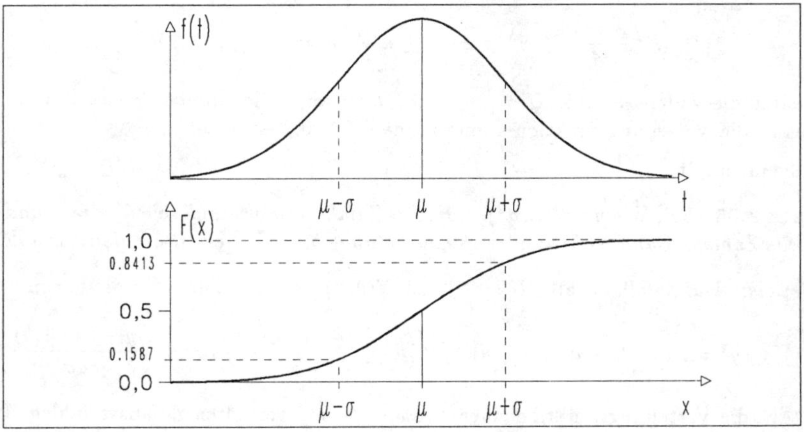

Bemerkung: Einer Integraltafel entnimmt man $\int_{-\infty}^{\infty} \exp(-x^2/2)\,dx = \sqrt{2\pi}$, woraus mit der Substitution $x = \frac{t-\mu}{\sigma}$

$$\int_{-\infty}^{\infty} f(t)\,dt = 1$$

folgt.

Für $\mu = 0$ und $\sigma^2 = 1$ heißt X *standard–normalverteilt.* In diesem Fall ist die Verteilungsfunktion von X die Funktion

$$\Phi(x) = \frac{1}{\sqrt{2\pi}} \int_{-\infty}^{x} \exp(-\frac{1}{2}t^2)\,dt, \quad x \in \mathbb{R}, \tag{37}$$

deren Werte in einer Tabelle im Anhang zu finden sind. Die folgende kurze Wertetabelle ist ein Auszug. Da die Dichte f eine gerade Funktion ist, folgt

$$\Phi(0) = \tfrac{1}{2} \quad \text{und} \quad \Phi(-x) = 1 - \Phi(x), \quad x > 0. \tag{38}$$

Darum genügt es, die Funktion Φ für positive Argumente zu tabellieren.

x	0.00	0.25	0.50	0.75	1.00	1.25	1.50	1.75	2.00	3.00
$\Phi(x)$	0.500	0.599	0.691	0.773	0.841	0.894	0.933	0.960	0.977	0.999

Sei jetzt X wieder $N(\mu, \sigma^2)$–verteilt mit beliebigem $\mu \in \mathbb{R}$ und $\sigma > 0$. Die Substitution $u = \frac{t-\mu}{\sigma}$ ergibt für die zugehörige Verteilungsfunktion

$$\begin{aligned} P(X \leq x) &= \frac{1}{\sigma\sqrt{2\pi}} \int_{-\infty}^{x} \exp(-\frac{1}{2}\left(\frac{t-\mu}{\sigma}\right)^2)\, dt \\ &= \frac{1}{\sqrt{2\pi}} \int_{-\infty}^{\frac{x-\mu}{\sigma}} \exp(-\frac{1}{2}u^2)\, du = \Phi\left(\frac{x-\mu}{\sigma}\right). \end{aligned} \tag{39}$$

Ihre Werte lassen sich also mit Hilfe einer Tabelle der Funktion Φ berechnen. Wegen

$$P\Big(\frac{X-\mu}{\sigma} \leq x\Big) = P(X \leq \mu + \sigma x) = \Phi(x), \quad x \in \mathbb{R}, \tag{40}$$

besitzt die Zufallsvariable $U = \frac{X-\mu}{\sigma}$, die man auch die *Standardisierung* von X nennt, die Verteilungsfunktion Φ und ist daher $N(0,1)$–verteilt.

Allgemein gilt:

Satz 2.35. *Sei X eine $N(\mu, \sigma^2)$–verteilte Zufallsvariable und seien $a \neq 0$ und b reelle Zahlen. Dann ist $Y = aX + b$ eine $N(a\mu + b, a^2\sigma^2)$–verteilte Zufallsvariable.*

Beweis: Die Zufallsvariable $U = \frac{X-\mu}{\sigma}$ ist $N(0,1)$–verteilt. Für $a > 0$ ist darum

$$P(Y \leq y) = P(a(\sigma U + \mu) + b \leq y) = P\left(U \leq \frac{y - (a\mu + b)}{a\sigma}\right) = \Phi\left(\frac{y - (a\mu + b)}{a\sigma}\right),$$

$y \in \mathbb{R}$, die Verteilungsfunktion einer $N(a\mu + b, a^2\sigma^2)$–verteilten Zufallsvariablen. Im Falle $a < 0$ beachte man, daß wegen der Symmetrie der Normalverteilung auch $-U$ eine $N(0,1)$–verteilte Zufallsvariable ist. Man erhält analog

$$P(Y \leq y) = P\left(-U \leq \frac{y - (a\mu + b)}{(-a)\sigma}\right) = \Phi\left(\frac{y - (a\mu + b)}{(-a)\sigma}\right), \quad y \in \mathbb{R},$$

woraus die Behauptung folgt.

Speziell ergibt sich für eine $N(\mu, \sigma^2)$–verteilte Zufallsvariable X aus

$$P(X \leq \mu + z\sigma) = \Phi(z), \quad z \in \mathbb{R},$$

zum Beispiel

$$P(\mu - \sigma < X \leq \mu + \sigma) = \Phi(1) - \Phi(-1) = 2 \cdot \Phi(1) - 1 = 0.683, \tag{41}$$

$$P(\mu - 2\sigma < X \leq \mu + 2\sigma) = \Phi(2) - \Phi(-2) = 2 \cdot \Phi(2) - 1 = 0.955, \tag{42}$$

$$P(\mu - 3\sigma < X \leq \mu + 3\sigma) = \Phi(3) - \Phi(-3) = 2 \cdot \Phi(3) - 1 = 0.997. \tag{43}$$

Für praktische Zwecke ist von Bedeutung:

$$P(\mu - 1.96 \cdot \sigma < X \leq \mu + 1.96 \cdot \sigma) = 2 \cdot \Phi(1.96) - 1 = 0.950. \tag{44}$$

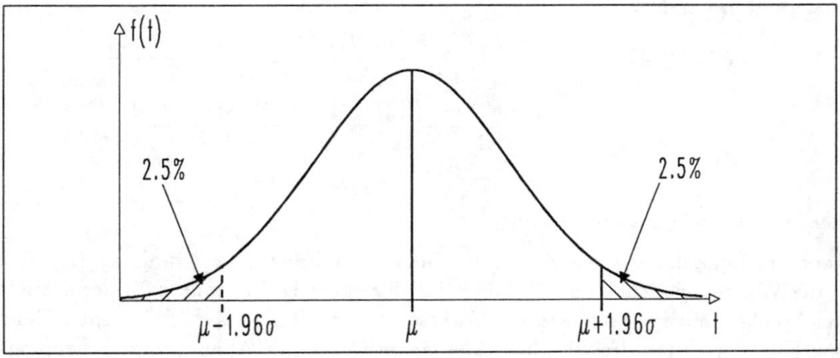

Normalverteilte Zufallsvariablen spielen in der Statistik eine zentrale Rolle aus Gründen, auf die wir noch eingehen werden. Sie werden zum Beispiel häufig verwendet, wenn man Meßvorgänge beschreiben möchte, bei denen Ungenauigkeiten zu zufälligen Schwankungen der Meßergebnisse führen.

Beispiel 2.36. *(Exponentialverteilung)*

Sei $\lambda > 0$. X heißt exponentialverteilt mit dem Parameter λ (kurz: $Ex(\lambda)$–verteilt), falls X stetig verteilt ist mit folgender Dichte f und Verteilungsfunktion F:

$$f(t) = \begin{cases} 0 & \text{für} \quad t \leq 0 \\ \lambda e^{-\lambda t} & \text{für} \quad t > 0 \end{cases}, \quad F(x) = \begin{cases} 0 & \text{für} \quad x \leq 0 \\ 1 - e^{-\lambda x} & \text{für} \quad x > 0 \end{cases} \tag{45}$$

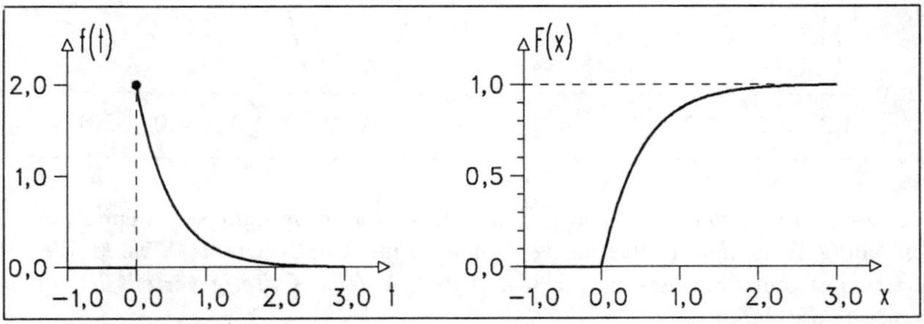

Exponentialverteilte Zufallsvariablen werden beispielsweise verwendet, um die Zeitspanne zwischen zwei Telefonanrufen in einer Telefonzentrale oder die Dauer eines Telefongesprächs zu beschreiben. Sie eignen sich auch zur Beschreibung der Lebensdauer eines Gerätes, wenn Defekte in erster Linie durch äußere Einflüsse und nicht durch Verschleiß verursacht werden. Wird zum Beispiel die Lebensdauer eines

Gerätes (in Wochen) durch eine Ex(λ)–verteilte Zufallsvariable T beschrieben und bezeichnet F die Verteilungsfunktion von T, so gilt:

$$P(T \leq 5|T \geq 2) = P(T \leq 3) = F(3).$$

Wir erhalten nämlich

$$\begin{aligned} P(T \leq 5|T \geq 2) &= \frac{P(T \leq 5 \text{ und } T \geq 2)}{P(T \geq 2)} = \frac{P(2 \leq T \leq 5)}{1 - P(T < 2)} \\ &= \frac{F(5) - F(2)}{1 - F(2)} = \frac{1 - e^{-5\lambda} - (1 - e^{2\lambda})}{e^{-2\lambda}} \\ &= 1 - e^{-3\lambda} = F(3) = P(T \leq 3). \end{aligned}$$

Dies läßt sich wie folgt interpretieren:

Wenn am Ende der zweiten Woche das Gerät noch intakt ist (Bedingung $T \geq 2$), so ist die Wahrscheinlichkeit $P(T \leq 5|T \geq 2)$ für einen Defekt innerhalb der nächsten drei Wochen ebenso groß wie die Wahrscheinlichkeit $P(T \geq 3)$ für einen Defekt innerhalb der ersten drei Wochen. Bei einem Gerät mit Abnutzungserscheinungen müßte die Wahrscheinlichkeit für das Auftreten eines Defektes im Laufe der Zeit immer größer werden.

Beispiel 2.37. *(Weibull–Verteilung)*

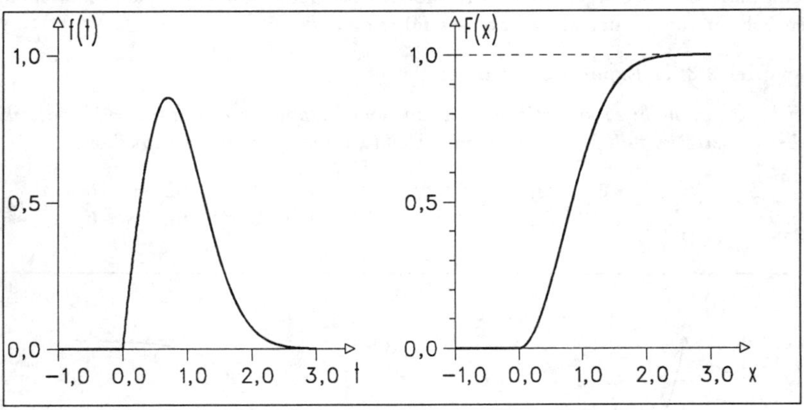

Zur Beschreibung der Lebensdauer von Geräten mit Abnutzungserscheinungen werden häufig Weibull–Verteilungen verwendet. Eine Zufallsvariable X heißt Weibull–verteilt mit den Parametern $\alpha > 0$ und $\beta > 0$, falls X stetig verteilt ist mit der Dichte f, die durch

$$f(t) = \begin{cases} 0 & \text{für } t \leq 0 \\ \alpha \cdot \beta \cdot t^{\beta-1} e^{-\alpha t^{\beta}} & \text{für } t > 0 \end{cases} \tag{46}$$

gegeben ist. Dann besitzt X die Verteilungsfunktion

$$F(x) = \begin{cases} 0 & \text{für } x \leq 0 \\ 1 - e^{-\alpha x^{\beta}} & \text{für } x > 0. \end{cases} \tag{47}$$

Die Exponentialverteilungen sind die speziellen Weibull–Verteilungen, die man für $\beta = 1$ erhält. Für $\beta = 2$ und $\alpha = 1$ haben die Graphen von Dichte und Verteilungsfunktion die in obiger Abbildung skizzierte Form.

2.4 Erwartungswert und Varianz

Wie wir in der beschreibenden Statistik versucht haben, aus Meßreihen charakteristische Zahlen zu gewinnen, wollen wir jetzt Verteilungen von Zufallsvariablen durch Angabe von Kennzahlen beschreiben. Dem arithmetischen Mittel einer Meßreihe entspricht der Erwartungswert einer Zufallsvariablen, der wie folgt definiert wird:

Definition 2.38.

(i) *Ist X eine diskrete Zufallsvariable, die die Werte $x_1, x_2, \ldots$ annimmt, so heißt*

$$E(X) = \sum_i x_i \cdot P(X = x_i) \tag{48}$$

Erwartungswert von X, falls $\sum_i |x_i| \cdot P(X = x_i)$ konvergiert.

(ii) *Ist X eine stetig verteilte Zufallsvariable mit der Dichte f, so heißt*

$$E(X) = \int_{-\infty}^{\infty} x\, f(x)\, dx \tag{49}$$

Erwartungswert von X, falls $\int_{-\infty}^{\infty} |x| f(x)\, dx < \infty$ gilt.

Bemerkung: Bei der Definition des Erwartungswertes für eine Zufallsvariable mit abzählbar unendlich vielen Werten x_i wird die absolute Konvergenz der Reihe $\sum_i x_i \cdot P(X = x_i)$ vorausgesetzt, damit sichergestellt ist, daß sich der Reihenwert bei Umordnung der Summanden nicht ändert. Eine entsprechende Begründung gibt es für die im Teil (ii) geforderte absolute Konvergenz des uneigentlichen Integrals.

Beispiel 2.39.

1. *X sei eine diskrete Zufallsvariable mit*

$$P(X = 2^{-i}) = 2^{-i}, \quad i = 1, 2, \ldots;$$

dann erhalten wir

$$E(X) = \sum_{i=1}^{\infty} 2^{-i} \cdot 2^{-i} = \sum_{i=1}^{\infty} 4^{-i} = \frac{1}{1 - \frac{1}{4}} - 1 = \frac{1}{3}\,.$$

2. *Die diskrete Zufallsvariable Y mit*

$$P(Y = \frac{-2^i}{i}) = P(Y = \frac{2^i}{i}) = 2^{-i}, \quad i = 2, 3, \ldots$$

hat jedoch keinen Erwartungswert, da die Reihe

$$\sum_{i=2}^{\infty} \left(\left| -\frac{2^i}{i} \right| + \frac{2^i}{i} \right) 2^{-i} = \sum_{i=2}^{\infty} \frac{2}{i}$$

nicht konvergent ist.

3. *Ist die Zufallsvariable X Poisson–verteilt mit dem Parameter λ, so erhalten wir*

$$E(X) = \sum_{i=0}^{\infty} i \cdot \frac{\lambda^i}{i!} e^{-\lambda} = \lambda \cdot \sum_{i=1}^{\infty} \frac{\lambda^{i-1}}{(i-1)!} e^{-\lambda} = \lambda \cdot 1 = \lambda.$$

4. *Die Zufallsvariable X sei Ex(λ)–verteilt ($\lambda > 0$), d.h. stetig verteilt mit der Dichte*

$$f(t) = \begin{cases} 0 & \text{für } t < 0 \\ \lambda e^{-\lambda t} & \text{für } t \geq 0 \end{cases} .$$

Dann gilt

$$\begin{aligned} E(X) &= \int_{-\infty}^{\infty} t \cdot f(t)\, dt = \int_0^{\infty} \lambda \cdot t \cdot e^{-\lambda t} dt \\ &= \lambda \cdot t \cdot \left(-\frac{1}{\lambda} \right) e^{-\lambda t} \Big|_0^{\infty} - \lambda \int_0^{\infty} \left(-\frac{1}{\lambda} \right) e^{-\lambda t} dt \\ &= -t \cdot e^{-\lambda t} \Big|_0^{\infty} - \frac{1}{\lambda} e^{-\lambda t} \Big|_0^{\infty} = 0 - (0 - \frac{1}{\lambda}) = \frac{1}{\lambda} . \end{aligned}$$

5. *Die Zufallsvariable X habe die Dichte*

$$f(t) = \frac{1}{\pi} \cdot \frac{1}{1+t^2}, \quad t \in \mathbb{R}.$$

Die zugehörige Verteilung heißt Cauchy–Verteilung. Sie besitzt keinen Erwartungswert, da das uneigentliche Integral

$$\int_{-\infty}^{\infty} \frac{1}{\pi} \cdot \frac{|x|}{1+x^2}\, dx$$

nicht existiert.

Das Ergebnis von Beispiel 2.39.5 ist überraschend, da wegen der Symmetrie der Dichte zum Ursprung offensichtlich 0 die "Mitte" der Verteilung ist. In der Tat ist, wie wir nun zeigen werden, ein Symmetriezentrum einer Verteilung auch der Erwartungswert, vorausgesetzt ein Erwartungswert existiert.

Allgemein definiert man:

Definition 2.40. *Sei $a \in \mathbb{R}$. Eine Zufallsvariable X mit der Verteilungsfunktion F heißt symmetrisch zu a verteilt, falls*

$$P(X \leq a - x) = P(X \geq a + x) \quad \text{für alle } x \geq 0 \text{ gilt.}$$

Ist X eine stetig verteilte Zufallsvariable mit der Dichte f und gilt $f(a-t) = f(a+t)$ für alle $t \in \mathbb{R}$, so ist X symmetrisch zu a verteilt.

Satz 2.41. *Ist X symmetrisch zu a verteilt und existiert der Erwartungswert $E(X)$, so gilt $E(X) = a$.*

Beweis (für den Fall einer symmetrischen Dichte):
Es gelte $f(a+x) = f(a-x)$ für alle $x \in \mathbb{R}$. Dann ergibt sich

$$\begin{aligned} E(X) &= \int_{-\infty}^{\infty} x\, f(x)\, dx = \int_{-\infty}^{a} x\, f(x)\, dx + \int_{a}^{\infty} x\, f(x)\, dx \\ &= \int_{0}^{\infty} (a-t)\, f(a-t)\, dt + \int_{0}^{\infty} (a+t)\, f(a+t)\, dt \\ &= \int_{0}^{\infty} a(f(a-t) + f(a+t))\, dt - \int_{0}^{\infty} t\underbrace{(f(a-t) - f(a+t))}_{=0}\, dt \\ &= a \cdot \int_{-\infty}^{a} f(x)\, dx + a \cdot \int_{a}^{\infty} f(x)\, dx = a \cdot 1 = a. \end{aligned}$$

Folgerungen:

1. Ist X eine $N(\mu, \sigma^2)$–verteilte Zufallsvariable, so gilt $E(X) = \mu$. Dies folgt aus Satz 2.41 wegen

$$\int_{-\infty}^{\infty} |t| \exp\left(-\left(\frac{t-\mu}{\sigma}\right)^2\right) dt < \infty.$$

2. Ist X eine Zufallsvariable mit $P(X = a) = 1$, so gilt $E(X) = a$.

In vielen Fällen kann die Berechnung von Erwartungswerten unmittelbar aufgrund der Definition 2.38 erfolgen. Bei nichtnegativen Zufallsvariablen ist es jedoch mitunter einfacher, die folgende Regel anzuwenden, die es auch gestattet, den Erwartungswert $E(X)$ einer solchen Zufallsvariablen X geometrisch zu interpretieren: Er ist der Inhalt der Fläche zwischen dem Graphen der Verteilungsfunktion und ihrer Asymptote in der Höhe 1.

Satz 2.42. *Ist X eine nichtnegative Zufallsvariable mit der Verteilungsfunktion F, so gilt*

$$E(X) = \int_{0}^{\infty} (1 - F(x))\, dx,$$

falls das uneigentliche Integral existiert.

Beweis: Wir führen den Beweis nur unter zusätzlichen Voraussetzungen, nämlich

a) Die Zufallsvariable X ist stetig verteilt mit der Dichte f

oder

b) Die Zufallsvariable X ist diskret verteilt mit den Werten $x_1, x_2, \ldots,$ für die $0 \leq x_1 < x_2 < \cdots$ gilt.

a) Da X keine negativen Werte annimmt, kann $f(t) = 0$ für $t < 0$ angenommen werden. Es gilt daher

$$F(x) = \begin{cases} \int_0^x f(t)\,dt & \text{für} \quad x \geq 0 \\ 0 & \text{für} \quad x < 0. \end{cases}$$

Aus der Definition des Erwartungswertes ergibt sich dann:

$$\begin{aligned} E(X) &= \int_0^\infty x\,f(x)\,dx = \int_{x=0}^{x=\infty} \left[\int_{t=0}^{t=x} dt\right] \cdot f(x)\,dx \\ &= \int_{t=0}^{t=\infty} \left[\int_{x=t}^{x=\infty} f(x)\,dx\right]\,dt = \int_0^\infty [1 - F(t)]dt, \end{aligned}$$

wobei die Gleichheit der Doppelintegrale darin begründet ist, daß in beiden Fällen über den gleichen (x,t)–Bereich integriert wird.

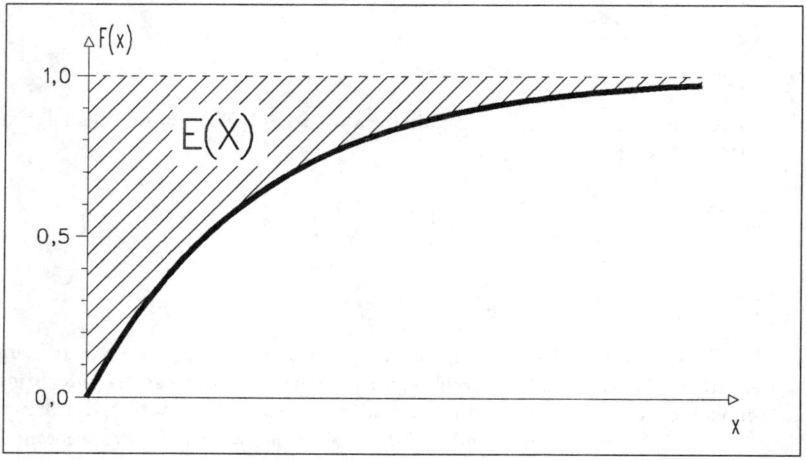

b) Definition 2.38 und der folgenden Skizze entnimmt man

$$\begin{aligned} E(X) &= \sum_{i \geq 1} x_i \cdot P(X = x_i) \\ &= x_1 \cdot P(X = x_1) + x_2 \cdot P(X = x_2) + x_3 \cdot P(X = x_3) + \cdots \\ &= x_1 \cdot (1 - P(X > x_1)) + x_2 \cdot (P(X > x_1) - P(X > x_2)) \\ &\quad + x_3 \cdot (P(X > x_2) - P(X > x_3)) + \cdots \\ &= x_1 \cdot 1 + (x_2 - x_1) \cdot P(X > x_1) + (x_3 - x_2) \cdot P(X > x_2) + \cdots \end{aligned}$$

$$= \int_0^{x_1} [1 - F(x)]dx + \int_{x_1}^{x_2} [1 - F(x)]dx + \int_{x_2}^{x_3} [1 - F(x)]dx + \cdots$$

$$= \int_0^{\infty} [1 - F(x)]dx$$

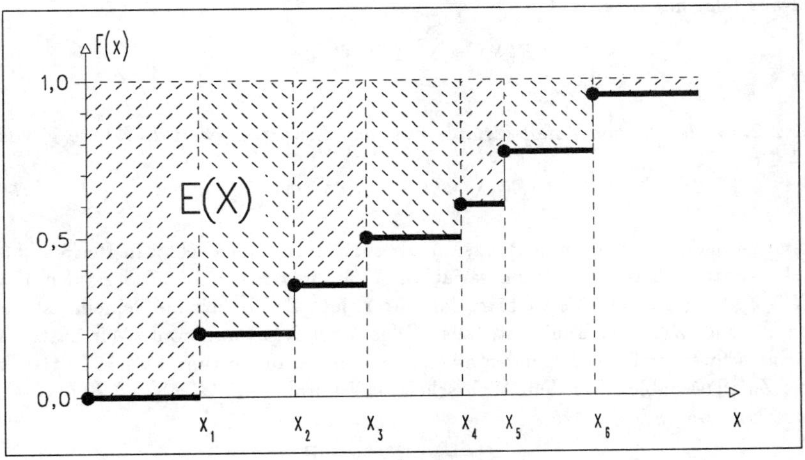

Folgerungen:

1. Da sich die Wahrscheinlichkeiten

$$1 - F(x) = P(X > x) \quad \text{und} \quad 1 - F(x-) = P(X \geq x), \qquad x \in \mathbb{R},$$

nur an den (höchstens abzählbar vielen) Sprungstellen der Verteilungsfunktion F unterscheiden, gilt unter den Voraussetzungen von Satz 2.42

$$E(X) = \int_0^{\infty} P(X > x)\, dx = \int_0^{\infty} P(X \geq x)\, dx\ . \tag{50}$$

2. Eine beliebige Zufallsvariable X besitzt einen Erwartungswert $E(X)$, falls

$$E(|X|) = \int_0^{\infty} P(|X| > x)\, dx$$

existiert.

3. Ist X diskret verteilt mit nichtnegativen ganzzahligen Werten, so gilt

$$E(X) = \sum_{n=0}^{\infty} P(X > n), \tag{51}$$

falls diese Reihe konvergiert.

Beispiel 2.43. *Sei X geometrisch verteilt mit Parameter p, dann gilt für $n = 0, 1, 2, \ldots$*

$$P(X > n) = \sum_{i=n+1}^{\infty} p(1-p)^{i-1} = (1-p)^n.$$

Daraus folgt mit (51)

$$E(X) = \sum_{n=0}^{\infty} (1-p)^n = \frac{1}{p}\,.$$

Satz 2.44. *Ist X eine Zufallsvariable mit dem Erwartungswert $E(X)$, so gilt für $a, b \in \mathbb{R}$*

$$E(aX + b) = aE(X) + b. \tag{52}$$

Ohne besonders darauf zu achten, sind wir soeben und auch schon in Beispiel 2.33 und in Satz 2.35 von der Zufallsvariablen X zu einer neuen Zufallsvariablen $Y = aX + b$ übergegangen. Es ist klar, daß mit Y jene Zufallsvariable gemeint ist, die den Wert $a \cdot X(\omega) + b$ annimmt, falls X den Wert $X(\omega)$ annimmt. Wir hatten es in einem Spezialfall der folgenden allgemeinen Situation zu tun: Es sei $X : \Omega \to \mathbb{R}$ eine Zufallsvariable über dem Wahrscheinlichkeitsraum $(\Omega, \mathfrak{A}, P)$ und $h : \mathbb{R} \to \mathbb{R}$ eine Funktion

$$\Omega \xrightarrow{\;X\;} \mathbb{R} \xrightarrow{\;h\;} \mathbb{R}, \qquad Y : \Omega \to \mathbb{R}$$

Dann ist in praktisch wichtigen Fällen auch $Y = h(X)$ mit

$$Y(\omega) = h(X(\omega)), \quad \omega \in \Omega,$$

eine Zufallsvariable (zumindest für stetige oder monotone Funktionen h, bei denen sich zeigen läßt, daß für jedes Intervall $I \subset \mathbb{R}$ die Menge $\{\omega \in \Omega : h(X(\omega)) \in I\}$ zu $\mathfrak{A}$ gehört). Für die Berechnung des Erwartungswertes dieser Zufallsvariablen Y, die wir auch als Zufallsvariable $h(X)$ bezeichnen, ist folgender Satz nützlich, dessen Beweis im Falle einer stetig verteilten Zufallsvariablen mit einer Dichte nicht ganz einfach ist und hier nicht angegeben werden kann (siehe Gänssler, Stute [1977], Seite 52).

Satz 2.45. *Es sei X eine Zufallsvariable und $h : \mathbb{R} \to \mathbb{R}$ eine Funktion.*

(i) Ist X eine diskrete Zufallsvariable mit den Werten $x_1, x_2, \ldots$, so gilt für den Erwartungswert von $h(X)$

$$E(h(X)) = \sum_i h(x_i) \cdot P(X = x_i), \tag{53}$$

falls

$$\sum_i |h(x_i)| \cdot P(X = x_i) < \infty.$$

(ii) *Ist X stetig verteilt mit der Dichte f und ist h stetig, so gilt*

$$E(h(X)) = \int_{-\infty}^{\infty} h(x) \cdot f(x)\,dx, \tag{54}$$

falls das uneigentliche Integral

$$\int_{-\infty}^{\infty} |h(x)| \cdot f(x)\,dx$$

existiert.

Beispiel 2.46. *Die Zufallsvariable X sei $R(0,2)$–verteilt. Es soll der Erwartungswert der Zufallsvariablen $Y = X^2$ berechnet werden.*

1. *Möglichkeit: Nach Satz 2.45 gilt:*

$$E(X^2) = \int_{-\infty}^{\infty} x^2 f(x)\,dx = \int_0^2 x^2 \cdot \tfrac{1}{2} dx = \tfrac{1}{2} \cdot \tfrac{1}{3} x^3 \Big|_0^2 = \tfrac{4}{3}.$$

2. *Möglichkeit: Die Verteilungsfunktion von $Y = X^2$ ist durch*

$$P(Y \le y) = P(-\sqrt{y} \le X \le \sqrt{y}\,) = \tfrac{1}{2}\sqrt{y} \quad \text{für} \quad 0 \le y \le 4$$

gegeben. Daraus erhält man durch Differenzieren als Dichte für Y

$$g(y) = \begin{cases} \frac{1}{4\sqrt{y}} & \text{für } 0 < y < 4 \\ 0 & \text{sonst} \end{cases}$$

und somit

$$E(Y) = \int_{-\infty}^{\infty} y \cdot g(y)\,dy = \tfrac{1}{4} \int_0^4 \sqrt{y}\,dy = \tfrac{1}{4} \cdot \tfrac{2}{3} \sqrt{y^3}\,\Big|_0^4 = \tfrac{4}{3}\,.$$

3. *Möglichkeit: oder mit (50)*

$$E(Y) = \int_0^{\infty} P(Y > y)\,dy = \int_0^4 (1 - \tfrac{1}{2}\sqrt{y}\,)\,dy = 4 - \tfrac{1}{2} \cdot \frac{y^{3/2}}{3/2}\Big|_0^4 = 4 - \tfrac{8}{3} = \tfrac{4}{3}\,.$$

Wir haben den Erwartungswert einer Zufallsvariablen in Analogie zum arithmetischen Mittel in der Beschreibenden Statistik eingeführt. Ebenso definieren wir die Varianz einer Zufallsvariablen mit Bezug auf die empirische Varianz als Erwartungswert der quadratischen Abweichungen vom Erwartungswert.

Definition 2.47. *Ist X eine Zufallsvariable, für die sowohl $E(X)$ als auch $E([X - E(X)]^2)$ existieren, so heißt*

$$\mathit{Var}\,(X) = E([X - E(X)]^2) \tag{55}$$

die Varianz von X.

Beispiel 2.48. *Für $N(\mu, \sigma^2)$–verteilte Zufallsvariable X haben wir im Anschluß an Satz 2.41 gezeigt, daß $E(X) = \mu$ gilt. Wir wollen nun die Varianz von X berechnen. Dabei soll benutzt werden, daß $\int_{-\infty}^{\infty} t^2 \cdot e^{-t^2/2}\, dt = \sqrt{2\pi}$ gilt, wie man einer Integraltafel entnimmt. Mit Satz 2.45 folgt*

$$\begin{aligned}\text{Var}\,(X) &= \int_{-\infty}^{\infty} (x-\mu)^2 \frac{1}{\sigma\sqrt{2\pi}} e^{-(x-\mu)^2/2\sigma^2}\, dx = \frac{1}{\sigma\sqrt{2\pi}} \int_{-\infty}^{\infty} \sigma^2 \cdot t^2 \cdot e^{-t^2/2} \sigma\, dt \\ &= \frac{\sigma^2}{\sqrt{2\pi}} \int_{-\infty}^{\infty} t^2 \cdot e^{-t^2/2}\, dt = \sigma^2 \,.\end{aligned}$$

Satz 2.49. *Sei X eine Zufallsvariable, für die $E(X^2)$ existiert. Dann existieren auch $E(X)$ und $\text{Var}(X)$ sowie für $a, b \in \mathbb{R}$ auch $\text{Var}(aX+b)$, und es gilt*

$$\text{Var}(X) = E(X^2) - [E(X)]^2 \tag{56}$$

sowie

$$\text{Var}(aX+b) = a^2 \cdot \text{Var}(X). \tag{57}$$

Beweis: Aus der Existenz von $E(X^2)$ folgt mit (50) die Konvergenz des uneigentlichen Integrals

$$E(X^2) = \int_0^{\infty} P(X^2 > x)\, dx = \int_0^{\infty} P(|X| > \sqrt{x})\, dx.$$

Wegen

$$P(|X| > x) \le \begin{cases} 1 & \text{für } \ 0 \le x < 1 \\ P(|X| > \sqrt{x}) & \text{für } \ 1 \le x < \infty \end{cases}$$

folgt daraus die Konvergenz von $\int_0^{\infty} P(|X| > x)\, dx$. Daher besitzt $|X|$ einen Erwartungswert und damit auch X selbst.

Mit Hilfe von (52) gilt

$$\text{Var}(aX+b) = E([aX+b-aE(X)-b]^2) = E(a^2[X-E(X)]^2) = a^2\text{Var}(X).$$

Damit ist (57) bewiesen. Zum Beweis von (56) wenden wir im Vorgriff Satz 2.61 an und erhalten mit (52)

$$\begin{aligned}\text{Var}(X) &= E([X-E(X)]^2) = E(X^2 - 2E(X)\cdot X + [E(X)]^2) \\ &= E(X^2) + E(-2E(X)\cdot X + [E(X)]^2) \\ &= E(X^2) - 2E(X)\cdot E(X) + [E(X)]^2 = E(X^2) - [E(X)]^2.\end{aligned}$$

Bemerkung: Gilt $P(X = a) = 1$, so ist $E(X) = a$ und $\text{Var}(X) = 0$. Umgekehrt folgt aus $\text{Var}(X) = 0$, daß $P(X = E(X)) = 1$ gilt. Während sich die erste Aussage unmittelbar aus der Definition der Varianz ergibt, erfolgt die zweite mit Hilfe von (50): Aus

$$\text{Var}(X) = \int_0^{\infty} P([X-E(X)]^2 > x)\, dx = 0$$

folgt, da der Integrand eine nichtnegative, monoton fallende und rechtsseitig stetige Funktion von x ist

$$P([X-E(X)]^2 > 0) = P(X \ne E(X)) = 0.$$

Beispiel 2.50.

1. *X sei eine diskrete Zufallsvariable mit $P(X = 2^{-i}) = 2^{-i}$, $i = 1, 2, \ldots$. Nach Beispiel 2.39.1 gilt $E(X) = \frac{1}{3}$, und wir erhalten*

$$E(X^2) = \sum_{i=1}^{\infty} \frac{1}{4^i} \cdot \frac{1}{2^i} = \frac{1}{1 - \frac{1}{8}} - 1 = \frac{8}{7} - 1 = \frac{1}{7},$$

woraus sich die Varianz ergibt:

$$\mathrm{Var}(X) = \frac{1}{7} - \frac{1}{9} = \frac{2}{63}.$$

2. *Sei X Poisson–verteilt mit dem Parameter $\lambda > 0$. In Beispiel 2.39.3 ergab sich $E(X) = \lambda$. Wir erhalten daher*

$$\begin{aligned} E(X^2) &= E(X(X-1)) + E(X) = \sum_{i=2}^{\infty} i(i-1)\frac{\lambda^i}{i!}e^{-\lambda} + \lambda \\ &= \lambda^2 \cdot \sum_{i=2}^{\infty} \frac{\lambda^{i-2}}{(i-2)!}e^{-\lambda} + \lambda = \lambda^2 + \lambda, \end{aligned}$$

woraus sich die Varianz ergibt:

$$\mathrm{Var}(X) = \lambda^2 + \lambda - \lambda^2 = \lambda.$$

3. *Sei X eine $B(n,p)$–verteilte Zufallsvariable. Dann gilt*

$$\begin{aligned} E(X) &= \sum_{i=0}^{n} i\tbinom{n}{i}p^i(1-p)^{n-i} = \sum_{i=1}^{n} \frac{n!}{(i-1)!(n-i)!}p^i(1-p)^{n-i} \\ &= \sum_{i=0}^{n-1} np\tbinom{n-1}{i}p^i(1-p)^{n-1-i} = np, \end{aligned}$$

sowie

$$\begin{aligned} E(X^2) &= E(X(X-1)) + E(X) = \sum_{i=2}^{n} i(i-1)\tbinom{n}{i}p^i(1-p)^{n-i} + np \\ &= n(n-1)p^2 \sum_{i=0}^{n-2} \tbinom{n-2}{i}p^i(1-p)^{n-2-i} + np = n^2p^2 - np^2 + np, \end{aligned}$$

also mit (56)

$$\mathrm{Var}(X) = n^2p^2 - np^2 + np - n^2p^2 = np(1-p).$$

4. *Sei X exponentialverteilt mit Parameter $\lambda > 0$. In Beispiel 2.39.4 ergab sich $E(X) = \frac{1}{\lambda}$. Wegen (50) ist*

$$E(X^2) = \int_0^{\infty} P(X > \sqrt{x})\, dx = \int_0^{\infty} \exp(-\lambda\sqrt{x})\, dx = \int_0^{\infty} e^{-\lambda t} \cdot 2t\, dt = \frac{2}{\lambda^2},$$

also

$$\mathrm{Var}(X) = \frac{2}{\lambda^2} - \frac{1}{\lambda^2} = \frac{1}{\lambda^2}.$$

5. *Wir berechnen zunächst Erwartungswert und Varianz einer $R(0,1)$–verteilten Zufallsvariablen Y. Es gilt*

$$E(Y) = \int_0^1 y\,dy = \tfrac{1}{2} \quad \text{sowie} \quad \int_0^1 y^2\,dy = \tfrac{1}{3}\,,$$

und daraus folgt

$$\mathrm{Var}(Y) = \tfrac{1}{3} - \tfrac{1}{4} = \tfrac{1}{12}\,.$$

Für $a < b$ ist die Zufallsvariable $X = (b-a)Y + a$ eine $R(a,b)$–verteilte Zufallsvariable, und wir erhalten aus (52) und (57)

$$E(X) = \frac{b-a}{2} + a = \frac{a+b}{2} \quad \text{und} \quad \mathrm{Var}(X) = \frac{(b-a)^2}{12}\,.$$

Mit Hilfe der Varianz lassen sich die Wahrscheinlichkeiten dafür, daß große Abweichungen vom Erwartungswert auftreten, nach oben abschätzen.

Satz 2.51. *(Tschebyscheffsche Ungleichung):*

X sei eine Zufallsvariable, deren Varianz existiere. Dann gilt für jedes $c > 0$ die Ungleichung

$$P(|X - E(X)| \geq c) \leq \frac{\mathrm{Var}(X)}{c^2}\,.$$

Beweis: Es gilt mit (50)

$$\begin{aligned} \mathrm{Var}(X) &= \int_0^\infty P([X-E(X)]^2 \geq x)\,dx \\ &\geq \int_0^{c^2} P([X-E(X)]^2 \geq x)\,dx \geq c^2 P([X-E(X)]^2 \geq c^2) \\ &= c^2\,P(|X-E(X)| \geq c). \end{aligned}$$

Die zweite Ungleichung folgt daraus, daß der Integrand eine monoton fallende Funktion ist.

Bemerkung: Die Tschebyscheffsche Ungleichung ist zwar für theoretische Zwecke ein sehr vielseitig verwendbares Hilfsmittel, liefert aber in praktischen Situationen meist sehr schlechte Abschätzungen. Man wird sie deshalb nur dann verwenden, wenn man von der Zufallsvariablen X nur Erwartungswert und Varianz kennt und andere Eigenschaften der Verteilung, etwa Werte der Verteilungsfunktion, unbekannt sind. Ist z.B. X eine $N(\mu,\sigma^2)$–verteilte Zufallsvariable, so gilt nach (41) und (42)

$$P(|X-\mu| \geq \sigma) \approx 0.317 \quad \text{sowie} \quad P(|X-\mu| \geq 2\sigma) \approx 0.046\,.$$

Wenden wir jedoch Satz 2.51 an, um obere Schranken für diese Wahrscheinlichkeiten zu erhalten, so ergibt sich wegen $\mathrm{Var}(X) = \sigma^2$ im ersten Fall die triviale Schranke

$$P(|X-\mu| \geq \sigma) \leq \frac{\sigma^2}{\sigma^2} = 1,$$

und im zweiten Fall erhalten wir

$$P(|X-\mu| \geq 2\sigma) \leq \frac{\sigma^2}{4\sigma^2} = \tfrac{1}{4}\,,$$

d.h. eine Schranke, die den wahren Wert 0.046 um mehr als das Fünffache übersteigt.

Neben dem Erwartungswert und der Varianz einer Zufallsvariablen werden noch andere Kennzahlen zur Charakterisierung des Verteilungsgesetzes verwendet, von denen wir die wichtigsten nennen wollen: Die Wurzel $\sqrt{\mathrm{Var}(X)}$ aus der Varianz von X heißt die *Standardabweichung* oder *Streuung* von X, und im Falle $E(X) \neq 0$ nennt man den Quotienten $\dfrac{\sqrt{\mathrm{Var}(X)}}{E(X)}$ den *Variationskoeffizienten* von X. Diese beiden Kennzahlen charakterisieren ebenso wie die Varianz die mittlere Abweichung der Zufallsvariablen von ihrem Erwartungswert. Andere Eigenschaften des Verteilungsgesetzes kann man mit Hilfe der sogenannten *höheren Momente* beschreiben: Sei $n \geq 2$ eine natürliche Zahl und existiere der Erwartungswert $E(X^n)$ der Zufallsvariablen X^n. Dann läßt sich zeigen, daß auch der Erwartungswert $E(X)$ sowie für alle $k = 2, \ldots, n$ die Erwartungswerte

$$E(X^k), \quad E(|X|^k), \quad E([X-E(X)]^k), \quad E(|X-E(X)|^k)$$

existieren. Sie heißen in dieser Reihenfolge das *k–te Moment*, das *k–te absolute Moment*, das *k–te zentrale Moment* und das *k–te zentrale absolute Moment* von X. Das zweite zentrale Moment ist die Varianz.

Den Quotienten $\dfrac{E([X-E(X)]^3)}{\mathrm{Var}(X)^{3/2}}$ bezeichnet man als die *Schiefe* von X.

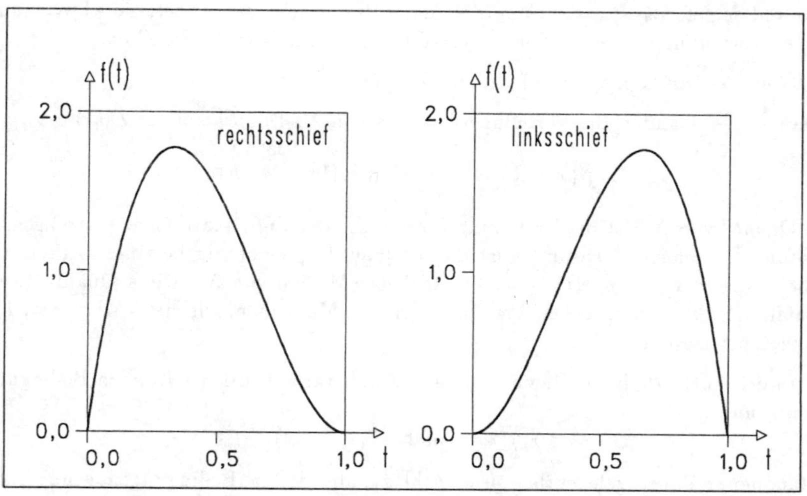

Diese Kennzahl charakterisiert Abweichungen von der Symmetrie des Verteilungsgesetzes von X. Ist X symmetrisch verteilt zu einem Punkt $a \in \mathbb{R}$, wie z.B. jede normalverteilte Zufallsvariable, so ist die Schiefe gleich 0, während Zufallsvariablen X mit Dichtefunktionen der Form wie in untenstehender Abbildung eine positive bzw. eine negative Schiefe besitzen.

Der Quotient $\dfrac{E([X - E(X)]^4)}{\mathrm{Var}(X)^2}$ heißt die *Kurtosis* der Zufallsvariablen X. Die Kenngröße Kurtosis -3 heißt auch *Exzeß*. Man kann zeigen, daß jede normalverteilte Zufallsvariable die Kurtosis 3, also den Exzeß 0, besitzt. In nachfolgender Skizze haben wir neben der Dichtefunktion einer normalverteilten Zufallsvariablen auch Dichtefunktionen skizziert, die zu Zufallsvariablen mit einem Exzeß > 0 bzw. einem Exzeß < 0 gehören.

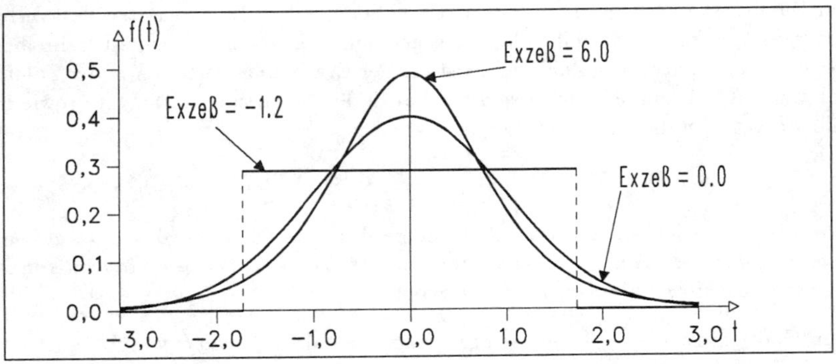

Sowohl Schiefe als auch Exzeß werden in der Praxis dazu verwendet, die Abweichung einer Verteilung von einer Normalverteilung quantitativ zu beschreiben.

Weitere Kennzahlen einer Zufallsvariablen X:

Sei $0 < p < 1$ und F die Verteilungsfunktion von X. Dann heißt die Zahl

$$x_p = \sup\{x \in \mathbb{R} : F(x) < p\} = \inf\{x \in \mathbb{R} : F(x) \geq p\}$$

p–Quantil von X. Ist die Verteilungsfunktion F der Zufallsvariablen X streng monoton wachsend und stetig, so ist das p–Quantil x_p eindeutig bestimmt durch die Gleichung $F(x_p) = p$. Das 0.5–Quantil heißt *Median* von X. Diese Quantile von Zufallsvariablen entsprechen den Quantilen von Meßreihen, wie sie in Abschnitt 1.3 eingeführt wurden.

Man erkennt, daß das p–Quantil x_p einer Zufallsvariablen den folgenden Bedingungen genügt:

$$P(X < x_p) \leq p \quad \text{und} \quad P(X > x_p) \leq 1 - p.$$

Man nennt daher gelegentlich *jede* Zahl x_p, die diesen Bedingungen genügt, p–Quantil und jedes so erklärte 0.5–Quantil Median von X. Dann gilt insbesondere: Ist X symmetrisch zu a verteilt, so ist a ein Median. Nach Satz 2.41 ist a auch der Erwartungswert von X, wenn X einen Erwartungswert besitzt.

Beispiel 2.52. *X sei $Ex(\lambda)$–exponentialverteilt mit dem Parameter $\lambda = 1$. Dann ist $E(X) = 1$. Der Median $x_{0.5}$ bestimmt sich aus der Gleichung $1 - e^{-x_{0.5}} = 0.5$ zu $x_{0.5} = -\ln 0.5 = \ln 2 \approx 0.6931$.*

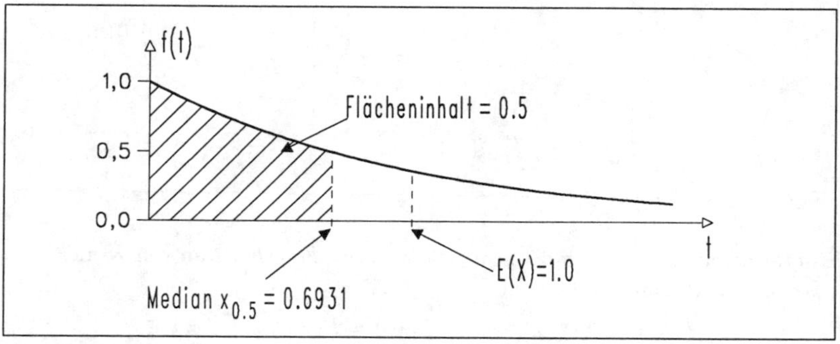

Interpretation: Beschreibt X die zufällige Betriebsdauer eines Gerätes, d.h., die Zeitspanne, bis zum ersten Mal ein Defekt auftritt, und werden viele dieser Geräte gleichzeitig in Betrieb genommen, so ist $E(X)$ als mittlere Betriebsdauer eines Gerätes in dem Sinne zu interpretieren, daß $E(X)$ dem zu erwartenden arithmetischen Mittel der Betriebsdauern entspricht, während der Median $x_{0.5}$ als die Zeitspanne zu sehen ist, die nur von etwa der Hälfte der Geräte ohne Defekt überstanden wird.

2.5 Mehrdimensionale Zufallsvariablen, Unabhängigkeit

Bei einem Zufallsexperiment, das durch den Wahrscheinlichkeitsraum $(\Omega, \mathfrak{A}, P)$ beschrieben sei, mögen gleichzeitig mehrere durch das Ergebnis ω bestimmte Zahlenwerte von Interesse sein (z.B. die Länge und die Belastbarkeit einer zufällig aus der Produktion herausgegriffenen Schraube). Dem Ergebnis ω des Experiments werden also zwei reelle Zahlen $X(\omega)$ und $Y(\omega)$ zugeordnet. Fassen wir zwei Zufallsvariablen $X : \Omega \to \mathbb{R}$ und $Y : \Omega \to \mathbb{R}$ als *Komponenten* einer Abbildung

$$(X, Y) : \Omega \to \mathbb{R}^2$$

zusammen, so sprechen wir von einer *zweidimensionalen Zufallsvariablen* oder von einem *Zufallsvektor.*

Die Funktion $F : \mathbb{R}^2 \to [0, 1]$ mit

$$F(x, y) = P(X \leq x,\ Y \leq y), \quad x, y \in \mathbb{R}, \tag{58}$$

heißt dann *Verteilungsfunktion* von (X, Y), wobei wir analog zur seitherigen Schreibweise mit $P(X \leq x,\ Y \leq y)$ die Wahrscheinlichkeit des Ereignisses

$$\{\omega \in \Omega : \ X(\omega) \leq x\} \cap \{\omega \in \Omega : \ Y(\omega) \leq y\}$$

bezeichnen.

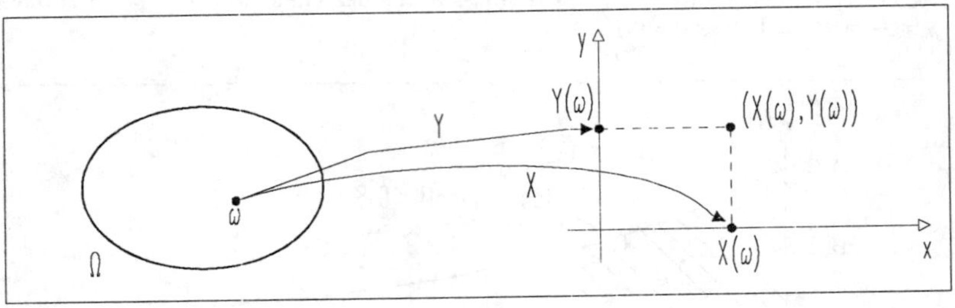

Mitunter nennt man F auch die *gemeinsame Verteilungsfunktion* von X und Y, um sie von den Verteilungsfunktionen

$$F_X(x) = P(X \le x) \quad \text{und} \quad F_Y(y) = P(Y \le y), \quad x, y \in \mathbb{R},$$

der Komponenten X und Y zu unterscheiden. Diese werden auch *Randverteilungsfunktionen* genannt. Sie sind wegen

$$F_X(x) = P(X \le x,\ Y < \infty) = \lim_{y \to \infty} F(x, y), \quad x \in \mathbb{R}, \tag{59}$$

und

$$F_Y(y) = P(X < \infty,\ Y \le y) = \lim_{x \to \infty} F(x, y), \quad y \in \mathbb{R}, \tag{60}$$

durch die gemeinsame Verteilungsfunktion F eindeutig bestimmt. Umgekehrt kann man die gemeinsame Verteilungsfunktion nur unter zusätzlichen Voraussetzungen aus den Randverteilungsfunktionen bestimmen, denn diese beschreibt nicht nur die Verteilung der Komponenten X und Y, sondern darüber hinaus auch Abhängigkeiten zwischen diesen Zufallsvariablen.

Mit Hilfe der gemeinsamen Verteilungsfunktion kann man die Wahrscheinlichkeit von Ereignissen der Form $\{\omega \in \Omega : (X(\omega), Y(\omega)) \in A\}$ für gewisse Teilmengen A von $\mathbb{R}^2$ berechnen. Ist z.B. A ein Rechteck $A = I \times J$ mit $I = (a, b]$ und $J = (c, d]$, so folgt unter Anwendung von Satz 2.4 (v)

$$P(X \in I,\ Y \in J) + F(a, d) + F(b, c) - F(a, c) = F(b, d)$$

also

$$P(X \in I,\ Y \in J) = F(b, d) - F(a, d) - F(b, c) + F(a, c) \tag{61}$$

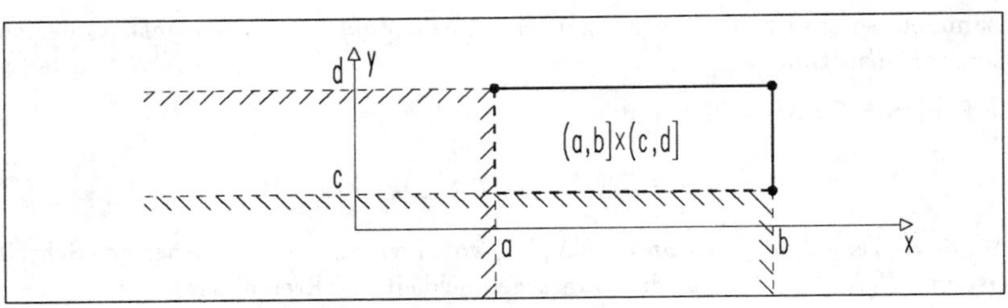

Beispiel 2.53.

1. *Für die zweidimensionale Zufallsvariable (X, Y) mit der Verteilungsfunktion*

$$F(x,y) = \begin{cases} (1-e^{-x})(1-e^{-y}+e^{-x}) & \text{für } 0 < x \le y \\ 1-e^{-y} & \text{für } 0 < y < x \\ 0 & \text{für } x \le 0 \text{ oder } y \le 0 \end{cases}$$

sind die Verteilungsfunktionen von X und Y gegeben durch

$$F_X(x) = \lim_{y\to\infty} F(x,y) = \begin{cases} 1-e^{-2x} & \text{für } x > 0 \\ 0 & \text{für } x \le 0 \end{cases}$$

und

$$F_Y(y) = \lim_{x\to\infty} F(x,y) = \begin{cases} 1-e^{-y} & \text{für } y > 0 \\ 0 & \text{für } y \le 0 \end{cases}.$$

Also sind die Zufallsvariablen X und Y exponential–verteilt.

2. *Eine Zufallsvariable (X, Y) mit der Verteilungsfunktion*

$$F(x,y) = \begin{cases} (1-e^{-2x})(1-e^{-y}) & \text{für } x > 0 \text{ und } y > 0 \\ 0 & \text{für } x \le 0 \text{ oder } y \le 0 \end{cases}$$

besitzt dieselben Randverteilungen. Während in diesem Fall für alle $x, y \in \mathbb{R}$ wegen

$$P(X \le x,\ Y \le y) = F(x,y) = P(X \le x) \cdot P(Y \le y)$$

die Ereignisse $\{\omega \in \Omega : X(\omega) \le x\}$ und $\{\omega \in \Omega : Y(\omega) \le y\}$ unabhängig sind, gilt dies nicht im ersten Beispiel. Dort ist für $0 \le y \le x$

$$F(x,y) = 1 - e^{-y} = F_Y(y) \ne F_X(x) \cdot F_Y(y).$$

In der folgenden Definition wird der Begriff der Unabhängigkeit von Zufallsvariablen auf der Grundlage des Unabhängigkeitsbegriffs für Ereignisse eingeführt.

Zwei Zufallsvariablen sollen unabhängig heißen, wenn sie ihre Werte unabhängig voneinander annehmen in dem Sinne, daß für alle Intervalle I und J die Ereignisse $\{\omega \in \Omega : X(\omega) \in I\}$ und $\{\omega \in \Omega : Y(\omega) \in J\}$ unabhängige Ereignisse sind. Für alle Intervalle I und J soll also gelten:

$$P(\{\omega \in \Omega : X(\omega) \in I\} \cap \{\omega \in \Omega : Y(\omega) \in J\}) = P(\{\omega \in \Omega : X(\omega) \in I\}) \cdot P(\{\omega \in \Omega : Y(\omega) \in J\})$$

Es läßt sich zeigen, daß es bei der Überprüfung dieser Eigenschaft genügt, lediglich Intervalle der Form $I = (-\infty, x]$ und $J = (-\infty, y]$ zu betrachten. Deshalb definiert man mit Hilfe der Verteilungsfunktionen:

Definition 2.54. *Die Zufallsvariablen X und Y mit den Verteilungsfunktionen F_X bzw. F_Y heißen unabhängig, falls für die Verteilungsfunktion F der zweidimensionalen Zufallsvariablen (X, Y)*

$$F(x,y) = F_X(x) \cdot F_Y(y) \tag{62}$$

für alle $(x, y) \in \mathbb{R}^2$ gilt.

Folgerung: Sind X und Y unabhängig und sind $I = (a, b]$ sowie $J = (c, d]$ Intervalle, so gilt nach (61) und (62)

$$\begin{aligned} P(X \in I,\ Y \in J) &= F(b,d) - F(a,d) - F(b,c) + F(a,c) \\ &= F_X(b) \cdot F_Y(d) - F_X(a) \cdot F_Y(d) - F_X(b) \cdot F_Y(c) + F_X(a) \cdot F_Y(c) \\ &= (F_X(b) - F_X(a)) \cdot (F_Y(d) - F_Y(c)) = P(X \in I) \cdot P(Y \in J). \end{aligned}$$

Definition 2.55. *Eine zweidimensionale Zufallsvariable (X, Y) heißt diskret verteilt, wenn sie nur endlich oder abzählbar unendlich viele Werte (x_i, y_j), $(i, j) \in K$, annehmen kann. Dabei ist K eine endliche oder abzählbar unendliche Teilmenge von $\mathbb{N} \times \mathbb{N}$.*

Wir führen die Bezeichnungen p_{ij} für die Wahrscheinlichkeiten

$$p_{ij} = P(X = x_i, Y = y_j), \quad (i, j) \in K, \tag{63}$$

ein. Um die Schreibweise etwas zu vereinfachen, setzen wir $p_{ij} = 0$ für $(i, j) \notin K$, so daß p_{ij} für alle $i, j \in \mathbb{N}$ definiert ist.

Es gilt

$$\sum_{i,j} p_{ij} = 1.$$

Durch die Wahrscheinlichkeiten p_{ij} ist die gemeinsame Verteilungsfunktion von X und Y gemäß

$$F(x, y) = \sum_{x_i \le x, y_j \le y} p_{ij}, \quad x, y \in \mathbb{R}, \tag{64}$$

bestimmt. Die Wahrscheinlichkeiten

$$p_{i\bullet} = P(X = x_i) \quad \text{und} \quad p_{\bullet j} = P(Y = y_j), \quad i, j \in \mathbb{N},$$

berechnen sich aus

$$p_{i\bullet} = \sum_j p_{ij} \quad \text{und} \quad p_{\bullet j} = \sum_i p_{ij},$$

sind also die Zeilen– bzw. die Spaltensummen der Matrix $(p_{ij})_{i,j \in \mathbb{N}}$. Dadurch ist die Wahl des Namens Randverteilung begründet und auch eine Analogie zu den Kontingenztafeln in der Beschreibenden Statistik hergestellt (vgl. Abschnitt 1.2).

Sind X und Y unabhängig, so gilt für $i, j \in \mathbb{N}$

$$P(X = x_i, Y = y_j) = P(X = x_i) \cdot P(Y = y_j) \quad \text{also} \quad p_{ij} = p_{i\bullet} \cdot p_{\bullet j}.$$

Beispiel 2.56. *Sei (X, Y) eine zweidimensionale Zufallsvariable, deren Verteilung durch*

$$p_{ij} = P(X = x_i, Y = y_j) = \begin{cases} \frac{1}{2^i} & \text{für } i = j, \\ 0 & \text{für } i \neq j, \end{cases} \qquad i, j \in \mathbb{N},$$

gegeben ist. Dann gilt

$$P(X = i) = p_{i\bullet} = \frac{1}{2^i} \quad \text{und} \quad P(Y = j) = p_{\bullet j} = \frac{1}{2^j}, \quad i, j \in \mathbb{N}.$$

X und Y sind also geometrisch verteilt mit Parameter $p = \frac{1}{2}$. Die beiden Zufallsvariablen sind aber nicht unabhängig. Es gilt sogar

$$P(X = Y) = \sum_{i=1}^{\infty} p_{ii} = 1.$$

Dieselben Randverteilungen besitzt die zweidimensionale Zufallsvariable $(\tilde{X}, \tilde{Y})$ mit

$$\tilde{p}_{ij} = P(\tilde{X} = i, \tilde{Y} = j) = \frac{1}{2^{i+j}}, \quad i, j \in \mathbb{N}.$$

Jedoch sind in diesem Fall die Komponenten $\tilde{X}$ und $\tilde{Y}$ unabhängig.

Definition 2.57. *Eine zweidimensionale Zufallsvariable (X, Y) heißt stetig verteilt mit der Dichte f, falls sich ihre Verteilungsfunktion F mit einer nichtnegativen Funktion $f : \mathbb{R}^2 \to \mathbb{R}$ in der folgenden Weise schreiben läßt*

$$F(x, y) = \int_{-\infty}^{x} \int_{-\infty}^{y} f(s, t)\, dt\, ds, \quad (x, y) \in \mathbb{R}^2. \tag{65}$$

Die Wahrscheinlichkeit dafür, daß (X, Y) Werte in einem bestimmten Bereich B der $x - y$–Ebene annimmt, ist (falls das Integral existiert) gegeben durch

$$P((X, Y) \in B) = \iint_B f(s, t)\, dt\, ds. \tag{66}$$

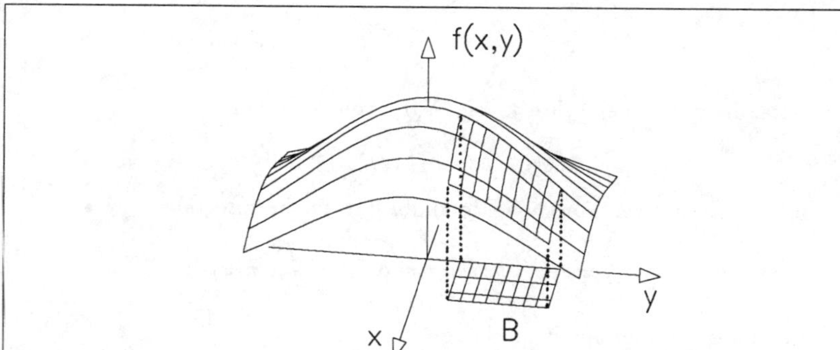

Diese Wahrscheinlichkeit kann als Volumen des "Zylinders" über B zwischen der $x - y$–Ebene und dem Graphen von f interpretiert werden.

Bemerkungen: Sei (X, Y) stetig verteilt mit der Dichte f und der Verteilungsfunktion F.

1. Aus $\lim\limits_{x\to\infty} \lim\limits_{y\to\infty} F(x, y) = 1$ folgt $\int_{-\infty}^{\infty} \int_{-\infty}^{\infty} f(s, t)\, dt\, ds = 1.$

2. Es gilt
$$f(x,y) = \frac{\partial^2 F(x,y)}{\partial x\, \partial y}$$
für alle Stetigkeitspunkte (x,y) von f.

3. Für $(x,y) \in \mathbb{R}^2$ gilt $P(X = x, Y = y) = 0$.

4. Wegen
$$F_X(x) = \lim_{y\to\infty} F(x,y) = \int_{-\infty}^{x} \Big(\int_{-\infty}^{\infty} f(s,t)\, dt \Big) ds$$
und
$$F_Y(y) = \lim_{x\to\infty} F(x,y) = \int_{-\infty}^{y} \Big(\int_{-\infty}^{\infty} f(s,t)\, ds \Big) dt$$
besitzen die Zufallsvariablen X und Y die Dichten
$$f_X(x) = \int_{-\infty}^{\infty} f(x,t)\, dt, \quad x \in \mathbb{R}, \quad \text{und} \quad f_Y(y) = \int_{-\infty}^{\infty} f(s,y)\, ds, \quad y \in \mathbb{R}. \tag{67}$$
Diese heißen *Randdichten.*

5. Sind X und Y unabhängig und stetig verteilt mit den Dichten g und h, so ist die Funktion
$$f(x,y) = g(x)\, h(y), \quad (x,y) \in \mathbb{R}^2, \tag{68}$$
eine Dichte von (X,Y), denn für die Verteilungsfunktion F gilt:
$$\begin{aligned} F(x,y) = F_X(x)\, F_Y(y) &= \int_{-\infty}^{x} g(s)\, ds \cdot \int_{-\infty}^{y} h(t)\, dt \\ &= \int_{-\infty}^{x} \int_{-\infty}^{y} g(s)\, h(t)\, dt\, ds. \end{aligned}$$
Ist andererseits die Dichte f von (X,Y) von der Form
$$f(x,y) = g(x)\, h(y), \quad (x,y) \in \mathbb{R},$$
mit nichtnegativen Funktionen g und h, für die die Integrale
$$c = \int_{-\infty}^{\infty} g(x)\, dx \quad \text{und} \quad d = \int_{-\infty}^{\infty} h(y)\, dy$$
existieren, so folgt aus Bemerkung 4
$$f_X(x) = g(x) \int_{-\infty}^{\infty} h(t)\, dt = d \cdot g(x), \quad x \in \mathbb{R},$$
und
$$f_Y(y) = h(y) \int_{-\infty}^{\infty} g(s)\, ds = c \cdot h(y), \quad y \in \mathbb{R},$$
sowie aus Bemerkung 1
$$\int_{-\infty}^{\infty} \int_{-\infty}^{\infty} g(x)\, h(y)\, dy\, dx = c \cdot d = 1.$$

Daher ist für $(x,y) \in \mathbb{R}^2$

$$f(x,y) = f_X(x)\, f_Y(y)$$

und somit

$$F(x,y) = F_X(x)\, F_Y(y).$$

Also sind die Zufallsvariablen X und Y unabhängig.

6. Die Umkehrung ist nicht allgemein gültig: Sind X und Y unabhängige Zufallsvariablen mit den Dichten g bzw. h und ist f eine Dichte von (X,Y), so gilt nicht notwendig

$$f(x,y) = g(x) \cdot h(y) \quad \text{für alle} \quad (x,y) \in \mathbb{R}^2.$$

Zwar wissen wir nach Bemerkung 5, daß

$$\tilde{f}(x,y) = g(x) \cdot h(y), \quad (x,y) \in \mathbb{R}^2$$

ebenfalls eine Dichte von (X,Y) ist, doch kann daraus nicht $f = \tilde{f}$ gefolgert werden. Nach Bemerkung 2 gilt aber

$$f(x,y) = \frac{\partial^2 F(x,y)}{\partial x\, \partial y} = \tilde{f}(x,y) = g(x)\, h(y)$$

für alle Punkte (x,y), an denen sowohl f als auch $\tilde{f}$ stetig ist.

Beispiel 2.58. *Die zweidimensionale Zufallsvariable (X,Y) besitze die Dichte*

$$f(x,y) = \frac{1}{\pi\sqrt{3}} e^{-\frac{2}{3}(x^2 - xy + y^2)}, \quad (x,y) \in \mathbb{R}^2.$$

Dann besitzt die Zufallsvariable X die Dichte

$$\begin{aligned} f_X(x) &= \frac{1}{\pi\sqrt{3}} \int_{-\infty}^{\infty} e^{-\frac{2}{3}(x^2 - xy + y^2)} dy = \frac{1}{\pi\sqrt{3}} \int_{-\infty}^{\infty} e^{-\frac{2}{3}(\frac{3}{4}x^2 + (y - \frac{1}{2}x)^2)}\, dy \\ &= \frac{1}{\sqrt{2\pi}} e^{-\frac{1}{2}x^2} \cdot \sqrt{\frac{2}{3\pi}} \int_{-\infty}^{\infty} e^{-\frac{1}{2}\left(\sqrt{\frac{4}{3}}(y - \frac{1}{2}x)\right)^2} dy = \frac{1}{\sqrt{2\pi}} e^{-\frac{1}{2}x^2}, \quad x \in \mathbb{R}, \end{aligned}$$

denn für das letzte Integral errechnet man mit Hilfe der Substitution $s = \sqrt{\frac{4}{3}}(y - \frac{1}{2}x)$ den Wert $\int_{-\infty}^{\infty} \sqrt{\frac{3}{4}} \cdot e^{-\frac{1}{2}s^2}\, ds = \sqrt{\frac{3\pi}{2}}$. Also ist die Zufallsvariable X standard–normalverteilt. Aus Symmetriegründen folgt, daß Y dieselbe Verteilung besitzt. Diese beiden Zufallsvariablen sind aber nicht unabhängig, denn es gilt z.B.

$$P(X \geq 0, Y \geq 0) = \tfrac{1}{6} \neq P(X \geq 0) \cdot P(Y \geq 0) = \tfrac{1}{4}$$

Der Wert $\frac{1}{4}$ ergibt sich dabei unmittelbar aus der Tatsache, daß die Zufallsvariablen X und Y einer $N(0,1)$–Verteilung genügen. Den Wert $\frac{1}{6}$ erhält man bei folgender Integration, indem man nacheinander die Transformationen $x = \frac{1}{2}(x' + y')$; $y = \frac{1}{2}(x' - y')$ und $x' = r\cos\varphi$; $y' = \frac{1}{\sqrt{3}} r \sin\varphi$ durchführt:

$$\begin{aligned} P(X \geq 0, Y \geq 0) &= \frac{1}{\pi\sqrt{3}} \int_0^\infty \int_0^\infty e^{-\frac{2}{3}(x^2 - xy + y^2)}\, dx\, dy \\ &= \frac{1}{2\pi\sqrt{3}} \int_0^\infty \left[\int_{-x'}^{x'} e^{-\frac{1}{6}(x'^2 + 3y'^2)}\, dy'\right] dx' \\ &= \frac{1}{6\pi} \int_0^\infty \left[\int_{-\frac{\pi}{6}}^{\frac{\pi}{6}} r \cdot e^{-\frac{1}{6}r^2} d\varphi\right] dr \\ &= \frac{1}{18} \int_0^\infty r \cdot e^{-\frac{1}{6}r^2}\, dr \\ &= -\tfrac{1}{6} \cdot e^{-\frac{1}{6}r^2}\Big|_0^\infty = \tfrac{1}{6}. \end{aligned}$$

Der Nachweis, daß die Zufallsvariablen X und Y nicht unabhängig sind, kann auch mit Hilfe von Bemerkung 6 geführt werden: Die Dichte f und die Randdichten f_X und f_Y sind stetige Funktionen, und es gilt z.B.

$$f(0,0) = \tfrac{1}{\pi \cdot \sqrt{3}} \neq f_X(0) \cdot f_Y(0) = \tfrac{1}{2\pi}.$$

Beispiel 2.59. *Die Zufallsvariable (X, Y) besitze die Dichte*

$$f(x,y) = \begin{cases} xy + y & \text{für } -1 \leq x \leq 1,\ 0 \leq y \leq 1 \\ 0 & \textit{sonst.} \end{cases}$$

Dann ist

$$f(x,y) = (x+1) \cdot e_1(x) \cdot y \cdot e_2(y)$$

mit

$$e_1(x) = \begin{cases} 1 & \text{für } -1 \leq x \leq 1 \\ 0 & \textit{sonst} \end{cases} \quad \textit{und} \quad e_2(y) = \begin{cases} 1 & \text{für } 0 \leq y \leq 1 \\ 0 & \textit{sonst.} \end{cases}$$

Wegen $\displaystyle\int_{-\infty}^{\infty} y\, e_2(y)\, dy = \int_0^1 y\, dy = \tfrac{1}{2}$ sind X und Y nach Bemerkung 5 unabhängig mit den Dichten

$$f_X(x) = \tfrac{1}{2}(x+1)e_1(x), \quad x \in \mathbb{R}, \quad \textit{und} \quad f_Y(y) = 2ye_2(y), \quad y \in \mathbb{R}.$$

Im folgenden wollen wir die Erwartungswerte der Zufallsvariablen $X+Y$, $X-Y$ und anderer mittels X und Y gebildeter Zufallsvariablen berechnen. Als Vorbereitung dient der folgende Satz, der im eindimensionalen Fall dem Satz 2.45 entspricht und den wir nicht beweisen wollen.

Satz 2.60. *Es sei (X, Y) eine zweidimensionale Zufallsvariable und $h : \mathbb{R}^2 \to \mathbb{R}$ eine reellwertige Funktion.*

(i) Ist (X,Y) gemäß Definition 2.55 diskret verteilt mit

$$p_{ij} = P(X = x_i, Y = y_j), \quad i,j \in \mathbb{N},$$

so gilt für den Erwartungswert von $h(X,Y)$

$$E(h(X,Y)) = \sum_{i,j} h(x_i, y_j)\, p_{ij}, \tag{69}$$

falls die Reihe $\sum_{i,j} |h(x_i, y_j)| p_{ij}$ konvergiert.

(ii) Ist (X,Y) stetig verteilt mit der Dichte f und ist h eine stetige Funktion, so gilt für den Erwartungswert von $h(X,Y)$

$$E(h(X,Y)) = \int_{-\infty}^{\infty}\int_{-\infty}^{\infty} h(x,y)\, f(x,y)\, dy\, dx, \tag{70}$$

falls das uneigentliche Integral $\int_{-\infty}^{\infty}\int_{-\infty}^{\infty} |h(x,y)|\, f(x,y)\, dy\, dx$ existiert.

Eine unmittelbare Folgerung ist

Satz 2.61. *Sei (X,Y) eine zweidimensionale Zufallsvariable. Haben X und Y die Erwartungswerte $E(X)$ und $E(Y)$, so hat $X+Y$ den Erwartungswert*

$$E(X+Y) = E(X) + E(Y). \tag{71}$$

Beweis (im Falle, daß (X,Y) stetig verteilt ist mit der Dichte f):

Setzt man in (70) $h(x,y) = x + y$, $(x,y) \in \mathbb{R}^2$, dann gilt

$$\begin{aligned} E(X+Y) &= \int_{-\infty}^{\infty}\int_{-\infty}^{\infty} (x+y)\, f(x,y)\, dy\, dx \\ &= \int_{-\infty}^{\infty} x \underbrace{\Big(\int_{-\infty}^{\infty} f(x,y)\, dy\Big)}_{\text{Dichte von } X} dx + \int_{-\infty}^{\infty} y \underbrace{\Big(\int_{-\infty}^{\infty} f(x,y)\, dx\Big)}_{\text{Dichte von } Y} dy \\ &= E(X) + E(Y). \end{aligned}$$

Die Existenz von $E(X+Y)$ folgt aus der Existenz von $E(X)$ und $E(Y)$ mittels der Dreiecksungleichung $|X+Y| \le |X| + |Y|$ (siehe Folgerung zu Satz 2.42).

Satz 2.62. *Sei (X,Y) eine zweidimensionale Zufallsvariable. Existieren die Varianzen $\mathrm{Var}(X)$ und $\mathrm{Var}(Y)$, so existiert auch die Varianz von $X+Y$ und der Erwartungswert von $X \cdot Y$, und es gilt*

$$\mathrm{Var}(X+Y) = \mathrm{Var}(X) + \mathrm{Var}(Y) + 2 \cdot [E(X \cdot Y) - E(X)E(Y)]. \tag{72}$$

Beweis: Die Existenz des Erwartungswertes $E(X \cdot Y)$ folgt aus der Cauchy–Schwarzschen Ungleichung. Wir teilen dies ohne weitere Begründung mit. Sei $\tilde{X} = X - E(X)$ und $\tilde{Y} = Y - E(Y)$. Dann gelten die Gleichungen

$$\begin{aligned} \mathrm{Var}(X+Y) &= E([\tilde{X} + \tilde{Y}]^2) = E(\tilde{X}^2) + E(\tilde{Y}^2) + 2E(\tilde{X} \cdot \tilde{Y}) \\ &= E([X - E(X)]^2) + E([Y - E(Y)]^2) + 2E([X - E(X)] \cdot [Y - E(Y)]) \\ &= \mathrm{Var}(X) + \mathrm{Var}(Y) + 2[E(X \cdot Y) - E(X)E(Y)], \end{aligned}$$

also die Behauptung.

Die Varianz einer Summe ist also in der Regel nicht gleich der Summe der Varianzen; das "Korrekturglied" ist eine wichtige Kennzahl der zweidimensionalen Zufallsvariablen (X, Y).

Definition 2.63. *Sei (X, Y) eine zweidimensionale Zufallsvariable. Die Varianzen Var(X) und Var(Y) mögen existieren und positiv sein. Dann heißt die Größe*

$$Cov(X,Y) = E([X - E(X)] \cdot [Y - E(Y)]) = E(X \cdot Y) - E(X)E(Y) \qquad (73)$$

die Kovarianz und der Quotient

$$\varrho(X,Y) = \frac{Cov(X,Y)}{\sqrt{Var(X)\ Var(Y)}}$$

der Korrelationskoeffizient von X und Y. Gilt $\varrho(X,Y) = 0$, so sagen wir "X und Y sind unkorreliert".

Bemerkungen:

1. Mit der durch (73) definierten Kovarianz lautet die Gleichung (72)

   $$\mathrm{Var}(X+Y) = \mathrm{Var}(X) + \mathrm{Var}(Y) + 2 \cdot \mathrm{Cov}(X,Y). \qquad (74)$$

   Genau dann gilt (im Falle positiver Varianz)

   $$\mathrm{Var}(X+Y) = \mathrm{Var}(X) + \mathrm{Var}(Y),$$

   wenn X und Y unkorreliert sind.

2. Der Korrelationskoeffizient ist, wie wiederum aus der Cauchy–Schwarzschen Ungleichung folgt, immer eine Zahl zwischen -1 und $+1$. Er entspricht dem empirischen Korrelationskoeffizienten aus Abschnitt 1.3.

3. Gilt $Y = aX + b$ mit $a \neq 0$, so ist $\mathrm{Var}(Y) = a^2\mathrm{Var}(X)$, $E(XY) = aE(X^2) + bE(X)$ und $E(X)E(Y) = a(E(X))^2 + bE(X)$, also $\mathrm{Cov}(X,Y) = a\mathrm{Var}(X)$. Daraus folgt $\varrho(X,Y) = 1$ für $a > 0$ und $\varrho(X,Y) = -1$ für $a < 0$. Lineare Abhängigkeit zwischen X und Y hat also zur Folge, daß $\varrho(X,Y)$ einen der extremen Werte annimmt. Der folgende Satz 2.65 zeigt, daß auch die Umkehrung gilt.

4. Sind X und Y unabhängig, so ergibt sich aus dem nachfolgenden Satz 2.65, daß $\varrho(X,Y) = 0$ ist. Hier gilt allerdings keine Umkehrung, wie man am Beispiel der Zufallsvariablen X und Y mit $P(X = 1, Y = 0) = P(X = 0, Y = 1)$ $= P(X = 0, Y = -1) = P(X = -1, Y = 0) = \frac{1}{4}$ erkennt.

Beispiel 2.64. *Sei X eine symmetrisch zu 0 verteilte Zufallsvariable mit positiver Varianz σ^2, für die $E(X^3)$ existiert. Dann ist X^3 ebenfalls symmetrisch zu 0 verteilt, und es gilt deshalb $E(X^3) = 0$. Für $Y = X^2$ erhält man dann*

$$Cov(X,Y) = E((X-0)(X^2 - \sigma^2)) = E(X^3) - \sigma^2 E(X) = 0.$$

Also sind die Zufallsvariablen X und $Y = X^2$ unkorreliert. Sie sind aber, von einigen Sonderfällen wie z.B. $P(X = -1) = P(X = 1) = \frac{1}{2}$ abgesehen, nicht unabhängig.

Der Korrelationskoeffizient ist, wie in Satz 2.65 präzisiert wird, kein Maß für Abhängigkeit, sondern nur ein Maß für die "Tendenz zur linearen Abhängigkeit" zwischen X und Y.

Satz 2.65. *Sei (X, Y) eine zweidimensionale Zufallsvariable mit $\mathrm{Var}(X) > 0$ und $\mathrm{Var}(Y) > 0$.*

(i) Sind X und Y unabhängig, so folgt $E(X \cdot Y) = E(X) \cdot E(Y)$ und $\varrho(X, Y) = 0$.

(ii) Gilt $\varrho(X, Y) = 1$ oder gilt $\varrho(X, Y) = -1$, so gibt es reelle Zahlen a und b mit

$$P(Y = aX + b) = 1.$$

Der Koeffizient a hat dann dasselbe Vorzeichen wie $\varrho(X, Y)$.

(iii) Die mittlere quadratische Abweichung $E((Y - aX - b)^2)$ der Zufallsvariablen Y von einer linearen Funktion $aX + b$ der Zufallsvariablen X ist genau dann minimal, wenn

$$a = \frac{\mathrm{Cov}(X, Y)}{\mathrm{Var}(X)} \quad \text{und} \quad b = E(Y) - aE(X)$$

gilt. In diesem Fall ist sie gegeben durch

$$E((Y - aX - b)^2) = (1 - \varrho(X, Y)^2) \cdot \mathrm{Var}(Y).$$

Beweis: Den Beweis von (i) führen wir nur unter der zusätzlichen Voraussetzung, daß beide Zufallsvariablen diskret oder beide Zufallsvariablen stetig verteilt sind. Sind X und Y beide diskret verteilt, so gilt nach (69)

$$\begin{aligned} E(XY) &= \sum_{i,j} x_i \cdot y_j \cdot p_{ij} = \sum_{i,j} x_i \cdot y_j \cdot p_{i.} \cdot p_{.j} \\ &= \sum_i x_i \cdot p_{i.} \cdot \sum_j y_j \cdot p_{.j} = E(X) \cdot E(Y). \end{aligned}$$

Sind X und Y stetig verteilt mit den Dichten f_1 und f_2, dann ist durch $f(x, y) = f_1(x) \cdot f_2(y)$, $(x, y) \in \mathbb{R}^2$, eine Dichte f von (X, Y) gegeben. Nach (70) gilt dann:

$$\begin{aligned} E(XY) &= \int_{-\infty}^{\infty} \int_{-\infty}^{\infty} x \cdot y \cdot f_1(x) \cdot f_2(y) \, dy \, dx \\ &= \int_{-\infty}^{\infty} x \cdot f_1(x) \, dx \cdot \int_{-\infty}^{\infty} y \cdot f_2(y) \, dy = E(X) \cdot E(Y). \end{aligned}$$

Wir beweisen nun (iii). Mit den Rechenregeln (56) und (74) gilt

$$\begin{aligned} E((Y - aX - b)^2) &= \mathrm{Var}(Y - aX - b) + [E(Y - aX - b)]^2 \\ &= \mathrm{Var}(Y) + a^2 \mathrm{Var}(X) - 2a\mathrm{Cov}(X, Y) + [E(Y) - aE(X) - b]^2. \end{aligned}$$

Die Funktion p sei gegeben durch

$$p(a, b) = E((Y - aX - b)^2), \quad a, b \in \mathbb{R}.$$

Sie ist also ein Polynom zweiten Grades in den Variablen a und b. Sie besitzt genau ein Minimum für

$$a = \frac{\mathrm{Cov}(X,Y)}{\mathrm{Var}(X)} \quad \text{und} \quad b = E(Y) - a \cdot E(X),$$

wie sich aus der Untersuchung der partiellen Ableitungen ergibt. Damit ist (iii) bewiesen. Im Falle $\varrho(x,y) = \pm 1$ folgt

$$E((Y - aX - b)^2) = 0, \quad \text{also} \quad P(Y - aX - b = 0) = P(Y = aX + b) = 1$$

(vgl. die Bemerkung im Anschluß an Satz 2.49). Damit ist auch die erste Behauptung in (ii) bewiesen. Die zweite folgt unmittelbar aus den Definitionen von a und $\varrho(X,Y)$.

Zum Abschluß dieses Abschnittes gehen wir noch auf n–dimensionale Zufallsvariablen ein. Solche "Zufallsvektoren" benötigen wir, um das zufällige Entstehen von Meßreihen $x_1, \ldots, x_n$ bzw. Datenvektoren $x = (x_1, \ldots, x_n)^T$ mathematisch zu beschreiben. Begrifflich sind gegenüber dem bislang behandelten Fall $n = 2$ keine wesentlichen Erweiterungen notwendig.

Sind $X_1, \ldots, X_n$ Zufallsvariablen über dem Wahrscheinlichkeitsraum $(\Omega, \mathfrak{A}, P)$, so heißt die Abbildung $(X_1, \ldots, X_n) : \Omega \to \mathbb{R}^n$ eine *n–dimensionale Zufallsvariable*. Ihre Verteilungsfunktion $F : \mathbb{R}^n \to [0,1]$ ist gegeben durch

$$F(x_1, \ldots, x_n) = P(X_1 \le x_1, \ldots, X_n \le x_n), \quad (x_1, \ldots, x_n) \in \mathbb{R}^n.$$

Gelegentlich werden wir eine n–dimensionale Zufallsvariable $(X_1, \ldots, X_n)$ auch als *Zufallsvektor* bezeichnen und $X = (X_1, \ldots, X_n)^T$ schreiben.

Definition 2.66. *Eine n–dimensionale Zufallsvariable heißt stetig verteilt mit der Dichte f, falls sich ihre Verteilungsfunktion F mit einer nichtnegativen Funktion $f : \mathbb{R}^n \to \mathbb{R}$ in der folgenden Weise schreiben läßt:*

$$F(x_1, \ldots, x_n) = \int_{-\infty}^{x_1} \cdots \int_{-\infty}^{x_n} f(t_1, \ldots, t_n)\, dt_n \cdots dt_1.$$

Die Wahrscheinlichkeit dafür, daß $(X_1, \ldots, X_n)$ Werte in einem bestimmten Bereich B des n–dimensionalen Raumes annimmt, ist, falls das Integral existiert, gegeben durch

$$P((X_1, \ldots, X_n) \in B) = \int \cdots \int_B f(t_1, \ldots, t_n)\, d(t_1, \ldots, t_n).$$

Bemerkungen:

1. Ist $\{i_1, \ldots, i_k\}$ eine nichtleere Teilmenge von $\{1, \ldots, n\}$ sowie $\{j_1, \ldots, j_{n-k}\}$ ihr Komplement, so erhält man die Verteilungsfunktion $G : \mathbb{R}^k \to [0,1]$ der k–dimensionalen Zufallsvariablen $(X_{i_1}, \ldots, X_{i_k})$ gemäß

$$G(x_{i_1}, \ldots, x_{i_k}) = \lim_{(x_{j_1}, \ldots, x_{j_{n-k}}) \to (\infty, \ldots, \infty)} F(x_1, \ldots, x_n), \quad (x_{i_1}, \ldots, x_{i_k}) \in \mathbb{R}^k. \tag{75}$$

Speziell ist für $1 \le i \le n$ die Verteilungsfunktion F_i von X_i gegeben durch

$$F_i(x_i) = \lim_{x_j \to \infty,\ j \ne i} F(x_1, \ldots, x_n), \quad x_i \in \mathbb{R}. \tag{76}$$

2. Ist $(X_1, \ldots, X_n)$ stetig verteilt mit der Dichte f, so ist

$$g(x_{i_1}, \ldots, x_{i_k}) = \int_{-\infty}^{\infty} \cdots \int_{-\infty}^{\infty} f(x_1, \ldots, x_n) dx_{j_1}, \ldots, dx_{j_{n-k}}, \; (x_{i_1}, \ldots, x_{i_k}) \in \mathbb{R}^k, \tag{77}$$

eine Dichte von $(X_{i_1}, \ldots, X_{i_k})$.

Speziell ist für $1 \leq i \leq n$ eine Dichte f_i von X_i gegeben durch

$$f_i(x_i) = \int_{-\infty}^{\infty} \cdots \int_{-\infty}^{\infty} f(x_1, \ldots, x_n) \, dx_1 \ldots dx_{i-1} dx_{i+1} \ldots dx_n, \quad x_i \in \mathbb{R}. \tag{78}$$

Definition 2.67. *Bezeichnet F_i die Verteilungsfunktion von X_i, $i = 1, \ldots, n$, so heißen $X_1, \ldots, X_n$ unabhängig, falls die Verteilungsfunktion F von $(X_1, \ldots, X_n)$ durch folgende Produktdarstellung*

$$F(x_1, \ldots, x_n) = F_1(x_1) \cdot \ldots \cdot F_n(x_n), \quad (x_1, \ldots, x_n) \in \mathbb{R}^n,$$

gegeben ist. Eine Folge $(X_n)_{n \in \mathbb{N}}$ von Zufallsvariablen heißt unabhängig, wenn für jedes $n \in \mathbb{N}$ die Zufallsvariablen $X_1, \ldots, X_n$ unabhängig sind.

Bemerkungen:

1. Sind $X_1, \ldots, X_n$ diskret verteilt, so sind $X_1, \ldots, X_n$ genau dann unabhängig, wenn

$$P(X_1 = x_1, \ldots, X_n = x_n) = P(X_1 = x_1) \cdot \ldots \cdot P(X_n = x_n)$$

für alle Werte x_i von X_i, $i = 1, \ldots, n$, gilt.

Beispiel 2.68. *Seien $X_1, \ldots, X_n$ unabhängige $B(1,p)$-verteilte Zufallsvariablen, d.h. Zufallsvariablen mit*

$$P(X_i = 1) = p, \quad P(X_i = 0) = 1 - p, \quad i = 1, \ldots, n.$$

Dann ist

$$P(X_1 = x_1, \ldots, X_n = x_n) = p^k (1-p)^{n-k}, \quad x_i \in \{0, 1\}, \quad i = 1, \ldots, n,$$

wenn unter den Zahlen $x_1, \ldots, x_n$ genau k-mal die Zahl 1 und $(n-k)$-mal die Zahl 0 vorkommt, d.h., wenn $x_1 + \cdots + x_n = k$ gilt. Da es $\binom{n}{k}$ Möglichkeiten gibt, den Zufallsvariablen $X_1, \ldots, X_n$ k-mal den Wert 1 und $(n-k)$-mal den Wert 0 zuzuordnen, folgt

$$P(X_1 + \cdots + X_n = k) = \binom{n}{k} p^k (1-p)^{n-k}, \quad k = 0, 1, \ldots, n.$$

Die Summe $X_1 + \cdots + X_n$ ist also eine $B(n,p)$-verteilte Zufallsvariable.

2. Ist $(X_1, \ldots, X_n)$ eine n-dimensionale stetig verteilte Zufallsvariable und sind $f_1, \ldots, f_n$ Dichten der Zufallsvariablen $X_1, \ldots, X_n$, so sind $X_1, \ldots, X_n$ genau dann unabhängig, wenn die Funktion f mit

$$f(x_1, \ldots, x_n) = f_1(x_1) \cdot \ldots \cdot f_n(x_n), \quad (x_1, \ldots, x_n) \in \mathbb{R}^n,$$

eine Dichte von $(X_1, \ldots, X_n)$ ist.

Beispiel 2.69. *Sind $X_1, \ldots, X_n$ unabhängige identisch $N(\mu, \sigma^2)$-verteilte Zufallsvariablen, so ist*

$$f(x_1, \ldots, x_n) = \frac{1}{(2\pi\sigma^2)^{n/2}} \cdot \exp\left[-\sum_{i=1}^{n}(x_i - \mu)^2/2\sigma^2\right], \quad (x_1, \ldots, x_n) \in \mathbb{R}^n,$$

eine Dichte von $(X_1, \ldots, X_n)$.

3. Die Zufallsvariablen $X_1, \ldots, X_n$ sind genau dann unabhängig, wenn für beliebige Intervalle $I_1, \ldots, I_n \subset \mathbb{R}$ gilt:

$$P(X_1 \in I_1, \ldots, X_n \in I_n) = P(X_1 \in I_1) \cdot \ldots \cdot P(X_n \in I_n).$$

4. Die Zufallsvariablen $X_1, \ldots, X_n$ seien unabhängig, und Y sei eine Zufallsvariable der Form $Y = h(X_{i_1}, \ldots, X_{i_k})$, wobei $h : \mathbb{R}^k \to \mathbb{R}$ eine Funktion, $\{i_1, \ldots, i_k\}$ eine Teilmenge von $\{1, \ldots, n\}$ und $\{j_1, \ldots, j_{n-k}\}$ ihr Komplement seien. Dann sind die Zufallsvariablen $Y, X_{j_1}, \ldots, X_{j_{n-k}}$ ebenfalls unabhängig. Der Beweis dieses nicht überraschenden Sachverhaltes ist nicht ganz einfach und soll deshalb hier nicht geführt werden (siehe Bauer [1991], Seite 66).

Beispiel 2.70. *Unter den Annahmen des Beispiels 2.68 ist für ein $k < n$ die Summe $Y = X_1 + \cdots + X_k$ eine $B(k,p)$-verteilte Zufallsvariable, und $Y, X_{k+1}, \ldots, X_n$ sind unabhängig. Wiederum mit Bemerkung 4 ergibt sich dann, daß die $B(n-k,p)$-verteilte Zufallsvariable $Z = X_{k+1} + \cdots + X_n$ und Y unabhängig sind und die Summe $Y + Z = X_1 + \cdots + X_n$ eine $B(n,p)$-verteilte Zufallsvariable ist.*

Satz 2.71. *Sei $X = (X_1, \ldots, X_n)$ eine n-dimensionale Zufallsvariable, und seien $a_1, a_2, \ldots, a_n, b_1, b_2, \ldots, b_n$ reelle Zahlen. Dann gilt:*

1.

$$E(a_1X_1 + \cdots + a_nX_n) = a_1E(X_1) + \cdots + a_nE(X_n), \tag{79}$$

falls die Erwartungswerte $E(X_i)$, $i = 1, \ldots, n$, existieren;

2. Sind die Zufallsvariablen $X_1, \ldots, X_n$ paarweise unkorreliert, so gilt

$$\mathrm{Var}(a_1X_1 + \cdots + a_nX_n) = a_1^2\,\mathrm{Var}(X_1) + \cdots + a_n^2\,\mathrm{Var}(X_n), \tag{80}$$

und

$$\begin{aligned} &Cov(a_1X_1 + \cdots + a_nX_n, b_1X_1 + \cdots + b_nX_n) = \\ &\qquad a_1b_1\,\mathrm{Var}(X_1) + \cdots + a_nb_n\,\mathrm{Var}(X_n), \end{aligned} \tag{81}$$

falls die Varianzen $\mathrm{Var}(X_i)$, $i = 1, \ldots, n$, existieren.

Beweis: Gleichung (79) folgt aus (52) und (71). Zum Beweis von (81) sei $X_i' = X_i - E(X_i), \quad i = 1, \ldots, n$. Dann gilt mit (52), (71) und (73)

$$\begin{aligned} &\mathrm{Cov}(a_1X_1 + \cdots + a_nX_n, b_1X_1 + \cdots + b_nX_n) \\ &= E((a_1X_1' + \cdots + a_nX_n')(b_1X_1' + \cdots + b_nX_n')) \\ &= \sum_{i=1}^{n} a_ib_iE(X'^2_i) + 2 \cdot \sum_{i<j} a_ib_jE(X_i'X_j') = \sum_{i=1}^{n} a_ib_i\mathrm{Var}(X_i). \end{aligned}$$

Damit ist (81) und für $b_i = a_i$, $i = 1, \ldots, n$, auch (80) bewiesen.

Beispiel 2.72.

1. *Sind die Zufallsvariablen $X_1, \ldots, X_n$ unabhängig, identisch $B(1,p)$–verteilt, so gilt $E(X_i) = p$ und $\mathrm{Var}(X_i) = p(1-p)$ für $i = 1, \ldots, n$. Daher ergibt sich für die $B(n,p)$–verteilte Zufallsvariable $Y = X_1 + \cdots + X_n$*

$$E(Y) = np \quad \text{und} \quad \mathrm{Var}(Y) = np(1-p).$$

Dieses Ergebnis haben wir bereits in Beispiel 2.50.3 erhalten.

In den folgenden beiden wichtigen Anwendungsbeispielen zu Satz 2.71 seien $X_1, \ldots, X_n$ paarweise unkorrelierte Zufallsvariablen mit dem gleichen Erwartungswert μ und der gleichen Varianz σ^2. Das Ermitteln einer Meßreihe $x_1, \ldots, x_n$ der Länge n bzw. eines Datenvektors $x = (x_1, \ldots, x_n)^T$, wenn die einzelnen Messungen unabhängig voneinander unter gleichen Bedingungen durchgeführt werden, läßt sich durch einen n–dimensionalen Zufallsvektor $X = (X_1, \ldots, X_n)^T$ mit unabhängigen, identisch verteilten Komponenten beschreiben.

2. *Wählt man in Satz 2.71 als Koeffizienten $a_i = \frac{1}{n}$, $i = 1, \ldots n$, so ist*

$$a_1X_1 + \cdots + a_nX_n = \overline{X}$$

das arithmetische Mittel der Zufallsvariablen $X_1, \ldots, X_n$. Aus (79) und (80) folgt

$$E(\overline{X}) = \mu \quad \text{und} \quad \mathrm{Var}(\overline{X}) = \frac{\sigma^2}{n}. \tag{82}$$

3. *Wählt man in Satz 2.71*

$$a_i = -\frac{1}{n} \quad \text{für} \quad i \neq k \quad \text{und} \quad a_k = 1 - \frac{1}{n} \quad \text{für} \quad k \leq n,$$

so gilt

$$a_1X_1 + \cdots + a_nX_n = X_k - \overline{X}$$

und mit (79) und (80)

$$E(X_k - \overline{X}) = 0 \quad \text{und} \quad \mathrm{Var}(X_k - \overline{X}) = [(n-1)\frac{1}{n^2} + \left(1 - \frac{1}{n}\right)^2]\sigma^2 = \frac{n-1}{n}\sigma^2. \tag{83}$$

Daraus folgt

$$E\Big(\sum_{k=1}^{n}(X_k - \overline{X})^2\Big) = \sum_{k=1}^{n} \mathrm{Var}(X_k - \overline{X}) = n\frac{(n-1)}{n}\sigma^2 = (n-1)\sigma^2 \tag{84}$$

Die Zufallsvariable

$$S^2 = \frac{1}{n-1}\sum_{k=1}^{n}(X_k - \overline{X})^2$$

die der empirischen Varianz (3) entspricht, hat daher den Erwartungswert σ^2. Dies ist die Begründung dafür, daß der Faktor $\frac{1}{n-1}$ anstelle von $\frac{1}{n}$ gewählt wird.

2.6 Normalverteilung, χ^2–, t– und F–Verteilung

Bei vielen Untersuchungen ist es sinnvoll, die Meßergebnisse $x_1, \ldots, x_n$ als Realisierung von unabhängigen, identisch $N(\mu, \sigma^2)$–verteilten Zufallsvariablen $X_1, \ldots, X_n$ aufzufassen. Man betrachtet dann u.a. die dem arithmetischen Mittel und der empirischen Varianz der Meßreihe entsprechenden Zufallsvariablen

$$\overline{X} = \frac{1}{n}(X_1 + \cdots + X_n) \quad \text{und} \quad S^2 = \frac{1}{n-1}((X_1 - \overline{X})^2 + \cdots + (X_n - \overline{X})^2).$$

Wir haben uns also mit den Zufallsvariablen der Form

$$T = h(X_1, \ldots, X_n)$$

zu befassen, wobei $h : \mathbb{R}^n \to \mathbb{R}$ eine Funktion und $X = (X_1, \ldots, X_n)^T$ ein Zufallsvektor mit unabhängigen, normalverteilten Komponenten ist. Solche n–dimensionalen Zufallsvariablen nennen wir normalverteilte Zufallsvektoren. Allgemeiner gilt

Definition 2.73. *Ein n–dimensionaler Zufallsvektor $X = (X_1, \ldots, X_n)^T$ heißt normalverteilt, wenn es unabhängige, normalverteilte Zufallsvariablen $Y_1, \ldots, Y_m$ und eine*
$(n \times m)$–Matrix $A = (a_{ij})$ gibt mit

$$\begin{aligned} X_1 &= a_{11}Y_1 + \cdots + a_{1m}Y_m \\ &\vdots \\ X_n &= a_{n1}Y_1 + \cdots + a_{nm}Y_m, \end{aligned} \tag{85}$$

d.h. wenn mit $Y = (Y_1, \ldots, Y_m)^T$

$$X = A \cdot Y \tag{86}$$

gilt.

Bemerkung: Gilt $\mu_j = E(Y_j)$ und $\sigma_j^2 = \mathrm{Var}(Y_j)$, $j = 1, \ldots, m$ und bezeichnen wir mit

$$Z_j = \frac{Y_j - \mu_j}{\sigma_j}, \quad j = 1, \ldots, m,$$

die standardisierten Zufallsvariablen, so folgt aus (85)

$$X_i = b_{i1}Z_1 + \cdots + b_{im}Z_m + c_i, \quad i = 1, \ldots, n,$$

mit

$$b_{ij} = a_{ij}\sigma_j \quad \text{und} \quad c_i = \sum_{j=1}^{m} a_{ij}\mu_j.$$

Also ist X genau dann normalverteilt, wenn X in der Form

$$X = B \cdot Z + c$$

dargestellt werden kann, wobei $Z = (Z_1, \ldots, Z_m)^T$ unabhängige, identisch $N(0,1)$–verteilte Komponenten besitzt, B eine $(n \times m)$–Matrix ist und $c \in \mathbb{R}^n$ gilt.

Wesentlich für die Bestimmung der Verteilungen von $\overline{X}$ und S^2 ist der folgende Satz 2.74, zu dessen Beweis wir einige Hilfsmittel aus der Linearen Algebra benötigen:

1. Für Vektoren $x = (x_1, \ldots, x_n)^T$ und $y = (y_1, \ldots, y_n)^T$ des $\mathbb{R}^n$ bezeichnet $|x| = \sqrt{x_1^2 + \cdots + x_n^2}$ die Länge und $x^T y = x_1 y_1 + \cdots + x_n y_n$ das Skalarprodukt.

2. Ist $\{u_1, \ldots, u_n\}$ ein Orthonormalsystem von Vektoren im $\mathbb{R}^n$, gilt also $|u_i| = 1$ und $u_i^T u_j = 0$ für $i, j = 1, \ldots, n,\ i \neq j$, so ist die Matrix M mit den Zeilenvektoren $u_1, \ldots, u_n$ eine orthogonale Matrix, und es gilt

$$|\det(M)| = 1 \quad \text{und} \quad |M \cdot x| = |x| \quad \text{für} \quad x \in \mathbb{R}^n.$$

3. Sind für ein $k < n$ paarweise orthogonale Vektoren $u_1, \ldots, u_k$ der Länge 1 gegeben, so kann man sie zu einem Orthonormalsystem $\{u_1, \ldots, u_n\}$ ergänzen.

4. Ist $\{u_1, \ldots, u_n\}$ ein Orthonormalsystem von Vektoren des $\mathbb{R}^n$, so gilt für $x \in \mathbb{R}^n$

$$x = c_1 \cdot u_1 + \cdots + c_n \cdot u_n \quad \text{mit} \quad c_i = u_i^T x, \quad i = 1, \ldots, n.$$

5. Für $k \leq n$ gilt

$$|c_1 \cdot u_1 + \cdots + c_k \cdot u_k|^2 = c_1^2 + \cdots + c_k^2,$$

falls $\{u_1, \ldots, u_n\}$ ein Orthonormalsystem ist.

Im folgenden sei $Z = (Z_1, \ldots, Z_n)^T$ ein n–dimensionaler Zufallsvektor mit unabhängigen, identisch $N(0,1)$–verteilten Komponenten $Z_1, \ldots, Z_n$. Grundlage für die folgenden Ergebnisse ist

Satz 2.74. *Sei $\{u_1, \ldots, u_n\}$ ein Orthonormalsystem von Vektoren im $\mathbb{R}^n$. Dann sind*

$$U_1 = u_1^T Z, \quad U_2 = u_2^T Z, \quad \ldots\ldots, \quad U_n = u_n^T Z$$

n unabhängige, identisch $N(0,1)$–verteilte Zufallsvariablen.

Beweis: Eine gemeinsame Dichte der Zufallsvariablen $Z_1, \ldots, Z_n$ ist gegeben durch

$$f(z_1, \ldots, z_n) = \frac{1}{\sqrt{2\pi}} e^{-z_1^2/2} \cdot \ldots \cdot \frac{1}{\sqrt{2\pi}} e^{-z_n^2/2} = \frac{1}{(\sqrt{2\pi})^n} e^{-|z|^2/2}, \quad z \in \mathbb{R}^n,$$

wenn $z = (z_1, \ldots, z_n)^T$ gesetzt wird. Darum gilt für den Wert der Verteilungsfunktion von $(U_1, \ldots, U_n)$ an der Stelle $(x_1, \ldots, x_n)^T$

$$P(U_1 \le x_1, \ldots, U_n \le x_n) = \int \cdots \int_B e^{-|z|^2/2} dz_1 \ldots dz_n,$$

wobei der Bereich $B \subset \mathbb{R}^n$ gegeben ist durch

$$B = \{z \in \mathbb{R}^n : \; u_1^T z \le x_1, \ldots, u_n^T z \le x_n\}.$$

Wir berechnen dieses n–fache Integral durch Substitution. Sei

$$s_1 = u_1^T z, \quad s_2 = u_2^T z, \ldots, s_n = u_n^T z,$$

also $s = (s_1, \ldots, s_n)^T = M \cdot z$, wobei M die Matrix mit den Zeilen $u_1^T, \ldots, u_n^T$ ist. Diese Transformation hat die Funktionaldeterminante $|\det M| = 1$, und es gilt

$$|s|^2 = |M \cdot z|^2 = |z|^2.$$

Daher erhalten wir

$$\begin{aligned} P(U_1 \le x_1, \ldots, U_n \le x_n) &= \frac{1}{(\sqrt{2\pi})^n} \int_{-\infty}^{x_1} \cdots \int_{-\infty}^{x_n} e^{-|s|^2/2} d(s_1, \ldots, s_n) \\ &= \frac{1}{\sqrt{2\pi}} \int_{-\infty}^{x_1} e^{-s_1^2/2} ds_1 \cdot \ldots \cdot \frac{1}{\sqrt{2\pi}} \int_{-\infty}^{x_n} e^{-s_n^2/2} ds_n, \end{aligned}$$

und daraus folgt die Behauptung.

Folgerung 1: Sind X_1 und X_2 unabhängige, normalverteilte Zufallsvariablen mit Erwartungswerten μ_i und Varianzen σ_i^2, $i = 1, 2$, so ist die Summe $X_1 + X_2$ eine $N(\mu_1 + \mu_2, \sigma_1^2 + \sigma_2^2)$–verteilte Zufallsvariable.

Beweis: Sei in Satz 2.74 speziell $n = 2$ gewählt sowie

$$Z_1 = \frac{1}{\sigma_1}(X_1 - \mu_1), \quad Z_2 = \frac{1}{\sigma_2}(X_2 - \mu_2), \quad \text{und} \quad u_1 = \left(\frac{\sigma_1}{\sqrt{\sigma_1^2 + \sigma_2^2}}, \frac{\sigma_2}{\sqrt{\sigma_1^2 + \sigma_2^2}} \right)^T.$$

Dann ist

$$U_1 = u_1^T Z = \frac{1}{\sqrt{\sigma_1^2 + \sigma_2^2}}(X_1 - \mu_1 + X_2 - \mu_2) = \frac{1}{\sqrt{\sigma_1^2 + \sigma_2^2}}(X_1 + X_2 - (\mu_1 + \mu_2)).$$

Also ergibt sich

$$X_1 + X_2 = \sqrt{\sigma_1^2 + \sigma_2^2} \cdot U_1 + (\mu_1 + \mu_2)$$

mit einer $N(0, 1)$–verteilten Zufallsvariablen U_1. Daraus folgt die Behauptung.

Folgerung 2: Der zweidimensionale Zufallsvektor $X = (X_1, X_2)^T$ sei normalverteilt. Sind die Zufallsvariablen X_1 und X_2 unkorreliert, dann sind sie sogar unabhängig.

Beweis: Nach der Bemerkung zu Definition 2.73 gilt

$$\begin{aligned} X_1 &= b_{11}Z_1 + \cdots + b_{1m}Z_m + c_1 \\ X_2 &= b_{21}Z_1 + \cdots + b_{2m}Z_m + c_2 \end{aligned}$$

mit unabhängigen, $N(0,1)$–verteilten Zufallsvariablen $Z_1, \ldots, Z_m$. Da X_1 und X_2 unkorreliert sind, folgt aus (81)

$$b_{11}b_{21} + \cdots + b_{1m}b_{2m} = 0.$$

Die Vektoren

$$b_1 = (b_{11}, \ldots, b_{1m})^T \quad \text{und} \quad b_2 = (b_{21}, \ldots, b_{2m})^T$$

sind also orthogonal. Dies gilt auch für die normierten Vektoren

$$u_1 = \frac{1}{|b_1|} \cdot b_1 \quad \text{und} \quad u_2 = \frac{1}{|b_2|} \cdot b_2.$$

Aus Satz 2.74 folgt, daß

$$U_1 = \frac{1}{|b_1|}(b_{11}Z_1 + \cdots + b_{1m}Z_m) \quad \text{und} \quad U_2 = \frac{1}{|b_2|}(b_{21}Z_1 + \cdots + b_{2m}Z_m)$$

unabhängig sind. Daraus folgt wegen

$$X_1 = |b_1| \cdot U_1 + c_1 \quad \text{und} \quad X_2 = |b_2| \cdot U_2 + c_2$$

die Behauptung.

Bisher haben wir Zufallsvariablen betrachtet, die als lineare Funktionen von $Z_1, \ldots, Z_n$ dargestellt werden können. Wir untersuchen nun auch solche, die durch nichtlineare Funktionen entstehen.

Definition 2.75. *Sei $1 \leq r \leq n$, und seien $Z_1, \ldots, Z_n$ unabhängige, identisch $N(0,1)$–verteilte Zufallsvariablen.*

(i) Ist die Verteilungsfunktion F einer Zufallsvariablen gegeben durch

$$F(x) = P(Z_1^2 + \cdots + Z_r^2 \leq x), \quad x \in \mathbb{R},$$

so heißt sie χ_r^2–verteilt (chi–quadrat–verteilt mit r Freiheitsgraden).

(ii) Sei $r < n$. Ist die Verteilungsfunktion F einer Zufallsvariablen gegeben durch

$$F(x) = P\Big(\frac{Z_{r+1}}{\sqrt{(Z_1^2 + \cdots + Z_r^2)/r}} \leq x\Big), \quad x \in \mathbb{R},$$

so heißt sie t_r–verteilt (t–verteilt mit r Freiheitsgraden).

(iii) Sei $1 \leq r,\ s \leq n,\ r+s \leq n$. Ist die Verteilungsfunktion F einer Zufallsvariablen gegeben durch

$$F(x) = P\Big(\frac{(Z_1^2 + \cdots + Z_r^2)/r}{(Z_{r+1}^2 + \cdots + Z_{r+s}^2)/s} \leq x\Big), \quad x \in \mathbb{R},$$

so heißt sie $F_{r,s}$–verteilt (F–verteilt mit r und s Freiheitsgraden).

Bemerkungen:

1. Neben den Normalverteilungen spielen die χ^2, t– und F–Verteilungen in der Schließenden Statistik eine große Rolle. Insbesondere werden die Quantile dieser Verteilungen benötigt. Der Anhang enthält Tabellen, die so zusammengestellt sind, daß alle in diesem Text vorkommenden Quantile zu finden sind. Ausführlichere Tabellen finden sich z.B. bei Lehn, Wegmann, Rettig [1988].

2. χ^2, t– und F–verteilte Zufallsvariablen sind stetig verteilt. Zum Beispiel gilt für eine χ^2_1–verteilte Zufallsvariable X mit Verteilungsfunktion F

$$F(X) = P(X \leq x) = P(-\sqrt{x} \leq Z_1 \leq \sqrt{x}) = \frac{2}{\sqrt{2\pi}} \int_0^{\sqrt{x}} e^{-z^2/2} dz, \quad x \geq 0,$$

und darum ist die Dichte f durch

$$\begin{aligned} f(x) &= F'(x) = \frac{2}{\sqrt{2\pi}} e^{-x/2} \frac{1}{2\sqrt{x}} = \frac{e^{-x/2}}{\sqrt{2\pi x}} \quad \text{für} \quad x > 0 \quad \text{und} \\ f(x) &= 0 \quad \text{für} \quad x \leq 0 \end{aligned}$$

gegeben. Da wir die Dichten jedoch nicht explizit benötigen werden, beschränken wir uns darauf, graphische Darstellungen dieser Funktionen anzugeben.

3. Wir werden im folgenden Beispiele kennenlernen, in denen auch Quadratsummen der Form $X_1^2 + \cdots + X_n^2$ mit Zufallsvariablen $X_1, \ldots, X_n$, die nicht unabhängig sind, χ^2–verteilt sein können. In solchen Fällen werden wir zeigen, daß unabhängige, identisch $N(0,1)$–verteilte Zufallsvariablen $U_1, \ldots, U_r$, $r < n$, existieren, für die

$$X_1^2 + \cdots + X_n^2 = U_1^2 + \cdots + U_r^2$$

gilt. Dann ist $X_1^2 + \cdots + X_n^2$ eine χ^2_r–verteilte Zufallsvariable. Sie ist die Summe aus r unabhängigen Summanden. Dies rechtfertigt die Sprechweise "mit r Freiheitsgraden".

4. Eine t_r–verteilte Zufallsvariable ist symmetrisch zu 0 verteilt, und der Graph ihrer Dichtefunktion unterscheidet sich nur wenig vom Graphen der Dichte einer $N(0,1)$–Verteilung

$$f(x) = \frac{1}{\sqrt{2\pi}} e^{-x^2/2}, \quad x \in \mathbb{R},$$

falls r groß ist. In solchen Fällen kann man also Φ als Näherung für die Verteilungsfunktion verwenden.

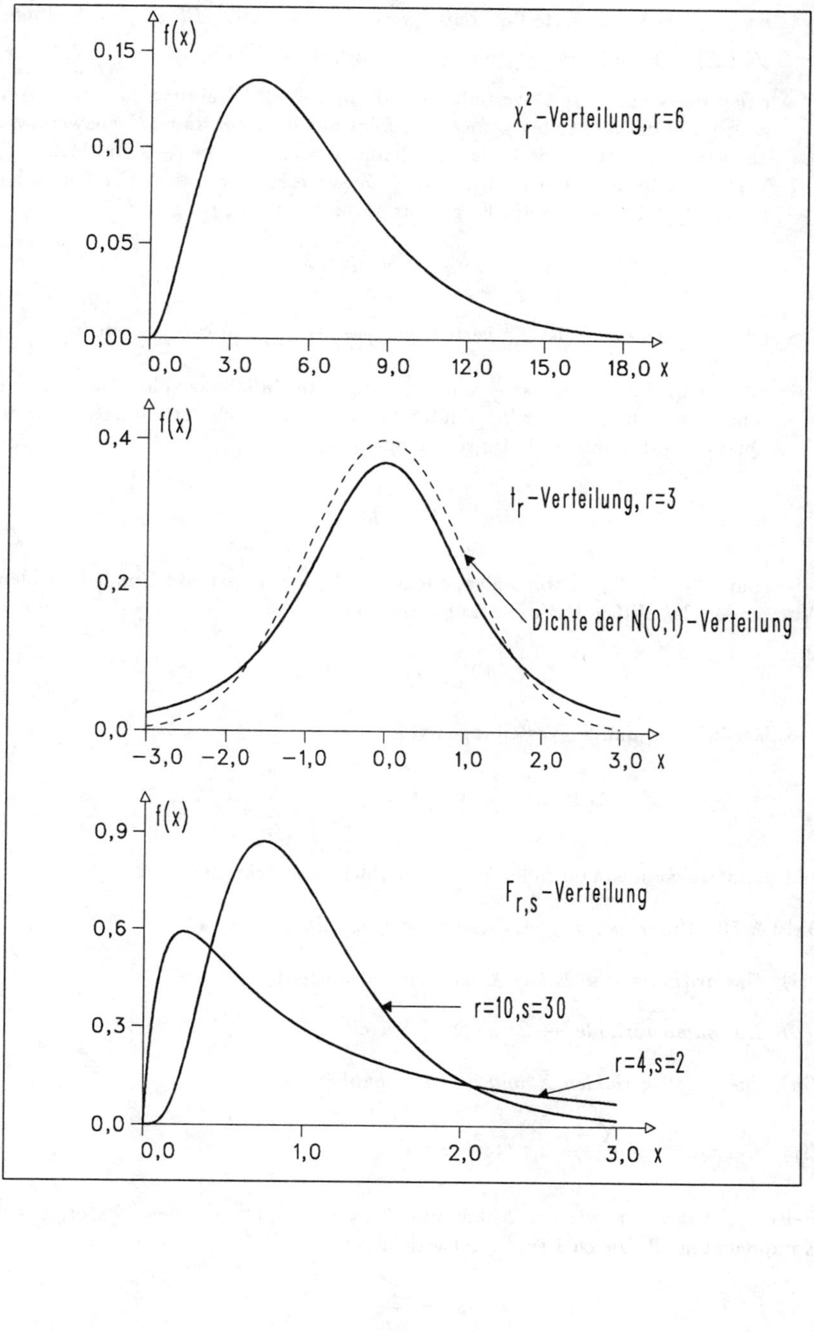
f(x)
0,15
0,10
0,05
0,00
0,0 3,0 6,0 9,0 12,0 15,0 18,0 x
χ^2_r-Verteilung, r=6
f(x)
0,4
0,2
0,0
−3,0 −2,0 −1,0 0,0 1,0 2,0 3,0 x
t_r-Verteilung, r=3
Dichte der N(0,1)-Verteilung
f(x)
0,9
0,6
0,3
0,0
0,0 1,0 2,0 3,0 x
$F_{r,s}$-Verteilung
r=10,s=30
r=4,s=2

5. Ist X eine χ_r^2–verteilte Zufallsvariable, so gilt $E(X) = r$ und $\operatorname{Var}(X) = 2r$. Für großes r ist die standardisierte Zufallsvariable $\frac{1}{\sqrt{2r}}(X-r)$ näherungsweise $N(0,1)$–verteilt, so daß man Φ als Näherung für die Verteilungsfunktion verwenden kann. Dies folgt aus dem Zentralen Grenzwertsatz, den wir im nächsten Abschnitt formulieren werden. Für die α–Quantile der χ_r^2–Verteilung besteht daher ein einfacher Zusammenhang mit den α–Quantilen u_α der $N(0,1)$–Verteilung. Es gilt für große r die Näherungsformel

$$\chi^2_{r;\alpha} \approx r + u_\alpha \cdot \sqrt{2r}\ .$$

6. Ist X t_r–verteilt, so ist X^2 verteilt wie $\frac{Z_{r+1}^2/1}{(Z_1^2+\cdots+Z_r^2)/r}$, also $F_{1,r}$–verteilt.

7. Ist X $F_{r,s}$–verteilt, so ist $\frac{1}{X}$ eine $F_{s,r}$–verteilte Zufallsvariable. Diese Eigenschaft ist wichtig bei der Verwendung von Tafeln der F–Verteilungen. Für die Quantile gilt nämlich die Umrechnungsformel

$$F_{r,s;\alpha} = \frac{1}{F_{s,r:1-\alpha}}\ .$$

Seien nun $X_1,\ldots,X_n$ unabhängige, identisch $N(\mu,\sigma^2)$–verteilte Zufallsvariablen. Wir wenden das Hilfsmittel der Standardisierung

$$Z_i = \frac{1}{\sigma}(X_i-\mu), \quad i=1,\ldots,n,$$

und Satz 2.74 an, um die Verteilungen von

$$\overline{X} = \frac{1}{n}(X_1+\cdots+X_n), \quad S^2 = \frac{1}{n-1}\sum_{i=1}^{n}(X_i-\overline{X})^2$$

und damit zusammenhängender Zufallsvariablen zu beschreiben.

Satz 2.76. *Unter den obigen Voraussetzungen gilt:*

(i) Das arithmetische Mittel $\overline{X}$ ist $N(\mu,\frac{\sigma^2}{n})$–verteilt.

(ii) Die Zufallsvariable $\frac{n-1}{\sigma^2}S^2$ ist χ^2_{n-1}–verteilt.

(iii) Die Zufallsvariablen $\overline{X}$ und S^2 sind unabhängig.

(iv) Der Quotient $\dfrac{\overline{X}-\mu}{S\sqrt{n}}$ ist t_{n-1}–verteilt.

Beweis: Schreiben wir zur Abkürzung $\mathbb{1} = (1,\ldots,1)^T$ für den Vektor, dessen Komponenten alle gleich 1 sind, und wählen wir

$$u_1 = \frac{1}{\sqrt{n}}\cdot\mathbb{1},$$

so gilt $|u_1| = 1$, und wir erhalten für $Z = (Z_1, \ldots, Z_n)^T$, wobei Z_j wie oben die Standardisierung von X_j bezeichnet, $j = 1, \ldots, n$,

$$U_1 = u_1^T Z = \frac{1}{\sqrt{n}}(Z_1 + \cdots + Z_n) = \frac{\sqrt{n}}{\sigma}(\overline{X} - \mu).$$

Werden $u_2, \ldots, u_n \in \mathbb{R}^n$ so gewählt, daß ein Orthonormalsystem $\{u_1, \ldots, u_n\}$ entsteht, so sind nach Satz 2.74

$$U_1 = u_1^T Z, \quad \ldots\ldots, \quad U_n = u_n^T Z$$

stochastisch unabhängige, identisch $N(0,1)$–verteilte Zufallsvariablen, und mit $X = (X_1, \ldots, X_n)^T$ sowie $U = (U_1, \ldots, U_n)^T$ gilt wegen $Z = U_1 \cdot u_1 + \cdots + U_n \cdot u_n$ (vgl. Bemerkung 4 vor Satz 2.74),

$$\begin{aligned} U_2^2 + \cdots + U_n^2 &= |U|^2 - U_1^2 = |Z - U_1 \cdot u_1|^2 = |\frac{1}{\sigma}(X - \mu \cdot \mathbb{1}) - \frac{1}{\sigma}(\overline{X} - \mu) \cdot \mathbb{1}|^2 \\ &= \frac{1}{\sigma^2}|X - \overline{X} \cdot \mathbb{1}| = \frac{1}{\sigma^2}\sum_{j=1}^{n}(X_j - \overline{X})^2 = \frac{n-1}{\sigma^2}S^2. \end{aligned}$$

Daraus folgt nun

(i) $\overline{X} = \frac{\sigma}{\sqrt{n}}U_1 + \mu$ ist $N(\mu, \frac{\sigma^2}{n})$–verteilt,

(ii) $\frac{n-1}{\sigma^2}S^2 = U_2^2 + \cdots + U_n^2$ ist χ^2_{n-1}–verteilt

sowie (iii), da U_1 und $U_2^2 + \cdots + U_n^2$ unabhängig sind, und

(iv)

$$\frac{\overline{X} - \mu}{S/\sqrt{n}} = \frac{\sigma U_1/\sqrt{n}}{\sqrt{\sigma^2(U_2^2 + \cdots + U_n^2)/(n-1)}/\sqrt{n}} = \frac{U_1}{\sqrt{(U_2^2 + \cdots + U_n^2)/(n-1)}}$$

ist t_{n-1}–verteilt.

2.7 Gesetze der großen Zahlen und Grenzwertsätze

Bei der Einführung des Wahrscheinlichkeitsbegriffes haben wir uns zwar davon leiten lassen, daß die relative Häufigkeit, mit der ein bestimmtes Ereignis in einer endlichen Folge von unter gleichen Bedingungen durchgeführten Wiederholungen eines Zufallsexperiments eintritt, irgend etwas mit dem zu tun hat, was wir die Wahrscheinlichkeit dieses Ereignisses nennen. Begrifflich haben wir jedoch diese empirisch zu ermittelnde relative Häufigkeit von der rein mathematisch definierten Wahrscheinlichkeit getrennt. Es ist uns dabei bewußt gewesen, daß die aus einer Versuchsreihe ermittelte relative Häufigkeit selbst vom Zufall abhängt, d.h., in der mathematischen Beschreibung einer Zufallsvariablen entspricht. Die nun folgenden "Gesetze der großen Zahlen" liefern mathematische Erklärungen für den empirisch beobachtbaren "Stabilisierungseffekt" der Folge der relativen Häufigkeiten.

Als Folgerung aus der Tschebyscheffschen Ungleichung beweisen wir das Schwache Gesetz der großen Zahlen, das eine Interpretation des Erwartungswertes liefert. Ist $X_1, X_2, \ldots$ eine Folge von Zufallsvariablen, so schreiben wir im folgenden

$$\overline{X}_{(n)} = \tfrac{1}{n}(X_1 + \cdots + X_n)$$

für das arithmetische Mittel der ersten n Zufallsvariablen. Wir erinnern an den in Definition 2.67 eingeführten Begriff der Unabhängigkeit von Folgen von Zufallsvariablen: Eine Folge heißt unabhängig, falls jeweils endlich viele Folgeglieder unabhängig sind.

Satz 2.77. *(Schwaches Gesetz der großen Zahlen)*

Es sei $X_1, X_2, \ldots$ eine unabhängige Folge von identisch verteilten Zufallsvariablen. Erwartungswert μ und Varianz σ^2 mögen existieren.

Dann gilt für jedes $\varepsilon > 0$:

$$\lim_{n\to\infty} P(|\overline{X}_{(n)} - \mu| \leq \varepsilon) = 1.$$

Beweis: Nach (82) gilt $E(\overline{X}_{(n)}) = \mu$ und $\text{Var}(\overline{X}_{(n)}) = \frac{\sigma^2}{n}$. Aus Satz 2.51 erhalten wir daraus für jedes $\varepsilon > 0$

$$P(|\overline{X}_{(n)} - \mu| \geq \varepsilon) \leq \frac{\text{Var}(\overline{X}_{(n)})}{\varepsilon^2} = \frac{\sigma^2}{n\varepsilon^2} \underset{n\to\infty}{\longrightarrow} 0.$$

Bemerkung: Die Grenzwertaussage des schwachen Gesetzes gilt auch ohne die Voraussetzung über die Existenz der Varianz. Der Beweis ist dann etwas aufwendiger. Darüber hinaus gilt unter diesen schwächeren Voraussetzungen sogar (siehe Bauer [1991], Seite 86):

Satz 2.78. *(Starkes Gesetz der großen Zahlen)*

Es sei $X_1, X_2, \ldots$ eine unabhängige Folge von identisch verteilten Zufallsvariablen. Der gemeinsame Erwartungswert μ möge existieren. Dann gilt:

$$P(\lim_{n\to\infty} (\overline{X}_{(n)} - \mu) = 0) = 1.$$

Bemerkung: Bevor wir uns den Folgerungen aus diesen Sätzen zuwenden, wollen wir uns die Aussagen anhand von Skizzen veranschaulichen. Zu jeder Realisierung $x_1 = X_1(\omega)$, $x_2 = X_2(\omega), \ldots$ der Folge der Zufallsvariablen $X_1, X_2, \ldots$ gehört eine Folge

$$\overline{X}_{(1)}(\omega) = x_1, \quad \overline{X}_{(2)}(\omega) = \frac{x_1 + x_2}{2}, \ldots$$

von Mittelwerten. In den Skizzen stellen wir mögliche Folgen von Mittelwerten graphisch dar. Es ist üblich, die so entstehenden Punktfolgen als "Pfade" zu bezeichnen, was wir im folgenden tun werden.

Satz 2.77 besagt: Sind $\varepsilon > 0$ und $\varepsilon' > 0$ vorgegeben, so existiert ein $n(\varepsilon, \varepsilon')$ mit $P(|\overline{X}_{(n)} - \mu| \leq \varepsilon) \geq 1 - \varepsilon'$ für jedes feste $n \geq n(\varepsilon, \varepsilon')$. Anschaulich ausgedrückt heißt dies: Angenommen, wir stellen an einer beliebigen Stelle n_1 rechts von $n(\varepsilon, \varepsilon')$ eine ε–Blende auf. Mit großer Wahrscheinlichkeit ($\geq 1 - \varepsilon'$) entsteht eine Realisierung $x_1, x_2, \ldots$, so daß der zugehörige Pfad die ε–Blende passiert.

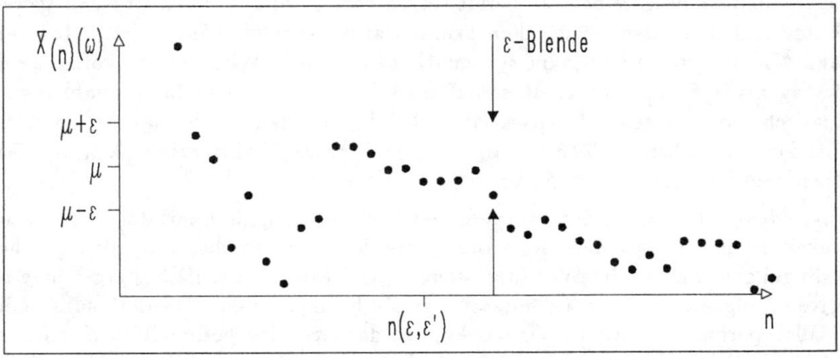

Diese Aussage bezieht sich jeweils auf eine einzige ε–Blende. Daß derselbe Pfad auch eine ε–Blende an der Stelle $n_2 > n_1$ passiert, kann aus dem Schwachen Gesetz der großen Zahlen nicht gefolgert werden. Aber gerade das gleichzeitige Passieren aller rechts von einer bestimmten Stelle aufgestellten ε–Blenden, d.h. das Verbleiben in einem ε–Streifen gemäß folgender Skizze, wäre eine befriedigendere Aussage.

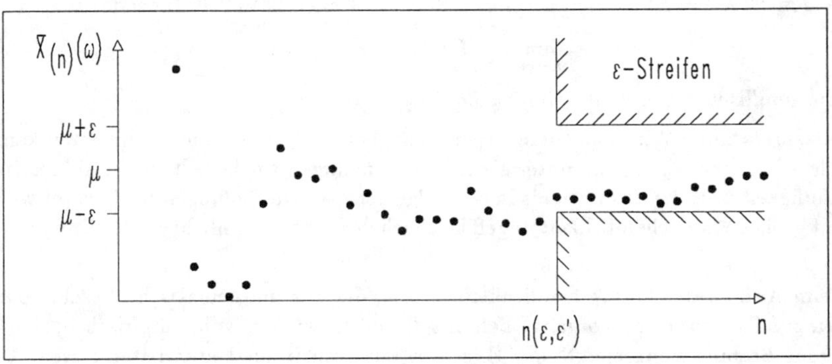

Präzise ausgedrückt sollte also gelten: Sind $\varepsilon > 0$ und $\varepsilon' > 0$ vorgegeben, so existiert ein $n(\varepsilon, \varepsilon')$ mit

$$P(|\overline{X}_{(n)} - \mu| \leq \varepsilon,\ |\overline{X}_{(n+1)} - \mu| \leq \varepsilon, \ldots) \geq 1 - \varepsilon' \quad \text{für} \quad n = n(\varepsilon, \varepsilon').$$

Es läßt sich beweisen (siehe Bauer [1991], Seite 34), daß dies mit der Gleichung

$$P(\lim_{n\to\infty} (\overline{X}_{(n)} - \mu) = 0) = 1$$

äquivalent ist, deren Gültigkeit im Starken Gesetz der großen Zahlen behauptet wird. Unter Verwendung der Äquivalenz beider Aussagen bedeutet die Behauptung in Satz 2.78 anschaulich: Mit großer Wahrscheinlichkeit ($\geq 1 - \varepsilon'$) entsteht eine Realisierung, so daß der zugehörige Pfad alle rechts von $n(\varepsilon, \varepsilon')$ auftretenden ε–Blenden passiert, also im ε–Streifen bleibt, der bei $n(\varepsilon, \varepsilon')$ beginnt.

Interpretation: Wir betrachten einen Meßvorgang, der sich durch eine Zufallsvariable X adäquat beschreiben läßt. Wir setzen voraus, daß X einen Erwartungswert besitzt und daß dieser gleich dem exakten zu messenden Wert μ ist. Man sagt dann "die Messung erfolgt ohne systematischen Fehler". Wird der Meßvorgang sehr oft, sagen wir n–mal wiederholt, so daß man die Meßergebnisse durch unabhängige, identisch wie X verteilte Zufallsvariablen beschreiben kann, so ist das arithmetische Mittel der entstehenden Meßreihe $x_1, \ldots, x_n$ mit großer Wahrscheinlichkeit ungefähr gleich dem Erwartungswert $E(X)$.

Anwendung: Bei einem Zufallsexperiment trete ein Ereignis A mit der Wahrscheinlichkeit p ein. Dieses Zufallsexperiment werde immer wieder unter den gleichen Bedingungen wiederholt. Wir interessieren uns für die sich (zufällig) ergebende relative Häufigkeit $H_n(A)$, mit der das Ereignis A bei den ersten n Wiederholungen des Zufallsexperiments eintritt. Wir beschreiben das Gesamtexperiment durch eine unabhängige Folge $X_1, X_2, \ldots$ von identisch $B(1,p)$–verteilten Zufallsvariablen. Dabei soll "$X_i = 1$" (bzw. =0) bedeuten, daß das Ereignis A bei der i–ten Versuchswiederholung eintritt (bzw. nicht eintritt). Für die relative Häufigkeit, mit der das Ereignis A bei den ersten n Versuchsdurchführungen eintritt, gilt dann:

$$H_n(A) = \frac{1}{n}(X_1 + \cdots + X_n) = \overline{X}_{(n)} .$$

Wegen $E(X_i) = E(\overline{X}_{(n)}) = p \quad (i = 1, 2, \ldots)$ gilt nach Satz 2.77 für jedes $\varepsilon > 0$

$$\lim_{n\to\infty} P(|H_n(A) - p| \leq \varepsilon) = 1$$

(Bernoullisches Gesetz der großen Zahlen).

Interpretation: Wird ein Zufallsexperiment, bei dem ein Ereignis A eintreten kann, sehr oft, sagen wir n–mal, unter gleichen Bedingungen wiederholt, so ist die relative Häufigkeit, mit der das Ereignis in der Folge der n Wiederholungen beobachtet wird, mit großer Wahrscheinlichkeit ungefähr gleich der Wahrscheinlichkeit des Ereignisses A.

Beim Aufbau der Wahrscheinlichkeitstheorie, die uns mathematische Beschreibungen zufallsabhängiger Vorgänge liefern soll, haben wir uns vom empirisch beobachteten "Stabilisierungseffekt" der Folge der relativen Häufigkeiten leiten lassen. Die Gesetze der großen Zahlen unterstreichen die Zweckmäßigkeit des eingeschlagenen Weges und liefern eine mathematische Erklärung für den "Stabilisierungseffekt".

Aus Satz 2.77 folgt, daß für große n die Abweichungen $\overline{X}_{(n)} - \mu$ der arithmetischen Mittel vom Erwartungswert μ mit großer Wahrscheinlichkeit sehr klein sind. Es ist bemerkenswert, daß diese Abweichungen näherungsweise normalverteilt sind mit Erwartungswert
$E(\overline{X}_{(n)} - \mu) = 0$ und der (kleinen) Varianz $\mathrm{Var}(\overline{X}_{(n)} - \mu) = \mathrm{Var}(\overline{X}_{(n)}) = \sigma^2/n$. Anders ausgedrückt bedeutet dies, daß die Standardisierung von $\overline{X}_{(n)}$, also die Zufallsvariable

$$\sqrt{\frac{n}{\sigma^2}}\,(\overline{X}_{(n)} - \mu) = \frac{\sqrt{n}}{\sigma} \cdot \frac{X_1 + \cdots + X_n - n\mu}{n} = \frac{X_1 + \cdots + X_n - n\mu}{\sqrt{n} \cdot \sigma} ,$$

die auch die Standardisierung der "Summenvariablen" $S_n = X_1 + \cdots + X_n$ ist, näherungsweise $N(0,1)$–verteilt ist. Ihre Verteilungsfunktion stimmt also näherungsweise mit der Verteilungsfunktion

$$\Phi(x) = \int_{-\infty}^{x} \frac{1}{\sqrt{2\pi}} e^{-t^2/2} dt, \quad x \in \mathbb{R},$$

überein. Dies wird durch folgenden Satz präzisiert, der ohne Beweis angegeben wird (siehe Bauer [1991], Seite 237 ff).

Satz 2.79. *Ist $X_1, X_2, \ldots$ eine unabhängige Folge von identisch verteilten Zufallsvariablen, die den Erwartungswert μ und die positive Varianz σ^2 besitzen, so gilt für jedes $x \in \mathbb{R}$*

$$\lim_{n\to\infty} P\Big(\frac{X_1 + \cdots + X_n - n\mu}{\sqrt{n}\cdot\sigma} \leq x\Big) = \Phi(x).$$

Betrachtet man den Fall, daß die Zufallsvariablen $X_1, X_2, \ldots$ unabhängig identisch $B(1,p)$–verteilt sind, so ist die Summenvariable $S_n = X_1 + \cdots + X_n$ eine $B(n,p)$–verteilte Zufallsvariable. Aus Satz 2.79 erhält man dann den

Satz 2.80. *(Grenzwertsatz von Moivre und Laplace)*

Für $n \in \mathbb{N}$ sei S_n eine $B(n,p)$–verteilte Zufallsvariable mit $0 < p < 1$. Dann gilt für die Folge $S_1, S_2, \ldots$ und jedes $x \in \mathbb{R}$

$$\lim_{n\to\infty} P\Big(\frac{S_n - np}{\sqrt{np(1-p)}} \leq x\Big) = \Phi(x).$$

Eine Satz 2.79 entsprechende Aussage gilt auch dann noch, wenn die Zufallsvariablen nicht identisch verteilt sind, die Folge der Zufallsvariablen $X_1, X_2, \ldots$ mit den Erwartungswerten $\mu_1, \mu_2, \ldots$ und positiven Varianzen $\sigma_1^2, \sigma_2^2, \ldots$ jedoch einer schwachen zusätzlichen Bedingung (wie z.B. der folgenden) genügt (siehe Bauer [1991], Seite 239).

Ljapunoff–Bedingung: Die dritten absoluten zentralen Momente $\tau_i^3 = E(|X_i - \mu_i|^3)$, $i = 1, 2, \ldots$, mögen existieren, und es gilt

$$\lim_{n\to\infty} \frac{\sqrt[3]{\tau_1^3 + \cdots + \tau_n^3}}{\sqrt{\sigma_1^2 + \cdots + \sigma_n^2}} = 0.$$

Man erkennt, daß diese Bedingung im Falle identisch verteilter Zufallsvariablen mit existierenden dritten absoluten zentralen Momenten erfüllt ist. Es gilt nämlich in diesem Fall

$$\lim_{n\to\infty} \frac{\sqrt[3]{\tau_1^3 + \cdots + \tau_n^3}}{\sqrt{\sigma_1^2 + \cdots + \sigma_n^2}} = \lim_{n\to\infty} \frac{\sqrt[3]{n\cdot\tau_1^3}}{\sqrt{n\cdot\sigma_1^2}} = \lim_{n\to\infty} \frac{\tau_1}{\sigma_1} \cdot n^{-\frac{1}{6}} = 0.$$

Satz 2.81. *(Zentraler Grenzwertsatz)*

Ist $X_1, X_2, \ldots$ eine unabhängige Folge von Zufallsvariablen mit den Erwartungswerten $\mu_1, \mu_2, \ldots$ und den positiven Varianzen $\sigma_1^2, \sigma_2^2, \ldots$, die der Ljapunoff–Bedingung genügt, so gilt für jedes $x \in \mathbb{R}$

$$\lim_{n\to\infty} P\Big(\frac{X_1 + \cdots + X_n - (\mu_1 + \cdots + \mu_n)}{\sqrt{\sigma_1^2 + \cdots + \sigma_n^2}} \leq x\Big) = \Phi(x).$$

Interpretation: Sei n eine große Zahl. Bezeichnet man mit μ die Summe der Erwartungswerte $\mu_1, \ldots, \mu_n$ und mit σ die Wurzel aus der Summe der Varianzen $\sigma_1^2, \ldots, \sigma_n^2$, so gilt näherungsweise

$$P\Big(\frac{S_n - \mu}{\sigma} \le x\Big) \approx \Phi(x)$$

oder, indem man $t = \sigma x + \mu$ setzt,

$$P(S_n \le t) \approx \Phi\Big(\frac{t-\mu}{\sigma}\Big).$$

Die Summe S_n ist also näherungsweise $N(\mu, \sigma^2)$–verteilt. Dies erklärt, warum eine zu messende Größe, die sich aus vielen unabhängigen Effekten additiv zusammensetzt (wie z.B. der Wasserverbrauch einer Stadt innerhalb einer Minute zu einer bestimmten Tageszeit), durch eine normalverteilte Zufallsvariable meist angemessen beschrieben werden kann.

Aufgrund dieser Sätze lassen sich für große n mit Hilfe der Verteilungsfunktion Φ einer $N(0,1)$–verteilten Zufallsvariablen Näherungswerte für bestimmte Wahrscheinlichkeiten angeben:

$$P(a \le X_1 + \cdots + X_n \le b) \approx \Phi\Big(\frac{b - (\mu_1 + \cdots + \mu_n)}{\sqrt{\sigma_1^2 + \cdots + \sigma_n^2}}\Big) - \Phi\Big(\frac{a - (\mu_1 + \cdots + \mu_n)}{\sqrt{\sigma_1^2 + \cdots + \sigma_n^2}}\Big). \tag{87}$$

Sind die Zufallsvariablen X_i diskret verteilt mit ganzzahligen Werten und sind a und b ebenfalls ganzzahlig, so erhält man einen i.a. besseren Näherungswert durch die "Stetigkeitskorrektur"

$$P(a \le X_1 + \cdots + X_n \le b) \approx \\ \Phi\Big(\frac{b + 0.5 - (\mu_1 + \cdots + \mu_n)}{\sqrt{\sigma_1^2 + \cdots + \sigma_n^2}}\Big) - \Phi\Big(\frac{a - 0.5 - (\mu_1 + \cdots + \mu_n)}{\sqrt{\sigma_1^2 + \cdots + \sigma_n^2}}\Big). \tag{88}$$

Ist z.B. X eine $B(n,p)$–verteilte Zufallsvariable $(0 < p < 1)$ und ist n groß $(n \ge 25)$, so gilt näherungsweise für ganzzahlige a und b:

$$P(a \le X \le b) = \sum_{i=a}^{b} \binom{n}{i} p^i (1-p)^{n-i} \approx \Phi\Big(\frac{b + 0.5 - np}{\sqrt{np(1-p)}}\Big) - \Phi\Big(\frac{a - 0.5 - np}{\sqrt{np(1-p)}}\Big). \tag{89}$$

Neben diesen Formeln zur näherungsweisen Berechnung von Wahrscheinlichkeiten mit Hilfe der Verteilungsfunktion Φ liefern die angegebenen Sätze (insbesondere Satz 2.79 und Satz 2.81) Rechtfertigungen für die häufige Anwendung der normalverteilten Zufallsvariablen. Wir werden bei der Behandlung statistischer Problemstellungen gelegentlich auf diese Sätze zurückkommen.

Beispiel 2.82.

1. *Wie groß ist unter der Laplace–Annahme die Wahrscheinlichkeit dafür, daß das aufgrund von $n = 10000$ Würfen mit einem Würfel errechnete arithmetische Mittel der Augenzahlen um höchstens 0.035 von 3.5 abweicht (1%–*

Abweichung)? Mit Hilfe von (87) soll ein Näherungswert für diese Wahrscheinlichkeit angegeben werden: Das Werfen wird durch unabhängige Zufallsvariablen $X_1, \ldots, X_n$ mit

$$P(X_i = 1) = \cdots = P(X_i = 6) = \frac{1}{6}, \quad i = 1, 2, \ldots, n,$$

beschrieben. Es gilt für $i = 1, \ldots, n$:

$$\begin{aligned} E(X_i) &= \mu = 3.5; \\ \mathrm{Var}(X_i) &= \sigma^2 = E(X_i^2) - [E(X_i)]^2 \\ &= \tfrac{1}{6} \cdot (1^2 + \cdots + 6^2) - \frac{49}{4} = \frac{91}{6} - \frac{49}{4} = \frac{182 - 147}{12} = \frac{35}{12}. \end{aligned}$$

Damit ergibt sich mit $n = 10000$:

$$\begin{aligned} &P(\mu - 0.035 \leq \frac{X_1 + \cdots + X_n}{n} \leq \mu + 0.035) \\ &= P(-0.035 \leq \frac{X_1 + \cdots + X_n - n \cdot \mu}{n} \leq 0.035) \\ &= P(-0.035 \cdot \frac{\sqrt{n}}{\sigma} \leq \frac{X_1 + \cdots + X_n - n \cdot \mu}{\sqrt{n} \cdot \sigma} \leq 0.035 \cdot \frac{\sqrt{n}}{\sigma}) \\ &\approx \Phi(0.035 \cdot \frac{\sqrt{n}}{\sigma}) - \Phi(-0.035 \cdot \frac{\sqrt{n}}{\sigma}) = 2 \cdot \Phi(0.035 \cdot 100 \cdot \sqrt{\tfrac{12}{35}}) - 1 \\ &= 2 \cdot \Phi(2.05) - 1 = 2 \cdot 0.980 - 1 = 0.960 \;. \end{aligned}$$

Der Funktionswert 0.980 für $\Phi(2.05)$ kann einer Tabelle der Verteilungsfunktion der $N(0,1)$–Verteilung entnommen werden.

2. *Wie groß ist unter der Laplace–Annahme die Wahrscheinlichkeit dafür, daß bei 100 Würfen mit einem Würfel mindestens 10 und höchstens 20 Sechsen auftreten? Es soll ein Näherungswert für diese Wahrscheinlichkeit angegeben werden. Die Zahl der Sechsen in 100 Würfen wird durch eine $B(n,p)$–verteilte ($n = 100, p = 1/6$) Zufallsvariable X beschrieben. Mit $a = 10$, $b = 20$ wird mittels (89)*

$$\begin{aligned} P(a \leq X \leq b) &\approx \Phi\left(\frac{20 + 0.5 - 100 \cdot \frac{1}{6}}{\sqrt{100 \cdot \frac{1}{6} \cdot \frac{5}{6}}}\right) - \Phi\left(\frac{10 - 0.5 - 100 \cdot \frac{1}{6}}{\sqrt{100 \cdot \frac{1}{6} \cdot \frac{5}{6}}}\right) \\ &= \Phi(1.03) - \Phi(-1.92) = 0.848 - 0.027 = 0.821. \end{aligned}$$

Eine weitere Methode zur näherungsweisen Berechnung von Wahrscheinlichkeiten im Zusammenhang mit $B(n,p)$–verteilten Zufallsvariablen, die nur für kleines p und großes n angewandt werden sollte, wird durch den folgenden Satz nahegelegt.

Satz 2.83. *(Poissonscher Grenzwertsatz)*

Sei $X_1, X_2, \ldots$ eine Folge von Zufallsvariablen. X_n sei $B(n, p_n)$–verteilt, $n = 1, 2, \ldots$ und es gelte für ein $\lambda > 0$

$$\lim_{n \to \infty} n \cdot p_n = \lambda.$$

Dann gilt für jedes $i = 0, 1, 2, \ldots$,

$$\lim_{n\to\infty} P(X_n = i) = \frac{\lambda^i}{i!}e^{-\lambda}.$$

Beweis: Für $0 \le i \le n$ gilt offenbar

$$\begin{aligned} P(X_n = i) &= \binom{n}{i} {p_n}^i (1-p_n)^{n-i} \\ &= \frac{(n\cdot p_n)^i}{i!}\cdot\left(1-\frac{n\cdot p_n}{n}\right)^n \cdot \frac{n(n-1)\cdot\ldots\cdot(n-i+1)}{n^i(1-p_n)^i} \\ &= \frac{(n\cdot p_n)^i}{i!}\cdot\left(1-\frac{n\cdot p_n}{n}\right)^n \cdot \frac{1\cdot(1-\frac{1}{n})\cdot\ldots\cdot(1-\frac{i-1}{n})}{(1-p_n)^i} \\ &\underset{n\to\infty}{\longrightarrow} \frac{\lambda^i}{i!}\cdot e^{-\lambda}\cdot\frac{1\cdot\ldots\cdot 1}{(1-0)^i} = \frac{\lambda^i}{i!}e^{-\lambda}. \end{aligned}$$

Im Zusammenhang mit Stichprobenerhebungen treten die sogenannten hypergeometrisch verteilten Zufallsvariablen auf, deren Verteilungen mit Hilfe der Binomialverteilung näherungsweise berechnet werden können, da eine dem Poissonschen Grenzwertsatz verwandte Grenzwertbeziehung gilt. Zur Einführung betrachten wir das folgende Beispiel.

Beispiel 2.84. *In der Lieferung von 1000 Sicherungen befinden sich einige defekte. Der Händler, der die Lieferung entgegennimmt, kennt ihre Anzahl nicht. Er möchte sich daher über die Qualität der Lieferung ein Bild machen und entnimmt dazu eine Stichprobe von 100 Sicherungen, die er auf ihre Funktionsfähigkeit hin überprüft. Angenommen, es seien nun genau 10 defekte Sicherungen mitgeliefert worden, wie groß ist dann die Wahrscheinlichkeit dafür, daß er genau k defekte Sicherungen in einer Stichprobe findet? Würde der Händler so vorgehen, daß er eine geprüfte Sicherung zur Lieferung zurücklegt, bevor er die nächste Sicherung auswählt (Ziehen mit Zurücklegen), so könnten wir unter der gemachten Annahme die Anzahl der defekten unter den geprüften Sicherungen durch eine $B(100, \frac{1}{100})$–verteilte Zufallsvariable beschreiben. Doch so geht kein Händler bei der Überprüfung vor! Er wird eine geprüfte Sicherung nicht zur Lieferung zurücklegen, bevor er die nächste entnimmt. Er wird die zweite zu prüfende unter den 999 restlichen Sicherungen auswählen usw. (Ziehen ohne Zurücklegen), oder, was auf das gleiche hinausläuft, alle 100 zu prüfenden auf einmal herausgreifen. Die Anzahl der defekten unter den 100 ausgewählten wird dann unter der Laplace–Annahme beschrieben durch eine Zufallsvariable X, deren Verteilung durch*

$$P(X = k) = \frac{\binom{10}{k}\binom{1000-10}{100-k}}{\binom{1000}{100}}, \quad k = 0, \ldots, 10.$$

gegeben ist. Diese Wahrscheinlichkeiten lassen sich mit Hilfe der 4. Abzählregel im Abschnitt 2.1 wie folgt begründen: Es gibt insgesamt $\binom{1000}{100}$ Möglichkeiten, aus der Lieferung von 1000 Sicherungen 100 herauszugreifen, es gibt $\binom{10}{k}$ Möglichkeiten, unter 10 defekten Sicherungen k Stück und entsprechend $\binom{1000-10}{100-k}$ Möglichkeiten *unter 990 funktionsfähigen* $100-k$ *Stück herauszugreifen. Mit der Laplace–Annahme erhält man daraus die angegebenen Wahrscheinlichkeiten. Für* $k = 2$ *ergibt sich z.B.*

$$P(X=2) = \frac{\binom{10}{2}\binom{990}{98}}{\binom{1000}{100}} \approx 0.194.$$

Würde man den Vorgang der Stichprobenentnahme durch eine $B(100, \frac{1}{100})$*–verteilte Zufallsvariable* Y *beschreiben, ergäbe sich*

$$P(Y=2) = \binom{100}{2} \cdot \left(\frac{1}{100}\right)^2 \cdot \left(\frac{99}{100}\right)^{998} \approx 0.185,$$

also ein von obiger Wahrscheinlichkeit nur wenig abweichender Wert.

Die Zufallsvariable, die das Ergebnis beim “Ziehen ohne Zurücklegen” beschreibt, ist eine hypergeometrisch verteilte Zufallsvariable im Sinne der folgenden Definition.

Definition 2.85. *(Hypergeometrische Verteilung)*
Sei $n, N, M \in \mathbb{N}$*, und gelte* $n, M \leq N$*. Die Zufallsvariable* X *heißt hypergeometrisch verteilt mit Parametern* n, N, M *(kurz:* $H(n, N, M)$*–verteilt), falls*

$$P(X=i) = \frac{\binom{M}{i}\binom{N-M}{n-i}}{\binom{N}{n}}, \quad i = \max(0, n-N+M), \ldots, \min(n, M),$$

gilt.

Im Beispiel ist X eine $H(100, 1000, 10)$–verteilte Zufallsvariable. Die näherungsweise Übereinstimmung der berechneten Wahrscheinlichkeiten beruht auf folgendem allgemeinen Zusammenhang:

Satz 2.86. *(Binomialapproximation der hypergeometrischen Verteilung):*
Es sei $n \in \mathbb{N}$*. Für jedes* $N \geq n$ *sei* X_N *eine* $H(n, N, M(N))$*–verteilte Zufallsvariable. Für ein* p *mit* $0 < p < 1$ *gelte* $\lim\limits_{N\to\infty} \dfrac{M(N)}{N} = p$*. Dann gilt für* $i = 0, 1, \ldots, n$*:*

$$\lim_{N\to\infty} P(X_N = i) = \binom{n}{i} p^i (1-p)^{n-i}.$$

Beweis: Wir schreiben zur Abkürzung M für $M(N)$. Damit erhalten wir:

$$\begin{aligned}
&\frac{\binom{M}{i}\binom{N-M}{n-i}}{\binom{N}{n}} = \\
&= \frac{n!}{i!(n-i)!} \cdot \frac{M\cdot(M-1)\cdot\ldots\cdot(M-i+1)}{N\cdot(N-1)\cdot\ldots\cdot(N-i+1)} \cdot \frac{(N-M)\cdot(N-M-1)\cdot\ldots\cdot(N-M-n+i+1)}{(N-i)\cdot(N-i-1)\cdot\ldots\cdot(N-n+1)} \\
&= \frac{n!}{i!(n-i)!} \cdot \frac{\frac{M}{N}\cdot(\frac{M}{N}-\frac{1}{N})\cdot\ldots\cdot(\frac{M}{N}-\frac{i-1}{N})}{1\cdot(1-\frac{1}{N})\cdot\ldots\cdot(1-\frac{i-1}{N})} \cdot \frac{(1-\frac{M}{N})\cdot(1-\frac{M}{N}-\frac{1}{N})\cdot\ldots\cdot(1-\frac{M}{N}-\frac{n-i-1}{N})}{(1-\frac{i}{N})(1-\frac{i+1}{N})\cdot\ldots\cdot(1-\frac{n-1}{N})} \\
&\xrightarrow[N\to\infty]{} \binom{n}{i} \cdot p^i \cdot (1-p)^{n-i}.
\end{aligned}$$

Anwendung: Werden aus einer sehr großen Lieferung mit kleiner Ausschußrate zu prüfende Stücke ausgewählt, so läßt sich die Anzahl der defekten unter den ausgewählten Stücken auch dann (wenigstens näherungsweise) durch eine binomial–verteilte Zufallsvariable beschreiben, wenn die Auswahl durch Ziehen ohne Zurücklegen geschieht.

Beispiel 2.87. *Will man die Chance einer Partei bei der Wahl zum Bundestag durch Befragung von 2000 zufällig ausgewählten wahlberechtigten Bundesbürgern untersuchen, so kann man die Anzahl derer, die sich zu der bestimmten Partei bekennen, durch eine binomialverteilte Zufallsvariable beschreiben, auch dann, wenn die Auswahl der zu befragenden Wahlberechtigten nach dem Schema "Ziehen ohne Zurücklegen" erfolgt. Soll jedoch im Zusammenhang mit der Bürgermeisterwahl in einer sehr kleinen Gemeinde eine entsprechende Befragung durchgeführt werden, liefert eine hypergeometrisch verteilte Zufallsvariable eine angemessenere Beschreibung.*

Die in diesem Abschnitt behandelten Gesetzmäßigkeiten des Zufalls, die durch die Gesetze der großen Zahlen und durch den Zentralen Grenzwertsatz aufgezeigt werden, sind von grundlegender Bedeutung für das Verständnis statistischer Verfahren. Einen Vorgeschmack davon wird bereits der folgende Abschnitt liefern.

Zuvor soll noch ein Zitat zum Schmunzeln anregen, das von dem englischen Statistiker und Biologen Sir Francis Galton stammen soll:

"Ich wüßte kaum etwas zu nennen, was die Phantasie so zu beeindrucken vermöchte wie die wunderbare Form der kosmischen Ordnung, die sich im Gesetz der großen Zahlen ausdrückt. Hätten die alten Griechen dieses Gesetz gekannt, sie hätten es personifiziert und als Gottheit angebetet. Mit Gelassenheit und völliger Selbstverleugnung übt es seine Herrschaft inmitten der wildesten Unordnung aus. Je riesiger die Menge und je größer die scheinbare Anarchie, um so vollkommener ist seine Gewalt. Es ist das oberste Gesetz des Chaos. Sobald man eine große Masse von regellosen Elementen größenmäßig ordnet, zeigt sich, daß eine unvermutete und wunderschöne, äußerst harmonische Regelmäßigkeit bereits in ihnen verborgen war."

2.8 Empirische Verteilungsfunktionen, Zentralsatz der Statistik

In den vorangegangenen Abschnitten haben wir Zufallsvariablen betrachtet, deren Verteilungen gegeben waren, und haben Wahrscheinlichkeiten dafür berechnet oder näherungsweise bestimmt, daß die Realisierungen in vorgegebene Intervalle fallen. Wir haben also auf der Basis einer mathematischen Beschreibung eines Zufallsmechanismus, der Meßreihen erzeugt, Aussagen über diese Meßreihen gewonnen. In der Praxis ist die Problemstellung jedoch häufig eine andere. Das einem Vorgang zugrundeliegende Zufallsgesetz ist nicht bekannt oder nur teilweise bekannt. Statt dessen liegt eine Meßreihe vor, aus der Rückschlüsse auf das Zufallsgesetz gewonnen werden sollen.

Wie bereits geschehen, sollen die in der beschreibenden Statistik betrachteten Meßreihen $x_1, \ldots, x_n$ als *Realisierung* von n unabhängigen, identisch verteilten Zufallsvariablen $X_1, \ldots, X_n$ betrachtet werden. Inwieweit diese Betrachtungsweise bei Anwendungsproblemen angemessen ist, muß natürlich stets bedacht werden. Insbesondere ist zu klären, ob die einzelnen Meßwerte $x_1, \ldots, x_n$ der Meßreihe tatsächlich durch Meßvorgänge ermittelt werden, bei denen eine gegenseitige Beeinflussung ausgeschlossen werden kann.

In Abschnitt 1.2 haben wir die empirische Verteilungsfunktion einer Meßreihe definiert. Für $n \in \mathbb{N}$ und $(x_1, \ldots, x_n) \in \mathbb{R}^n$ ist diese Funktion $F_n(.; x_1, \ldots, x_n) : \mathbb{R} \to [0,1]$ durch

$$F_n(z; x_1, \ldots, x_n) = \frac{1}{n} \cdot \text{Anzahl der } x_i \text{ mit } x_i \leq z, \quad z \in \mathbb{R},$$

gegeben. Die empirische Verteilungsfunktion hat offensichtlich die in Satz 2.25 beschriebenen Eigenschaften einer Verteilungsfunktion.

Die empirische Verteilungsfunktion ist durch die Realisierung $x_1, \ldots, x_n$ der Zufallsvariablen $X_1, \ldots, X_n$, d.h. durch die zufällig entstandene Meßreihe, festgelegt. Sie ist in diesem Sinne eine "zufällige Funktion". Insbesondere ist für festes $z \in \mathbb{R}$ der Funktionswert $F_n(z; x_1, \ldots, x_n)$ an der Stelle z eine Realisierung der Zufallsvariablen $F_n(z; X_1, \ldots, X_n)$.

Beispiel 2.88. *Die folgende Skizze zeigt die empirische Verteilungsfunktion einer Meßreihe mit Stichprobenumfang* $(n = 5)$

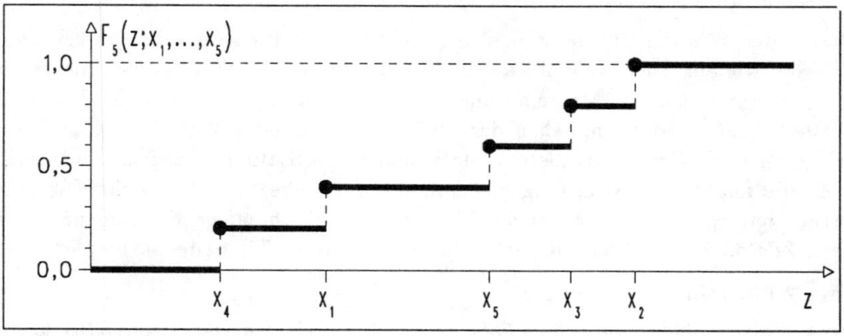

Sind die Zufallsvariablen $X_1, \ldots, X_n$ unabhängig und identisch verteilt mit der Verteilungsfunktion F, so ist zu vermuten, daß zwischen der empirischen Verteilungsfunktion $F_n(.; x_1, \ldots, x_n)$, deren Werte aus der Meßreihe bestimmt werden können, und der Verteilungsfunktion F, die das unbekannte Zufallsgesetz beschreibt, ein Zusammenhang besteht.

In der Tat gilt

Satz 2.89. *Ist* $X_1, X_2 \ldots$ *eine unabhängige Folge von Zufallsvariablen, die alle dieselbe Verteilungsfunktion* F *haben, so gilt für jedes feste* $z \in \mathbb{R}$

$$P(\lim_{n \to \infty} F_n(z; X_1, \ldots, X_n) = F(z)) = 1.$$

Beweis: Für $z \in \mathbb{R}$ betrachten wir die Zufallsvariablen

$$Y_i = \begin{cases} 1, & \text{falls } X_i \leq z \\ 0, & \text{falls } X_i > z \end{cases}, \quad i = 1, 2, \ldots$$

Wegen der Unabhängigkeit der Folge $X_1, X_2, \ldots$ läßt sich zeigen (siehe Bemerkung 4 zu Definition 2.67), daß auch $Y_1, Y_2, \ldots$ eine unabhängige Folge ist. Es gilt

$$\frac{1}{n} \sum_{i=1}^{n} Y_i = F_n(z; X_1, \ldots, X_n),$$

und wegen

$$P(Y_i = 1) = P(X_i \leq z) = F(z) \quad \text{sowie} \quad P(Y_i = 0) = 1 - P(X_i \leq z) = 1 - F(z)$$

erhalten wir

$$E(Y_i) = F(z) \quad \text{für} \quad i = 1, 2, \ldots$$

Nach dem Starken Gesetz der großen Zahlen (Satz 2.78) gilt daher

$$P(\lim_{n \to \infty} \overline{Y}_{(n)} = F(z)) = 1,$$

woraus die Behauptung folgt.

Interpretation: Wird ein Meßvorgang unter gleichen Bedingungen sehr oft wiederholt und bezeichnet F die (unbekannte) Verteilungsfunktion einer den Meßvorgang angemessen beschreibenden Zufallsvariablen, so ist es praktisch sicher, daß die aufgrund der Meßergebnisse ermittelte empirische Verteilungsfunktion an der Stelle $z \in \mathbb{R}$ eine gute Näherung für $F(z)$ liefert.

Diese Interpretation läßt die Bedeutung von Satz 2.89 für Anwendungen erkennen. Er zeigt, wie aus einer Meßreihe auf ein Verteilungsgesetz geschlossen werden kann, das das Entstehen der Meßreihe angemessen beschreibt. Dieser Schluß von der Meßreihe auf ein das Entstehen der Meßreihe erklärendes Verteilungsgesetz wird gelegentlich als Grundaufgabe der Mathematischen Statistik bezeichnet. Deshalb heißt die folgende Verschärfung von Satz 2.89, die über die "fast sichere" punktweise Konvergenz hinaus sogar die "fast sichere" gleichmäßige Konvergenz garantiert, *Zentralsatz der Statistik* (siehe Gänssler, Stute [1977], Seite 145):

Satz 2.90. *(Glivenko–Cantelli)*

Ist $X_1, X_2, \ldots$ eine unabhängige Folge von Zufallsvariablen, die alle dieselbe Verteilungsfunktion F haben, so gilt

$$P(\lim_{n \to \infty} \sup_{z \in \mathbb{R}} |F_n(z; X_1, \ldots, X_n) - F(z)| = 0) = 1.$$

Der Satz von Glivenko und Cantelli besagt also, daß die Folge der maximalen Abweichungen zwischen empirischer Verteilungsfunktion und "wahrer" Verteilungsfunktion

$$D_n(X_1, \ldots, X_n) = \sup_{z \in \mathbb{R}} |F_n(z; X_1, \ldots, X_n) - F(z)|, \quad n = 1, 2, \ldots,$$

"fast sicher" gegen Null konvergiert. Eine genauere Aussage darüber, wie diese Konvergenz stattfindet, bewies Kolmogoroff unter der zusätzlichen Voraussetzung der Stetigkeit der Verteilungsfunktion F (siehe Gänssler, Stute [1971], Seite 387).

Satz 2.91. *(Kolmogoroff)*

Ist $X_1, X_2, \ldots$ eine unabhängige Folge von identisch verteilten Zufallsvariablen mit stetiger Verteilungsfunktion F, so gilt

$$\lim_{n\to\infty} P(\sqrt{n}\cdot D_n(X_1,\ldots,X_n) \le y) = K(y), \quad y \in \mathbb{R},$$

wobei die stetige Funktion $K : \mathbb{R} \to [0,1]$, die Kolmogoroffsche Verteilungsfunktion, durch

$$K(y) = \begin{cases} \sum\limits_{k=-\infty}^{\infty} (-1)^k e^{-2k^2y^2} & \text{für } y > 0 \\ 0 & \text{für } y \le 0 \end{cases}$$

gegeben ist.

Beispiel 2.92. $(n = 6)$

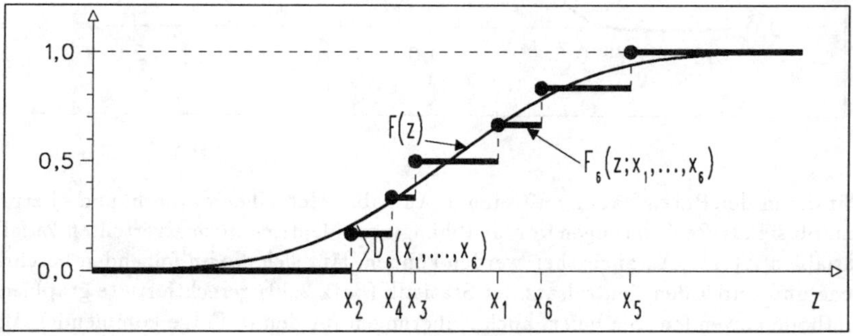

Bemerkenswert ist bei diesem Ergebnis, daß sich unabhängig von F stets dieselbe Grenzfunktion K ergibt. Dies ist wesentlich, da die Funktion F im allgemeinen unbekannt ist.

Funktionswerte von K sind in allen statistischen Tafelwerken zu finden (siehe Lehn, Wegmann, Rettig [1988], Seite 227). Einige Werte von K enthält die folgende Tabelle:

y	0.40	0.42	0.44	0.48	0.52	0.57	0.68	0.71	0.83
$K(y)$	0.003	0.005	0.010	0.025	0.050	0.099	0.256	0.305	0.504

y	0.97	1.02	1.22	1.36	1.48	1.62	1.74	1.95	2.22
$K(y)$	0.697	0.751	0.898	0.950	0.986	0.990	0.995	0.999	0.9999

Die folgende Skizze zeigt den Graphen der Kolmogoroffschen Verteilungsfunktion K:

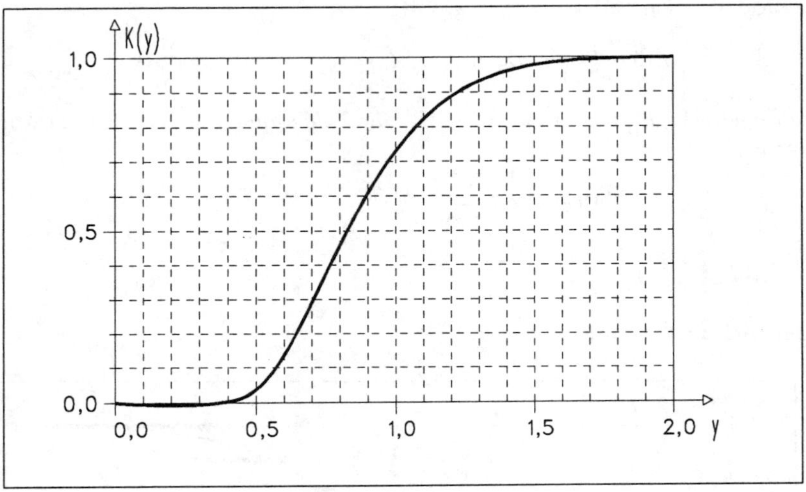

Für die in der Praxis häufig auftretende Aufgabe, Meßreihen daraufhin zu überprüfen, ob sie als Realisierungen von unabhängigen, identisch normalverteilten Zufallsvariablen $X_1, \ldots, X_n$ angesehen werden können, läßt sich die im folgenden beschriebene und durch den Zentralsatz der Statistik (Satz 2.90) gerechtfertigte graphische Methode anwenden. Sie liefert auch Näherungen für den in Frage kommenden Mittelwert und die in Frage kommende Varianz. Dazu verwendet man ein sogenanntes "Wahrscheinlichkeitspapier", das im folgenden beschrieben werden soll.

In der folgenden Abbildung ist der Graph der Verteilungsfunktion einer $N(0,1)$–verteilten Zufallsvariablen in einem x–y–Koordinatensystem dargestellt. Sie ist streng monoton und stetig. Sie besitzt daher eine Umkehrfunktion Φ^{-1}, die im offenen Intervall $(0,1)$ erklärt ist. Führen wir nun auf der vertikalen Achse des x–y–Koordinatensystems eine Koordinatentransformation durch und gehen gemäß

$$v = \Phi^{-1}(y), \quad 0 < y < 1,$$

zu einem x–v–Koordinatensystem über, so sind die Punkte des Graphen von Φ alle Punkte (x, v) mit

$$v = \Phi^{-1}(\Phi(x)) = x, \quad x \in \mathbb{R}.$$

Der Graph von Φ ist also im x–v–Koordinatensystem eine Gerade durch den Nullpunkt. Sie ist Winkelhalbierende zwischen den Achsen des Koordinatensystems. Die v–Achse wird dann nicht mit den v–Werten, sondern mit den entsprechenden y–Werten beschriftet, und zwar so, daß $v = 0$ der 50%–Linie entspricht. Die Skala ist nicht mehr äquidistant.

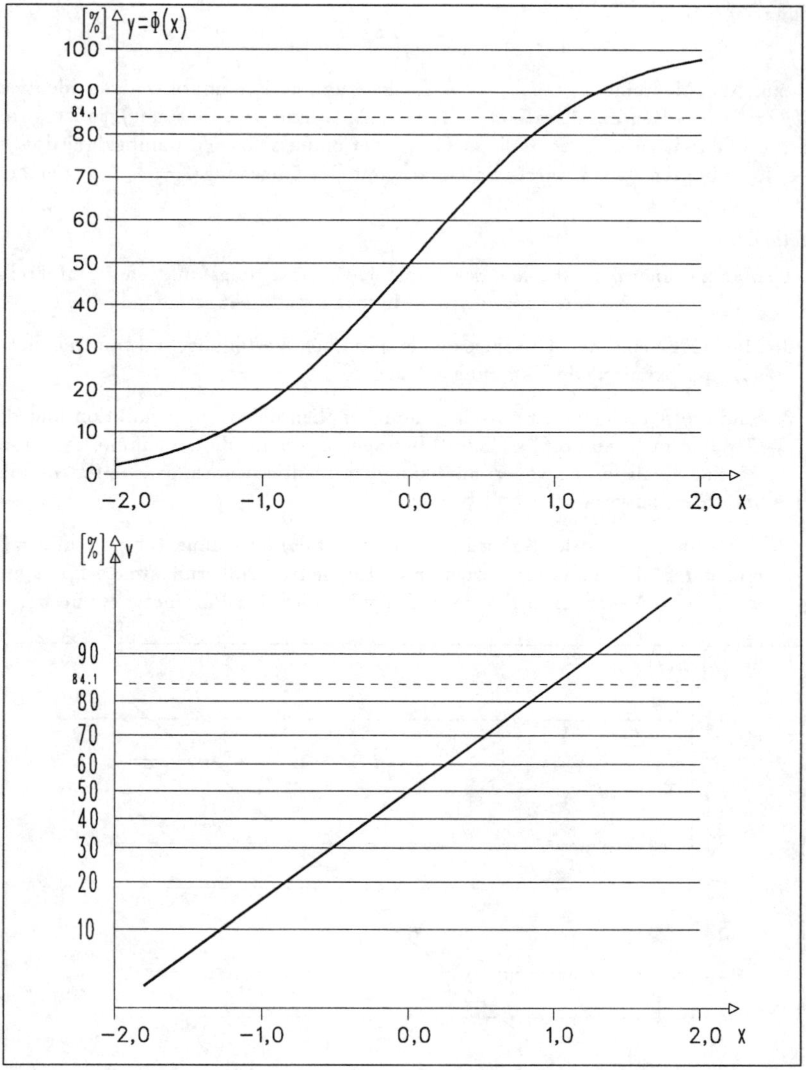

Die Verteilungsfunktion F einer $N(\mu, \sigma^2)$–verteilten Zufallsvariablen ist gegeben durch

$$F(x) = \Phi\Big(\frac{x-\mu}{\sigma}\Big), \quad x \in \mathbb{R}.$$

Wegen $v = \Phi^{-1}(y)$ streckt sich ihr Graph, der im x–y–System durch $y = \Phi\big(\frac{x-\mu}{\sigma}\big)$ gegeben ist, nach der Skalenänderung im x–v–System zu der Geraden mit der Gleichung

$$v = \Phi^{-1}(y) = \Phi^{-1}\left(\Phi\left(\frac{x-\mu}{\sigma}\right)\right) = \frac{x-\mu}{\sigma}\ .$$

Ist nun die Meßreihe $x_1, \ldots, x_n$ eine Realisierung von n unabhängigen identisch $N(\mu, \sigma^2)$-verteilten Zufallsvariablen $X_1, \ldots, X_n$ (μ und σ^2 unbekannt), so ist wegen Satz 2.90 damit zu rechnen, daß der Graph der empirischen Verteilungsfunktion im x–v–Koordinatensystem durch die Gerade mit der Gleichung $v = \frac{x-\mu}{\sigma}$ angenähert werden kann.

Methode:

1. Man zeichnet den Graphen der empirischen Verteilungsfunktion der Meßreihe $x_1, \ldots, x_n$ in das mit Prozentzahlen beschriftete x–v–System ein.
2. Man trägt eine den Graphen der empirischen Verteilungsfunktion möglichst gut approximierende Näherungsgerade ein.
3. Sind die Abweichungen zwischen dem Graphen der Treppenfunktion und der Geraden nicht zu groß, so liefert dies keinen Grund, die Annahme, $x_1, \ldots, x_n$ sei eine Realisierung von n unabhängigen identisch normalverteilten Zufallsvariablen, zu verwerfen.
4. Die Schnittpunkte der Näherungsgeraden mit der 50%–Linie (entspricht $v = 0$) und der 84.1%–Linie (entspricht $v = 1.0$) liefern Näherungswerte für μ und $\mu + \sigma$, also Näherungen für die in Frage kommenden Parameter μ und σ^2.

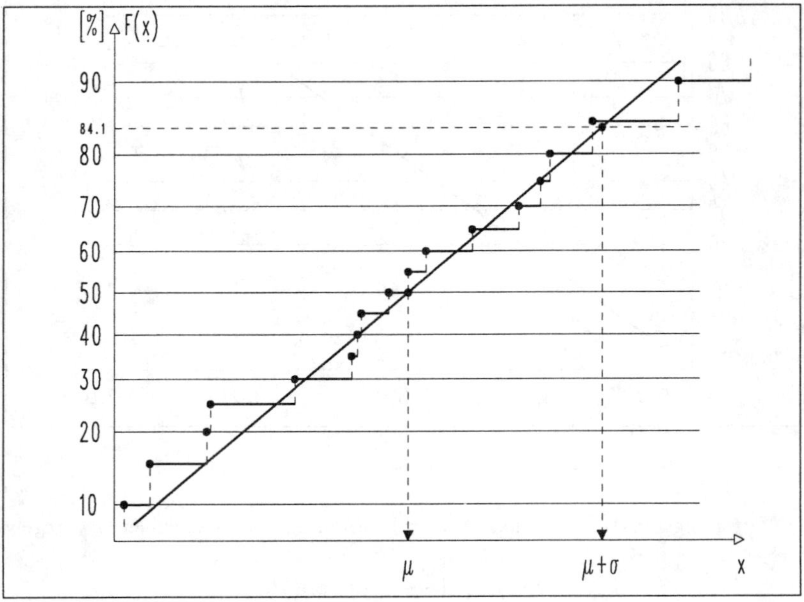

Hinweis: Vorgedruckte Koordinatensysteme mit äquidistanten waagerechten Achsen und in der oben beschriebenen Weise unterteilten senkrechten Achsen werden im Fachhandel unter der Bezeichnung *Wahrscheinlichkeitsnetz* geführt. In der vorangegangenen Skizze ist eine Meßreihe $x_1, \ldots, x_{20}$ nach dieser Methode ausgewertet. Man beachte, daß die zwei größten Werte und der kleinste Wert der Meßreihe nicht erscheinen, da die 95%– und die 5%–Linie in der Skizze nicht mehr eingetragen sind.

Bemerkung: Kennt man von einer Meßreihe nicht die genauen Meßwerte $x_1, \ldots, x_n$, sondern nur deren Zugehörigkeit zu bestimmten Klassen, so stellt sich die Frage, welche Werte die empirische Verteilungsfunktion $F_n(z; x_1, \ldots, x_n)$ annehmen kann. Aus der Definition von F_n folgt, daß die Funktionswerte $F_n(.; x_1, \ldots, x_n)$ nur an jenen Stellen $z \in \mathbb{R}$ durch die relativen Klassenhäufigkeiten festgelegt sind, an denen die Anzahlen der Meßwerte x_i mit $x_i \leq z$ eindeutig bestimmt sind. Im Falle der Klasseneinteilung $I_1, \ldots, I_k$ mit

$$I_1 = (-\infty, a_1]; \quad I_j = (a_{j-1}, a_j], \quad j = 2, \ldots, k-1; \quad I_k = (a_{k-1}, \infty]$$

sind dies die rechten Randpunkte $a_1, \ldots, a_{k-1}$ der Klassen I_j, $j = 1, \ldots, k-1$, sowie alle $z \in \mathbb{R}$, die zu Klassen mit den Klassenhäufigkeiten 0 gehören. Für alle sonstigen $z \in \mathbb{R}$ ist $F_n(z; x_1, \ldots, x_n)$ allein aus den Klassenhäufigkeiten nicht zu ermitteln. Aufgrund der Monotonie kann jedoch $F_n(z; x_1, \ldots, x_n)$ für $z \in (a_{j-1}, a_j)$, durch

$$F_n(a_{j-1}; x_1, \ldots, x_n) \leq F_n(z; x_1, \ldots, x_n) \leq F_n(a_j; x_1, \ldots, x_n)$$

abgeschätzt werden, $j = 2, 3, \ldots, k-1$.

Beispiel 2.93. $n = 10, \ k = 6$

Klasse	*Anzahl der Werte*
$(-\infty, 1]$	0
$(1, 2]$	1
$(2, 5]$	3
$(5, 7]$	4
$(7, 10]$	2
$(10, \infty)$	0

$$F_{10}(z; x_1, \ldots, x_{10}) = \begin{cases} 0 & z \leq 1 \\ 0.1 & z = 2 \\ 0.4 & z = 5 \\ 0.8 & z = 7 \\ 1 & z \geq 10 \end{cases}$$

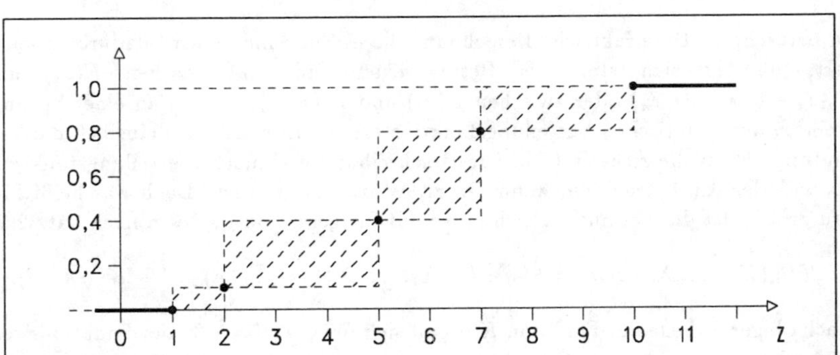

Diese Überlegung begründet das allgemein übliche Vorgehen bei Daten, die lediglich durch Klassenhäufigkeiten gegeben sind, die relativen Summenhäufigkeiten nur an den rechten Klassengrenzen abzutragen und durch die so entstandene Punkteschar eine Gerade zu legen.

Die eben beschriebene graphische Methode, die ihrer Einfachheit wegen in der Praxis häufig angewandt wird, kann natürlich nur einen ersten Eindruck davon vermitteln, wie berechtigt die Normalverteilungsannahme ist, insbesondere deshalb, weil nicht präzisiert wird, was unter "zu großen" bzw. "nicht zu großen" Abweichungen zwischen Näherungsgeraden und dem Graphen der empirischen Verteilungsfunktion zu verstehen ist. Besteht jedoch aufgrund der Erfahrung oder aufgrund theoretischer Überlegungen (etwa im Zusammenhang mit dem Zentralen Grenzwertsatz) kein Zweifel daran, daß die Meßreihe bei geeigneter Wahl von μ und σ^2 als Realisierung von unabhängigen identisch $N(\mu, \sigma^2)$–verteilten Zufallsvariablen aufgefaßt werden kann, so bietet diese graphische Methode eine einfache Möglichkeit, in Frage kommende Parameterwerte μ und σ^2 zu ermitteln. Über die "Güte" dieser Näherungswerte können wir jedoch keine quantitativen Aussagen machen.

Aber gerade solche quantitativen Aussagen werden in der Statistik angestrebt. Um anzudeuten, von welcher Art diese quantitativen Aussagen sein können, betrachten wir den Fall, daß für einen bestimmten Meßvorgang zu überprüfen ist, ob er durch eine Zufallsvariable X mit fest vorgegebener stetiger Verteilungsfunktion F beschrieben werden kann. Zu einer solchen Vermutung kann man etwa aufgrund der oben skizzierten heuristischen Methode gelangen. F ist dann die Verteilungsfunktion einer $N(\mu, \sigma^2)$–verteilten Zufallsvariablen, wobei μ und σ^2 die graphisch ermittelten Näherungswerte sind. Allerdings ist nun darauf zu achten, daß zur Überprüfung dieser Vermutung *neue* Meßwerte beschafft werden müssen und die Daten, auf deren Basis die Vermutung entstand, nicht auch zur Überprüfung der Vermutung verwendet werden.

Liegt also eine (gegebenenfalls neue) Meßreihe $x_1, \ldots, x_n$ vor, so legt es Satz 2.91 nahe, die maximale Abweichung zwischen F und der empirischen Verteilungsfunktion

$$D_n(x_1, \ldots, x_n) = \sup_{z \in \mathbb{R}} |F_n(z; x_1, \ldots, x_n) - F(z)|$$

zu betrachten. Die praktische Berechnung dieses Supremums wird dadurch erleichtert, daß es sich stets als Betrag einer Differenz zwischen $F(x_i)$ und $F_n(x_i - 0; x_1, \ldots, x_n)$ oder zwischen $F(x_i)$ und $F_n(x_i; x_1, \ldots, x_n)$ an einer Sprungstelle x_i der empirischen Verteilungsfunktion ergibt. Es erscheint plausibel, die Vermutung, F sei die richtige (d.h. zur Beschreibung geeignete) Verteilungsfunktion, als widerlegt zu betrachten, wenn $D_n(x_1, \ldots, x_n)$ zu groß ist. Doch was heißt hier "zu groß"? Ist die Vermutung richtig, so gilt für genügend großes n nach Satz 2.91

$$P(D_n(X_1, \ldots, X_n) > d) = P(\sqrt{n}\, D_n(X_1, \ldots, X_n) > \sqrt{n} \cdot d) \approx 1 - K(\sqrt{n} \cdot d).$$

Nach obiger Tabelle der Funktion K ergibt sich für $\sqrt{n} \cdot d = 1.36$ der Funktionswert 0.95, also

$$P(D_n(X_1, \ldots, X_n) > \frac{1.36}{\sqrt{n}}) \approx 0.05 .$$

Bei richtiger Vermutung treten Abweichungen $> 1.36/\sqrt{n}$ nur mit einer Wahrscheinlichkeit von ungefähr 0.05 auf.

Wir wollen also Abweichungen zwischen vermuteter Verteilungsfunktion F und empirischer Verteilungsfunktion als "zu groß" (und in solchen Fällen die Vermutung als widerlegt) betrachten, falls sie größer als $1.36/\sqrt{n}$ sind. Die quantitative Aussage bei diesem Vorgehen ist dann die folgende: Trifft unsere Vermutung zu, so laufen wir nur mit ungefähr 5%–iger Wahrscheinlichkeit Gefahr, die Vermutung fälschlicherweise als widerlegt zu betrachten.

Dies läßt sich so interpretieren: Prüfen wir nach dieser Methode sehr häufig derartige Vermutungen, so können wir sicher sein, daß wir die jeweilige Vermutung nur in ungefähr 5% der Fälle, in denen sie zutrifft, fälschlicherweise als widerlegt betrachten.

Das eben geschilderte Verfahren zur Überprüfung einer Verteilungsannahme heißt *Kolmogoroff–Smirnov–Test.*

Es vermittelt einen ersten Eindruck von den Schlußweisen, die im Kapitel "Schließende Statistik" genauer behandelt werden sollen.

3 Schließende Statistik

Im folgenden beschäftigen wir uns mit den Verfahren der Schließenden Statistik, die dazu dienen, aufgrund von Beobachtungen auf die einem zufälligen Vorgang zugrundeliegenden Gesetzmäßigkeiten Rückschlüsse zu ziehen.

In der Beschreibenden Statistik stand das Problem im Vordergrund, ein vorhandenes – meist sehr umfangreiches – Datenmaterial durch Berechnung von charakteristischen Kennzahlen übersichtlicher zu machen. Die Frage der Aussagekraft des in der Regel unter Zufallseinflüssen entstandenen Datenmaterials wurde zunächst ausgeklammert. Dieser Frage wollen wir uns nun, gestützt auf die Denkweisen der Wahrscheinlichkeitstheorie, zuwenden.

Bei unseren Überlegungen soll stets im Vordergrund stehen, daß bei Folgerungen aus unter Zufallseinfluß entstandenen Daten (Meßreihen bzw. Beobachtungsreihen) die Möglichkeit von Fehlschlüssen nicht ganz auszuschließen ist. Unser Bestreben ist es daher, die Gefahr von Fehlern kontrollierbar und möglichst kalkulierbar zu machen, indem wir solche Verfahren anwenden, bei denen wir wahrscheinlichkeitstheoretische Aussagen über das Auftreten von Fehlern machen können.

3.1 Einführendes Beispiel

Wir erläutern zunächst an einem Beispiel die drei wichtigsten Problemstellungen der Schließenden Statistik, die uns auf *Schätzverfahren*, *Intervallschätzverfahren (Konfidenzintervalle)* bzw. *Testverfahren* führen werden.

Beispiel 3.1. *Ein Produzent stellt Sicherungen her. Beim Produktionsprozeß läßt es sich nicht vermeiden, daß einige der produzierten Sicherungen defekt sind. Der Produzent stellt also die Frage, wie groß der Ausschußanteil ist. Mit anderen Worten: Er interessiert sich für die Wahrscheinlichkeit p, daß bei der Produktion einer Sicherung eine defekte entsteht. Um nun zu einem* Schätzwert *für p zu kommen, entnimmt er der laufenden Produktion zufällig n Sicherungen. Es ist dann naheliegend, die Prüfung der als i–te entnommenen Sicherung durch eine $B(1,p)$–verteilte Zufallsvariable X_i und den gesamten Prüfvorgang durch unabhängige Zufallsvariablen $X_1, \ldots, X_n$ zu beschreiben ($1 \hat{=}$ defekt, $0 \hat{=}$ brauchbar).*

Nach dem Schwachen Gesetz der großen Zahlen (Satz 2.77) nimmt das arithmetische Mittel $\overline{X}_{(n)}$ für große n mit großer Wahrscheinlichkeit Werte "in der Nähe" von

$EX_i = p$ an. Es ist daher sinnvoll, den unbekannten Ausschußanteil bzw. die Wahrscheinlichkeit p durch die relative Häufigkeit der defekten unter den n geprüften Sicherungen zu schätzen, d.h. bei einer Realisierung $(x_1, \ldots, x_n)$ der Zufallsvariablen $(X_1, \ldots, X_n)$ das arithmetische Mittel

$$\bar{x} = \frac{1}{n}(x_1 + \cdots + x_n)$$

als Schätzwert für p zu berechnen. Die Bildung des arithmetischen Mittels ist ein erstes Beispiel für ein Schätzverfahren, das eine durch das Gesetz der großen Zahlen begründete gute Eigenschaft hat. Daß nun die unbekannte Wahrscheinlichkeit p, mit der eine defekte Sicherung produziert wird, genau gleich diesem Schätzwert $\bar{x}$ ist, der sich bei einer bestimmten Überprüfung ergibt, kann natürlich nicht gesagt werden.

Für praktische Probleme genügt jedoch die Angabe eines aus dem Beobachtungsergebnis errechneten Bereichs oder Intervalls, in dem der unbekannte Wert p mit einer gewissen Sicherheit liegt. Wir sind daher an einem Verfahren zur Berechnung eines Bereichs oder Intervalls interessiert, das mit großer Wahrscheinlichkeit, sagen wir mit Wahrscheinlichkeit $1 - \alpha = 0.95$, einen Bereich bzw. ein Intervall liefert, das den unbekannten Ausschußanteil p (den unbekannten Parameter) enthält. Ein solches Verfahren heißt Bereichsschätzverfahren bzw. Intervallschätzverfahren oder Konfidenzintervall mit der Konfidenz-, Sicherheits- oder Vertrauenswahrscheinlichkeit $1 - \alpha = 0.95$.

Oft ist jedoch die praktische Fragestellung von folgender Art. Wir fragen: "Können wir annehmen, daß der Ausschußanteil p einen bestimmten Wert p_0 hat, oder spricht das Beobachtungsergebnis dafür, daß $p > p_0$ gilt?" Wir sind dann an einer Entscheidungsregel interessiert, die vorschreibt, bei welchen Beobachtungsergebnissen die Annahme $p = p_0$ nicht mehr aufrechterhalten werden soll. Eine solche Entscheidungsregel kann etwa von folgender Art sein: "Werden mehr als k defekte Sicherungen gefunden, so betrachten wir die Annahme, der Ausschußanteil sei p_0, als widerlegt". Natürlich kann es bei diesem Vorgehen passieren, daß mehr als k defekte Sicherungen gefunden werden, obwohl der Ausschußanteil tatsächlich p_0 beträgt. Dies würde dazu führen, daß wir die Annahme $p = p_0$ fälschlicherweise als widerlegt betrachten. Wir werden daher k so wählen, daß dieser Fall höchstens mit einer vorgegebenen (kleinen) Wahrscheinlichkeit (z.B. $\alpha = 0.05$) auftritt. Die beschriebene Entscheidungsregel mit einem so bestimmten k heißt dann Testverfahren oder Test zum Niveau α.

Vereinfacht können wir zusammenfassen: Die Fragen

"Wie groß ist p?"
"In welchen Grenzen liegt p?"
"Ist $p = p_0$, oder gilt $p > p_0$?"

führen uns auf Schätzverfahren, Bereichs- oder Intervallschätzverfahren (Konfidenzintervalle) bzw. Testverfahren, die wir im folgenden studieren wollen.

Bevor wir uns den einzelnen Verfahren zuwenden, wollen wir noch einmal an einem Beispiel verdeutlichen, von welcher Art die Aussagen sind, die wir über das Auftreten von Fehlern anstreben.

Beispiel 3.2. *Der Produzent der Sicherungen möchte die Vermutung $p = \frac{1}{100}$ ("1% der produzierten Sicherungen sind defekt") überprüfen, da er den Produktionsprozeß ändern würde, falls der Ausschußanteil höher als 1% läge. Folgendes Vorgehen erscheint sinnvoll: 100 Sicherungen werden zufällig aus der Produktion herausgegriffen und geprüft. Werden mehr als 2 defekte Sicherungen gefunden, gilt die Annahme $p = \frac{1}{100}$ als widerlegt. Wie groß ist die Wahrscheinlichkeit, daß bei diesem Vorgehen die Annahme $p = \frac{1}{100}$ verworfen wird, obwohl die Ausschußrate p tatsächlich 1% beträgt? Unter der Annahme $p = \frac{1}{100}$ läßt sich die Anzahl der defekten Sicherungen in der Stichprobe durch eine*

$$B(100, \tfrac{1}{100})\text{-verteilte Zufallsvariable } X$$

beschreiben. Die gesuchte Wahrscheinlichkeit ist dann gegeben durch

$$\begin{aligned} P(X > 2) &= 1 - \sum_{i=0}^{2} \binom{100}{i} \cdot \left(\frac{1}{100}\right)^i \cdot \left(\frac{99}{100}\right)^{100-i} \\ &= 1 - \left(\frac{99}{100}\right)^{100} - 100 \cdot \frac{1}{100} \cdot \left(\frac{99}{100}\right)^{99} - \frac{100 \cdot 99}{1 \cdot 2} \cdot \left(\frac{1}{100}\right)^2 \left(\frac{99}{100}\right)^{98} \\ &= 1 - 0.366 - 0.370 - 0.185 = 0.079\ . \end{aligned}$$

Interpretation: Falls der Produzent sehr häufig nach diesem Vefahren Überprüfungen vornimmt, wird er auf lange Sicht lediglich in ungefähr 8% der Fälle, in denen die Ausschußrate 1% beträgt, dazu geführt, seine (zutreffende) Annahme als widerlegt zu betrachten.

3.2 Schätzverfahren und ihre Eigenschaften

Von jeder der im folgenden betrachteten Meßreihen (oder Beobachtungsreihen) $x_1, \ldots, x_n$ wird angenommen, daß sie aufgrund eines durch eine Zufallsvariable X beschriebenen Meßvorgangs ermittelt wurde, der bei n getrennten Experimenten unter gleichen Versuchsbedingungen wiederholt wurde. Eine Meßreihe wird daher stets als Realisierung von unabhängigen, identisch wie X verteilten Zufallsvariablen $X_1, \ldots, X_n$ betrachtet. (Genauer: Das n–Tupel $(x_1, \ldots, x_n)$ wird als Realisierung der n–dimensionalen Zufallsvariablen $(X_1, \ldots, X_n)$ aufgefaßt.) Inwieweit diese Betrachtungsweise bei Anwendungen angemessen ist, muß jeweils bedacht werden. Zusammenhänge, wie sie z.B. im Zentralen Grenzwertsatz (Satz 2.81) angegeben wurden, können Rechtfertigungen für die Verteilungsannahme liefern.

Bemerkung: Die unabhängigen, identisch wie X verteilten Zufallsvariablen $X_1, \ldots, X_n$, als deren Realisierung wir die Meßreihe $x_1, \ldots, x_n$ auffassen, haben alle dieselbe Verteilungsfunktion F wie X. Folgende Sprechweisen sind üblich:

$X_1, \ldots, X_n$ wird als eine "mathematische Stichprobe" bezeichnet. $x_1, \ldots, x_n$ heißt "Stichprobe (gelegentlich: unabhängige Stichprobe) aus der Grundgesamtheit X" oder auch "Stichprobe aus einer Grundgesamtheit mit der Verteilungsfunktion F".

Diese Sprechweisen sollen lediglich den oben geschilderten Sachverhalt abkürzend beschreiben. Wie diese Sprechweisen, insbesondere die Sprechweise "eine Grundgesamtheit mit der Verteilungsfunktion F", entstanden sind, kann das folgende Beispiel erklären. Bei einer Untersuchung über Körpergrößen von 15jährigen Schülern in der Bundesrepublik Deutschland hat man sicher eine andere Verteilungsfunktion zu berücksichtigen, wenn man die männlichen Schüler (die "Grundgesamtheit" der männlichen Schüler) betrachtet, als wenn man die weiblichen Schüler (die "Grundgesamtheit" der weiblichen Schüler) im Auge hat.

Was in diesem Zusammenhang an der Grundgesamtheit interessiert, ist einzig und allein das Verteilungsgesetz, nach dem sich beim Ermitteln der Körpergröße von zufällig ausgewählten 15jährigen Schülern die Meßwerte einstellen. Diesem Verteilungsgesetz entspricht jedoch die Verteilungsfunktion F jener Zufallsvariablen X, mit der wir das zufällige Zustandekommen eines Meßwertes beschreiben.

Im folgenden wird angenommen, daß die Verteilungsfunktion der unabhängigen, identisch verteilten Zufallsvariablen $X_1, \ldots, X_n$ bzw. die Verteilungsfunktion von X einer durch einen Parameter $\theta \in \Theta$, $\Theta \subset \mathbb{R}^k$, parametrisierten Familie von Verteilungsfunktionen F_θ, $\theta \in \Theta$, angehört. Dieser Parameter θ oder ein durch ihn bestimmter Zahlenwert $\tau(\theta)$ (τ ist dann eine Abbildung $\tau : \Theta \to \mathbb{R}$) soll aufgrund der Realisierung $x_1, \ldots, x_n$ näherungsweise ermittelt werden.

Beispiel 3.3. *Es sei bekannt, daß die Zufallsvariablen X_i normalverteilt sind. F_θ sei die Verteilungsfunktion einer $N(\mu, \sigma^2)$-verteilten Zufallsvariablen, wobei*

$$\theta = (\mu, \sigma^2) \in \Theta = \mathbb{R} \times \{x \in \mathbb{R} : x > 0\}.$$

Soll der Erwartungswert μ geschätzt werden, so ist die Abbildung $\tau : \Theta \to \mathbb{R}$ gegeben durch $\tau(\mu, \sigma^2) = \mu$.

Um aus der Realisierung $x_1, \ldots, x_n$ einen Schätzwert zu gewinnen, betrachten wir eine Abbildung

$$T_n : \mathbb{R}^n \to \mathbb{R},$$

die wir ein *Schätzverfahren*, einen *Schätzer* oder eine *Schätzfunktion* für τ nennen. Der Zahlenwert $T_n(x_1, \ldots, x_n)$ heißt *Schätzwert* für den unbekannten Wert $\tau(\theta)$. Die Zufallsvariable $T_n(X_1, \ldots, X_n)$ werden wir gelegentlich abkürzend mit T_n bezeichnen und *Schätzvariable* nennen.

Der Erwartungswert der Schätzvariablen $T_n(X_1, \ldots, X_n)$ ist (ebenso wie der Erwartungswert der Zufallsvariablen X) abhängig davon, welche der Verteilungsfunktionen F_θ, $\theta \in \Theta$, die für die X_i, $i = 1, \ldots, n$, zutreffende ist. Wir schreiben daher, um diese Abhängigkeit anzudeuten,

$$E_\theta(T_n(X_1, \ldots, X_n)) \quad \text{bzw.} \quad E_\theta(X) \tag{90}$$

und

$$\mathrm{Var}_\theta(T_n(X_1, \ldots, X_n)) \quad \text{bzw.} \quad \mathrm{Var}_\theta(X), \tag{91}$$

wenn diese Erwartungswerte und Varianzen existieren. Außerdem verwenden wir die Schreibweisen $P_\theta(a \le T_n(X_1, \ldots, X_n) \le b)$, $P_\theta(a \le X \le b)$ usw. für die durch F_θ bestimmten Wahrscheinlichkeiten.

Definition 3.4. *Ein Schätzer $T_n : \mathbb{R}^n \to \mathbb{R}$ und die zugehörige Schätzvariable $T_n(X_1, \dots, X_n)$ heißen erwartungstreu für $\tau : \Theta \to \mathbb{R}$, falls für jedes $\theta \in \Theta$ gilt:*

$$E_\theta(T_n(X_1, \dots, X_n)) = \tau(\theta). \tag{92}$$

Satz 3.5. *$E_\theta(X)$ und $\mathrm{Var}_\theta(X)$ mögen für alle $\theta \in \Theta$ existieren.*

(i) τ sei gegeben durch $\tau(\theta) = E_\theta(X)$, $\theta \in \Theta$. Dann ist das arithmetische Mittel

$$\overline{X}_{(n)} = \tfrac{1}{n}(X_1, \dots, X_n)$$

ein erwartungstreuer Schätzer für τ.

(ii) τ sei gegeben durch $\tau(\theta) = \mathrm{Var}_\theta(X)$, $\theta \in \Theta$. Dann ist die Stichprobenvarianz

$$S^2_{(n)} = \tfrac{1}{n-1} \sum_{i=1}^{n} (X_i - \overline{X}_{(n)})^2$$

ein erwartungstreuer Schätzer für τ.

Der Beweis dieses Satzes ist durch Beispiel 2.72 bereits gegeben.

Bemerkung: Ist der Erwartungswert $\mu = E_\theta(X)$ bekannt, also insbesondere für alle $\theta \in \Theta$ gleich, so ist

$$V_{(n)} = \frac{1}{n} \sum_{i=1}^{n} (X_i - \mu)^2$$

eine erwartungstreue Schätzvariable für $\tau(\theta) = \mathrm{Var}_\theta(X)$. Es gilt nämlich

$$E_\theta(V_{(n)}) = \frac{1}{n} \sum_{i=1}^{n} E_\theta((X_i - \mu)^2) = \frac{1}{n} \cdot n \cdot \mathrm{Var}_\theta(X).$$

Wir wollen uns nun der Schätzung der Kovarianz einer zweidimensionalen Zufallsvariablen (X, Y) zuwenden. Wir nehmen an, daß ihre Verteilung durch einen der Parameter $\theta \in \Theta$ bestimmt ist, setzen voraus, daß für alle $\theta \in \Theta$ die Kovarianz von X und Y existiert, und bezeichnen sie mit $\mathrm{Cov}_\theta(X, Y)$. Zur Schätzung dieser Kennzahl gehen wir von unabhängigen, identisch wie (X, Y) verteilten Zufallsvariablen $(X_1, Y_1), \dots, (X_n, Y_n)$ aus, d.h., die Verteilungsfunktion F der $2n$–dimensionalen Zufallsvariablen $(X_1, Y_1, \dots, X_n, Y_n)$ möge der Gleichung

$$F(x_1, y_1, \dots, x_n, y_n) = \prod_{i=1}^{n} F_{(X_i, Y_i)}(x_i, y_i) \quad \text{für} \quad x_1, y_1, \dots, x_n, y_n \in \mathbb{R},$$

genügen.

Satz 3.6. *Unter den obigen Voraussetzungen besitzt die Zufallsvariable*

$$C_{(n)} = \frac{1}{n-1} \sum_{i=1}^{n} (X_i - \overline{X}_{(n)})(Y_i - \overline{Y}_{(n)}) \tag{93}$$

für $\theta \in \Theta$ den Erwartungswert

$$E_\theta(C_{(n)}) = Cov_\theta(X,Y), \tag{94}$$

ist also in diesem Sinne eine erwartungstreue Schätzvariable für $\tau(\theta) = Cov_\theta(X,Y)$.

Beweis: Sei $\theta \in \Theta$ fest gewählt. Wegen

$$\mathrm{Cov}_\theta(X - E_\theta(X),\ Y - E_\theta(Y)) = \mathrm{Cov}_\theta(X,Y)$$

können wir ohne Einschränkung der Allgemeinheit

$$E_\theta(X) = E_\theta(Y) = 0, \quad \text{also} \quad \mathrm{Cov}_\theta(X,Y) = E_\theta(X \cdot Y),$$

voraussetzen. Da die Zufallsvariablen $(X_1, Y_1), \ldots, (X_n, Y_n)$ identisch wie (X,Y) verteilt sind, gilt für $i = 1, \ldots, n$

$$E_\theta((X_i - \overline{X}_{(n)})(Y_i - \overline{Y}_{(n)})) = E_\theta((X_1 - \overline{X}_{(n)})(Y_1 - \overline{Y}_{(n)}))$$

sowie

$$E_\theta(X_i \cdot Y_i) = E_\theta(X \cdot Y) = \mathrm{Cov}_\theta(X,Y),$$

und da sie unabhängig sind, für $i \neq j$

$$E_\theta(X_i \cdot Y_j) = E_\theta(X_i) \cdot E_\theta(Y_j) = 0.$$

Mit diesen Gleichungen ergibt sich

$$\begin{aligned}
E_\theta\Big(\sum_{i=1}^{n}(X_i - \overline{X}_{(n)})(Y_i - \overline{Y}_{(n)})\Big) &= n \cdot E_\theta\Big((X_1 - \overline{X}_n)(Y_1 - \overline{Y}_n)\Big) \\
&= n \cdot E_\theta\Big([(1 - \frac{1}{n})X_1 - \frac{1}{n}X_2 - \cdots - \frac{1}{n}X_n] \cdot [(1 - \frac{1}{n})Y_1 - \frac{1}{n}Y_2 - \cdots - \frac{1}{n}Y_n]\Big) \\
&= n\Big((1 - \frac{1}{n})^2 E_\theta(X_1 \cdot Y_1) + \frac{1}{n^2}\sum_{i=2}^{n} E_\theta(X_i \cdot Y_i)\Big) \\
&= n\Big((1 - \frac{1}{n})^2 \mathrm{Cov}_\theta(X,Y) + \frac{1}{n^2}(n-1)\mathrm{Cov}_\theta(X,Y)\Big) = (n-1)\mathrm{Cov}_\theta(X,Y).
\end{aligned}$$

Daraus folgt die Behauptung.

Nach Satz 3.5 ist das arithmetische Mittel $\overline{X}_{(n)}$ ein erwartungstreuer Schätzer für den Erwartungswert $E_\theta(X)$. Daraus darf man, wie das folgende Beispiel zeigt, nicht schließen, daß $\overline{X}^2_{(n)}$ ein erwartungstreuer Schätzer für $E_\theta(X)^2$ ist.

Beispiel 3.7. *X sowie $X_1, \ldots, X_n$ seien $B(1,\theta)$–verteilt, $0 < \theta < 1$. Es soll nicht der Erwartungswert θ, sondern $\tau(\theta) = \theta^2$ geschätzt werden. (Bedeutet der Wert 1 der Zufallsvariablen X_i wie im obigen Beispiel "defektes Stück bei der i–ten Überprüfung", so ist θ^2 die Wahrscheinlichkeit für das Auftreten zweier defekter Stücke bei zwei Überprüfungen). Die Schätzvariable*

$$T_n^0(X_1, \ldots, X_n) = \overline{X}^2_{(n)}$$

ist nicht erwartungstreu für τ, denn die Zufallsvariable $Y = n\overline{X}_{(n)}$ ist $B(n,\theta)$-verteilt, und es gilt darum mit Satz 2.49

$$E_\theta(\overline{X}^2_{(n)}) = \frac{1}{n^2}E_\theta(Y^2) = \frac{1}{n^2}(\mathrm{Var}_\theta(Y)+E_\theta(Y)^2) = \frac{n\theta(1-\theta)+n^2\theta^2}{n^2} = \theta^2+\frac{\theta(1-\theta)}{n}.$$

Betrachtet man jedoch

$$T_n(X_1,\ldots,X_n) = \frac{n}{n-1}\Big((\overline{X}_{(n)})^2 - \frac{1}{n}\overline{X}_{(n)}\Big),$$

so erhält man für jedes $\theta \in \Theta$

$$E_\theta(T_n(X_1,\ldots,X_n)) = \frac{n}{n-1}(\theta^2 + \frac{\theta(1-\theta)}{n} - \frac{1}{n}\cdot\theta) = \frac{1}{n-1}(n\theta^2 - \theta^2) = \theta^2,$$

d.h., T_n ist erwartungstreu für $\tau(\theta) = \theta^2$.

Die Schätzwerte $T_n(x_1,\ldots,x_n)$, die ein erwartungstreuer Schätzer liefert, streuen (zufallsabhängig) um den zu schätzenden (unbekannten) Zahlwert $\tau(\theta)$. Aus der Erwartungstreue kann nur geschlossen werden, daß "im Mittel" richtig geschätzt wird. Anschaulich ausgedrückt bedeutet dies, daß der Schätzer richtig "zentriert" ist. Zur Beurteilung der Genauigkeit der Schätzungen kann die Varianz des Schätzers herangezogen werden.

Beispiel 3.8. *Seien $a_1,\ldots,a_n \in \mathbb{R}$ und $E_\theta(X) \neq 0$ für mindestens ein $\theta \in \Theta$. Dann ist der "lineare" Schätzer*

$$T_n(X_1,\ldots,X_n) = a_1X_1 + \cdots + a_nX_n,$$

der die Beobachtungsergebnisse mit den Gewichten $a_1,\ldots,a_n$ versieht, wegen

$$E_\theta(T_n(X_1,\ldots,X_n)) = (a_1 + \cdots + a_n)E_\theta(X)$$

genau dann erwartungstreu, wenn $a_1 + \cdots + a_n = 1$ gilt. Die Varianz

$$\mathrm{Var}_\theta(T_n(X_1,\ldots,X_n)) = (a_1^2 + \cdots + a_n^2)\mathrm{Var}_\theta(X)$$

(die Existenz von $\mathrm{Var}_\theta(X)$ wird vorausgesetzt) hängt von den Gewichten $a_1+\cdots+a_n$ ab und ist unter der Nebenbedingung $a_1+\cdots+a_n = 1$ für jedes feste θ minimal, falls $a_1 = \frac{1}{n},\ldots,a_n = \frac{1}{n}$ gilt. Das arithmetische Mittel ist also unter allen erwartungstreuen linearen Schätzern durch minimale Varianz ausgezeichnet. Man wird daher das arithmetische Mittel den anderen erwartungstreuen linearen Schätzern vorziehen.

Liegt eine unabhängige Folge von Zufallsvariablen $X_1, X_2,\ldots$ vor, die alle wie X verteilt sind, was wir jetzt immer annehmen wollen, so folgt aus dem Schwachen Gesetz der großen Zahlen, daß $\overline{X}_{(n)}$ für große n mit hoher Wahrscheinlichkeit Werte in der Nähe $E_\theta(X)$ liefert. Bei beliebig vorgegebenem $\varepsilon > 0$ gilt nämlich für jedes $\theta \in \Theta$

$$P_\theta(|\overline{X}_{(n)} - E_\theta(X)| > \varepsilon) \underset{n\to\infty}{\longrightarrow} 0.$$

Diese Eigenschaft der Folge der arithmetischen Mittel heißt *Konsistenz.* Wir geben allgemein für Schätzerfolgen $T_1, T_2,\ldots$ die

Definition 3.9. *Für jedes $n \in \mathbb{N}$ sei ein Schätzer $T_n : \mathbb{R}^n \to \mathbb{R}$ gegeben. Die Schätzerfolge $T_1, T_2, \ldots$ heißt konsistent für $\tau : \Theta \to \mathbb{R}$, falls für jedes $\varepsilon > 0$ und jedes $\theta \in \Theta$ gilt:*

$$\lim_{n\to\infty} P_\theta(|T_n(X_1,\ldots,X_n) - \tau(\theta)| > \varepsilon) = 0.$$

Ist eine Folge erwartungstreuer Schätzer gegeben, so ist bereits die im folgenden Satz angegebene Bedingung hinreichend für die Konsistenz.

Satz 3.10. *Ist $T_1, T_2, \ldots$ eine Folge von erwartungstreuen Schätzern für $\tau : \Theta \to \mathbb{R}$ und gilt für jedes $\theta \in \Theta$*

$$\lim_{n\to\infty} \mathrm{Var}_\theta(T_n(X_1,\ldots,X_n)) = 0,$$

so ist die Folge $T_1, T_2, \ldots$ konsistent für τ.

Beweis: T_n ist erwartungstreu für τ, also gilt

$$E_\theta(T_n(X_1,\ldots,X_n)) = \tau(\theta), \quad \theta \in \Theta.$$

Nach der Tschebyscheffschen Ungleichung 2.51 erhalten wir daher für $\varepsilon > 0$:

$$P_\theta(|T_n(X_1,\ldots,X_n) - \tau(\theta)| > \varepsilon) \le \frac{1}{\varepsilon^2}\mathrm{Var}_\theta(T_n(X_1,\ldots,X_n)) \underset{n\to\infty}{\longrightarrow} 0.$$

Bemerkung: Die Güte eines Schätzers T_n läßt sich anhand der Erwartungswerte der quadratischen Abweichungen vom zu schätzenden Wert $\tau(\theta)$ beurteilen. Für die Schätzvariable T_n erhält man

$$\begin{aligned} E_\theta([T_n - \tau(\theta)]^2) &= E_\theta([T_n - E_\theta(T_n) + E_\theta(T_n) - \tau(\theta)]^2) \\ &= E_\theta([T_n - E_\theta(T_n)]^2 + 2[T_n - E_\theta(T_n)] \cdot [E_\theta(T_n) - \tau(\theta)] + [E_\theta(T_n) - \tau(\theta)]^2) \\ &= E_\theta([T_n - E_\theta(T_n)]^2) + [E_\theta(T_n) - \tau(\theta)]^2 = \mathrm{Var}_\theta(T_n) + [E_\theta(T_n) - \tau(\theta)]^2, \end{aligned}$$

wobei das vorletzte Gleichheitszeichen wegen $E_\theta(T_n - E_\theta(T_n)) = 0$ steht. Die Differenz $E_\theta(T_n) - \tau(\theta)$ heißt *Bias* oder *Verzerrung* des Schätzers.

Für den mittleren quadratischen Fehler des Schätzers T_n gilt also die Gleichung

$$E_\theta([T_n - \tau(\theta)]^2) = [E_\theta(T_n) - \tau(\theta)]^2 + \mathrm{Var}_\theta(T_n). \tag{95}$$

Er setzt sich aus dem Quadrat des Bias und der Varianz des Schätzers zusammen. Man erkennt aus dieser Beziehung, daß erwartungstreue Schätzer mit kleiner Varianz nach obigem Kriterium besonders "gute" Schätzer sind.

Aus der Gleichung (95) folgt unmittelbar, daß die Bedingung

$$\lim_{n\to\infty} E_\theta([T_n - \tau(\theta)]^2) = 0$$

mit

$$\lim_{n\to\infty} E_\theta(T_n) = \tau(\theta) \quad \text{und} \quad \lim_{n\to\infty} \mathrm{Var}_\theta(T_n) = 0$$

äquivalent ist. Deshalb ist der folgende Satz 3.12 eine Verallgemeinerung von Satz 3.10. Es zeigt sich, daß die dort getroffene Voraussetzung der Erwartungstreue der Schätzer abgeschwächt werden kann im Sinne der folgenden Definition.

Definition 3.11. *Die Schätzerfolge $T_1, T_2, \ldots$ heißt asymptotisch erwartungstreu für $\tau : \Theta \to \mathbb{R}$, falls für jedes $\theta \in \Theta$ gilt:*

$$\lim_{n\to\infty} E_\theta(T_n(X_1, \ldots, X_n)) = \tau(\theta).$$

Satz 3.12. *Genügt die Schätzfolge $T_1, T_2, \ldots$ für jedes $\theta \in \Theta$ der Bedingung*

$$\lim_{n\to\infty} E_\theta([T_n - \tau(\theta)]^2) = 0,$$

so ist die Folge $T_1, T_2, \ldots$ konsistent für τ.

Beweis: Dem folgenden Beweis liegen die gleichen Überlegungen zugrunde wie dem der Tschebyscheffschen Ungleichung (siehe Satz 2.51). Für $\varepsilon > 0$ erhält man mit (50)

$$\begin{aligned} E_\theta([T_n - \tau(\theta)]^2) &= \int_0^\infty P_\theta([T_n - \tau(\theta)]^2 \geq x)\, dx \\ &\geq \int_0^{\varepsilon^2} P_\theta([T_n - \tau(\theta)]^2 \geq x)\, dx \\ &\geq P_\theta([T_n - \tau(\theta)]^2 \geq \varepsilon^2) \cdot \varepsilon^2 \\ &= P_\theta(|T_n - \tau(\theta)| \geq \varepsilon) \cdot \varepsilon^2, \end{aligned}$$

so daß sich unter der angegebenen Voraussetzung die Konsistenz der Schätzerfolge mittelbar ergibt.

Beispiel 3.13. *Betrachten wir nochmals den in Beispiel 3.7 angegebenen Schätzer*

$$T_n^0(X_1, \ldots, X_n) = (\overline{X}_{(n)})^2,$$

der für das Schätzen des Quadrates des Erwartungswertes der unabhängigen, identisch $B(1,\theta)$-verteilten Zufallsvariablen $X_1, \ldots, X_n$ nicht erwartungstreu ist. Als Bias erhalten wir

$$E_\theta(T_n^0) - \theta^2 = \frac{\theta(1-\theta)}{n}.$$

Der Schätzer hat also einen positiven Bias, d.h. es werden sich "im Mittel" zu große Schätzwerte einstellen. Offensichtlich ist die Schätzerfolge aber asymptotisch erwartungstreu.

Beispiel 3.14. *Unter den Voraussetzungen von Satz 3.5 ist*

$$T_n(X_1, \ldots, X_n) = \frac{1}{n} \sum_{i=1}^n (X_i - \overline{X}_{(n)})^2$$

ein Schätzer für $\tau(\theta) = \mathrm{Var}_\theta(X)$ mit negativem Bias. Denn wegen

$$T_n(X_1, \ldots, X_n) = \frac{n-1}{n} S_{(n)}^2$$

ergibt sich nach Satz 3.5 (ii)

$$E_\theta(T_n) - \tau(\theta) = \frac{n-1}{n} \cdot \tau(\theta) - \tau(\theta) = -\frac{1}{n} \cdot \tau(\theta).$$

Auch hier ist die Folge $T_1, T_2, \ldots$ asymptotisch erwartungstreu.

3.3 Die Maximum–Likelihood–Methode

Die Schätzer, die wir eben auf Güteeigenschaften hin untersuchten, waren zum Teil durch Formeln aus der Beschreibenden Statistik nahegelegt. Wir wollen uns nun der Frage zuwenden, wie man in allgemeinen Situationen zu geeigneten Schätzern gelangen kann, und eine Methode angeben, die nicht immer, aber in vielen Fällen gute Schätzer liefert.

Beispiel 3.15. *In einer Urne befinden sich insgesamt 10 Kugeln, und zwar schwarze und weiße. Die Anzahl θ der schwarzen Kugeln ist unbekannt. Es werden 3 Kugeln gezogen. Aufgrund des Ergebnisses soll θ geschätzt werden. Nehmen wir an, daß zwei schwarze und eine weiße Kugel gezogen werden, so weiß man mit Sicherheit, daß θ mindestens gleich 2 und höchstens gleich 9 ist. Keiner der möglichen Werte $2, \ldots, 9$ kann völlig ausgeschlossen werden, doch erscheinen einige plausibler als andere. Um dies zu verdeutlichen, betrachten wir eine hypergeometrisch verteilte Zufallsvariable X_1, die die Anzahl der schwarzen Kugeln bei der Ziehung beschreibt, und berechnen für jeden der möglichen θ–Werte die Wahrscheinlichkeit des Ereignisses $X_1 = 2$:*

$$P_\theta(X_1 = 2) = \frac{\binom{\theta}{2}\binom{10-\theta}{1}}{\binom{10}{3}} = \frac{\theta(\theta-1)(10-\theta)}{240} \quad \text{für} \quad \theta = 2, 3, \ldots, 9$$

und $P_\theta(X_1 = 2) = 0$ sonst. Man erhält die Werte der folgenden Tabelle:

θ	0	1	2	3	4	5	6	7	8	9	10
$P_\theta(X_1 = 2)$	0	0	0.067	0.175	0.300	0.417	0.500	0.525	0.467	0.300	0

Unter der Annahme $\theta = 2$ hat das beobachtete Ergebnis die relativ kleine Wahrscheinlichkeit 0.067. Man wird also kaum damit rechnen, daß dieses Ergebnis bei $\theta = 2$ auftritt. Umgekehrt wird man, wenn dieses Ergebnis auftritt, eher einen von 2 verschiedenen θ–Wert vermuten, bei dem das Ergebnis 2 mit einer größeren Wahrscheinlichkeit auftritt. Im Falle $\theta = 7$ ist diese Wahrscheinlichkeit am größten. Es gilt dann nämlich $P_\theta(X_1 = 2) = 0.525$, und es erscheint plausibel, $\hat{\theta} = 7$ als Schätzwert für die Anzahl θ der schwarzen Kugeln in der Urne zu wählen.

Wir nehmen nun an, daß die gezogenen Kugeln zurückgelegt und, nachdem gut durchgemischt wurde, erneut drei Kugeln gezogen werden. Wir beschreiben diesen zweiten Zug wieder durch eine hypergeometrisch verteilte Zufallsvariable X_2. Erhält man jetzt nur weiße Kugeln, tritt also das Ereignis $X_2 = 0$ ein, so ergeben sich aufgrund des zweiten Zuges nach der soeben beschriebenen Methode zunächst die Wahrscheinlichkeiten

$$P(X_2 = 0) = \frac{\binom{\theta}{0}\binom{10-\theta}{3}}{\binom{10}{3}} = \frac{(10-\theta)(9-\theta)(8-\theta)}{720} \quad \text{für} \quad \theta = 0, 1, \ldots, 7$$

und $P(X_2 = 0) = 0$ sonst, die in der folgenden Tabelle zusammengestellt sind:

θ	0	1	2	3	4	5	6	7	8	9	10
$P_\theta(X_2 = 0)$	1	0.700	0.467	0.292	0.167	0.083	0.033	0.008	0	0	0

Als θ–Wert mit der größten Wahrscheinlichkeit erhält man den Schätzwert $\hat{\theta} = 0$.

Man kann diese beiden Beobachtungen zusammen als Grundlage für die Schätzung wählen. Da wir die beiden Zufallsvariablen als unabhängig ansehen können, ergeben sich aus

$$P_\theta(X_1 = 2,\ X_2 = 0) = P_\theta(X_1 = 2) \cdot P_\theta(X_2 = 0), \qquad \theta = 0, 1, \ldots, 10,$$

die folgenden Wahrscheinlichkeiten:

θ	0	1	2	3	4	5	6	7	8	9	10
$P_\theta(X_1 = 2) \cdot P_\theta(X_2 = 0)$	0	0	0.031	0.051	0.050	0.035	0.017	0.004	0	0	0

Die Tabelle zeigt, daß die Wahrscheinlichkeit, zunächst 2 und danach 0 schwarze Kugeln zu ziehen, für $\theta = 3$ am größten ist. Es ist also sinnvoll, den Schätzwert $\hat{\theta} = 3$ zu wählen. Dieser Wert ist plausibler als z.B. der Wert $\theta = 7$, bei dem das beobachtete Ergebnis der beiden Ziehungen nur mit der Wahrscheinlichkeit 0.004 auftritt.

Wir haben in allen drei Situationen jenen der möglichen θ–Werte als Schätzwert gewählt, der uns am plausibelsten erschien, weil das beobachtete Ergebnis für die anderen θ–Werte weniger wahrscheinlich war.

Diese Idee, diejenige Verteilung als die plausibelste einzustufen, bei der die beobachtete Meßreihe die größte Wahrscheinlichkeit besitzt, läßt sich auch dann anwenden, wenn unendlich viele Verteilungen zu betrachten sind, für θ also nicht nur endlich viele Werte in Frage kommen.

Beispiel 3.16. *Soll wie in Beispiel 3.1 aufgrund der Überprüfung von n Sicherungen die Wahrscheinlichkeit θ, mit der eine defekte Sicherung produziert wird, geschätzt werden, so betrachten wir wieder n unabhängige Zufallsvariablen $X_1, \ldots, X_n$, die alle (ebenso wie X) $B(1, \theta)$–verteilt sind. ($X_i = 1$ bedeutet wieder: "i–te Sicherung defekt".) Beobachten wir k defekte Sicherungen, nimmt also die $B(n, \theta)$–verteilte Zufallsvariable $X_1 + \cdots + X_n$ den Wert $k \in \{0, 1, \ldots, n\}$ an, so sind die Wahrscheinlichkeiten*

$$P_\theta(X_1 + \cdots + X_n = k) = \binom{n}{k} \cdot \theta^k (1 - \theta)^{n-k}$$

zu betrachten, die sich für $0 < \theta < 1$ ergeben. Gilt $0 < k < n$, so nimmt die Funktion

$$\theta \to \binom{n}{k} \cdot \theta^k (1 - \theta)^{n-k}$$

für $\hat{\theta} = \frac{k}{n}$ ihr Maximum in $\Theta = (0, 1)$ an. Der Wert $\frac{k}{n}$, die relative Häufigkeit der defekten unter den n geprüften Sicherungen, ist der Wert, der sich nach dieser Methode als Schätzwert ergibt.

Dieses Konstruktionsprinzip für Schätzer, das auf einen sinnvollen, im Beispiel 3.1 bereits betrachteten Schätzer, nämlich die relative Häufigkeit, führt, kann auch in allgemeineren Situationen angewandt werden.

Für die Zufallsvariable X mögen wieder die Verteilungsfunktionen F_θ, $\theta \in \Theta$, in Frage kommen. Wir unterscheiden dabei zwei Fälle:

Entweder ist X stetig verteilt, und f_θ, $\theta \in \Theta$, sind die entsprechenden Dichten, die auf dem Wertebereich $\mathsf{X} \subset \mathbb{R}$ der Zufallsvariablen X definiert sind, oder X ist diskret verteilt mit dem Wertebereich $\mathsf{X} \subset \mathbb{R}$, und die Funktionen f_θ, $\theta \in \Theta$, sind für alle Werte $x \in \mathsf{X}$ erklärt durch

$$f_\theta(x) = P_\theta(X = x) = F_\theta(x) - F_\theta(x - 0).$$

Die Funktion $L(.; x_1, \dots, x_n)$, die für eine feste Realisierung $(x_1, \dots, x_n) \in \mathsf{X}^n$ durch

$$L(\theta; x_1, \dots, x_n) = f_\theta(x_1) \cdot \ldots \cdot f_\theta(x_n), \quad \theta \in \Theta, \tag{96}$$

auf Θ definiert ist, heißt *Likelihood-Funktion* zur Realisierung $(x_1, \dots, x_n)$. Ein Parameterwert $\hat{\theta} = \hat{\theta}(x_1, \dots, x_n)$ mit

$$L(\hat{\theta}; x_1, \dots, x_n) \geq L(\theta; x_1, \dots, x_n) \quad \text{für alle} \quad \theta \in \Theta$$

heißt *Maximum-Likelihood-Schätzwert* für den Parameter θ zur Realisierung $(x_1, \dots, x_n)$.

Ein Schätzverfahren $T_n : \mathbb{R}^n \to \mathbb{R}$, das für alle Realisierungen $(x_1, \dots, x_n) \in \mathsf{X}^n$, zu denen Maximum-Likelihood-Schätzwerte $\hat{\theta}(x_1, \dots, x_n)$ existieren, diese als Schätzwerte $T_n(x_1, \dots, x_n)$ liefert, so daß also

$$T_n(x_1, \dots, x_n) = \hat{\theta}(x_1, \dots, x_n)$$

gilt, heißt *Maximum-Likelihood-Schätzer.*

Bei der Bestimmung von Maximum-Likelihood-Schätzern wird man daher so vorgehen, daß man die Maximalstellen der Likelihood-Funktionen $L(.; x_1, \dots, x_n)$, $(x_1, \dots, x_n) \in \mathsf{X}^n$, bestimmt, um so zu einer Formel $T_n(x_1, \dots, x_n)$ zu gelangen, die die Maximum-Likelihood-Schätzwerte in Abhängigkeit von den Realisierungen $(x_1, \dots, x_n)$ angibt. Die folgenden Beispiele zeigen, daß es dabei von Vorteil sein kann, nicht die Likelihood-Funktion $L(.; x_1, \dots, x_n)$ zu betrachten, sondern die Funktion $\ln L(.; x_1, \dots, x_n)$, die die gleichen Maximalstellen besitzt.

Hinweis: Im Beispiel 3.16 erhält man für die Realisierungen $k = 0$ und $k = n$ die Likelihood-Funktionen

$$\theta \to (1 - \theta)^n \quad \text{bzw.} \quad \theta \to \theta^n,$$

die im Parameterintervall $\Theta = (0, 1)$ kein Maximum annehmen. Es existieren also keine Maximum-Likelihood-Schätzwerte zu den Realisierungen $k = 0$ und $k = n$. Die gefundene Formel $\frac{k}{n}$ liefert jedoch für $k = 0$ und $k = n$ die durchaus plausiblen Schätzwerte $\hat{\theta} = 0$ bzw. $\hat{\theta} = 1$, die allerdings nicht mehr zum eingangs festgelegten Parameterintervall $\Theta = (0, 1)$ gehören. Trotzdem ist die relative Häufigkeit im Sinne unserer Definition ein Maximum-Likelihood-Schätzer.

Beispiel 3.17. *X sei Poisson–verteilt mit Parameter $\theta > 0$. Als Likelihood–Funktion zu $(x_1, \ldots, x_n) \in (\mathbb{N} \cup \{0\})^n$ erhält man*

$$L(\theta; x_1, \ldots, x_n) = \frac{1}{x_1! \cdot \ldots \cdot x_n!} \cdot \theta^{x_1 + \cdots + x_n} \cdot e^{-n\theta}.$$

Wegen

$$\ln L(\theta; x_1, \ldots, x_n) = -n\theta - \ln(x_1! \cdot \ldots \cdot x_n!) + (x_1 + \cdots + x_n) \cdot \ln \theta$$

ergibt sich

$$\frac{d \ln L}{d\theta} = -n + \frac{x_1 + \cdots + x_n}{\theta} = 0 \quad \text{für} \quad \theta = \frac{x_1 + \cdots + x_n}{n}.$$

Da für dieses θ tatsächlich ein Maximum vorliegt, erhalten wir $\hat{\theta}(x_1, \ldots, x_n) = \frac{1}{n} \sum_{i=1}^{n} x_i$, also $\overline{X}_{(n)}$ als Maximum–Likelihood–Schätzvariable für θ.

Beispiel 3.18. *X sei $R(0, \theta)$–verteilt mit Parameter $\theta > 0$. Als Likelihood–Funktion für $(x_1, \ldots, x_n) \in (0, \infty)^n$ ergibt sich:*

$$L(\theta; x_1, \ldots, x_n) = \begin{cases} \left(\frac{1}{\theta}\right)^n, & \text{falls} \quad x_i \leq \theta \text{ für alle } i = 1, \ldots, n \\ 0 & \text{sonst.} \end{cases}$$

Für die auf $(0, \infty)$ definierte Funktion $L(.; x_1, \ldots, x_n)$ gilt $L(\theta; x_1, \ldots, x_n) = 0$, falls ein Stichprobenwert x_i existiert, der größer als θ ist. Die Funktion hat aber positive Werte und ist streng monoton fallend im Intervall $[\max\{x_1, \ldots, x_n\}, \infty)$. Sie nimmt daher ihr Maximum bei $\hat{\theta}(x_1, \ldots, x_n) = \max\{x_1, \ldots, x_n\}$ an. Damit ist $\max\{x_1, \ldots, x_n\}$ ein Maximum–Likelihood–Schätzer für θ. Auch hier erhält man einen nicht erwartungstreuen Schätzer, wie die folgende Rechnung zeigt. Die Verteilungsfunktion G_θ der Zufallsvariablen $\max\{X_1, \ldots, X_n\}$ ergibt sich für $\theta > 0$ zu

$$G_\theta(x) = P_\theta(\max\{X_1, \ldots, X_n\} \leq x) = P_\theta(X_1 \leq x, \ldots, X_n \leq x) = \left(\frac{x}{\theta}\right)^n$$

für $0 \leq x \leq \theta$. Daraus ergibt sich mit (50) der Erwartungswert

$$E_\theta(\max\{X_1, \ldots, X_n\}) = \int_0^\theta (1 - (\frac{x}{\theta})^n)\, dx = \theta - \frac{\theta^{n+1}}{\theta^n (n+1)} = \frac{n}{n+1}\theta.$$

Beispiel 3.19. *X sei $R(-\theta, \theta)$–verteilt mit Parameter $\theta > 0$. Als Likelihood–Funktion für $(x_1, \ldots, x_n) \in \mathbb{R}^n$ ergibt sich:*

$$L(\theta; x_1, \ldots, x_n) = \begin{cases} \left(\frac{1}{2\theta}\right)^n, & \text{falls} \quad -\theta \leq x_i \leq \theta \text{ für alle } i = 1, \ldots, n \\ 0 & \text{sonst.} \end{cases}$$

Die Funktion $L(.; x_1, \ldots, x_n)$ nimmt ihr Maximum bei

$$\hat{\theta}(x_1, \ldots, x_n) = \max\{|x_1|, \ldots, |x_n|\}$$

Verlassen wir im folgenden Beispiel den eingangs gesteckten Rahmen, in dem der zu schätzende Parameter θ als reellwertig vorausgesetzt war, und betrachten wir einen zweidimensionalen Parameter, so läßt sich die Maximum–Likelihood–Methode ebenfalls anwenden.

Beispiel 3.20. *Die Zufallsvariable X sei normalverteilt; bezeichne also F_θ für $\theta = (\theta_1, \theta_2)$ die Verteilungsfunktion einer $N(\theta_1, \theta_2)$–verteilten Zufallsvariablen, $\theta \in \mathbb{R} \times (0, \infty)$. Es soll θ geschätzt werden (d.h., der Erwartungswert θ_1 und die Varianz θ_2 sollen gleichzeitig geschätzt werden). Die Likelihood–Funktion zur Realisierung $(x_1, \ldots, x_n)$ ist auf $\Theta = \mathbb{R} \times (0, \infty)$ gegeben durch*

$$L(\theta_1, \theta_2; x_1, \ldots, x_n) = \Big(\frac{1}{\sqrt{2\pi\theta_2}}\Big)^n \exp\Big(-\frac{1}{2\theta_2} \cdot \sum_{i=1}^n (x_i - \theta_1)^2\Big), \quad (\theta_1, \theta_2) \in \Theta.$$

Diese Funktion hat die gleichen Maxima wie die einfacher zu untersuchende Funktion

$$\ln L(\theta_1, \theta_2; x_1, \ldots, x_n) = -n \cdot \ln\sqrt{2\pi} - \frac{n}{2}\ln\theta_2 - \frac{1}{2\theta_2} \cdot \sum_{i=1}^n (x_i - \theta_1)^2, \quad (\theta_1, \theta_2) \in \Theta.$$

Die Untersuchung der partiellen Ableitungen zur Bestimmung lokaler Extremwerte führt zunächst auf die Gleichungen

$$\begin{aligned} \frac{\partial \ln L}{\partial \theta_1} &= \frac{1}{\theta_2} \cdot \sum_{i=1}^n (x_i - \theta_1) = 0 \\ \frac{\partial \ln L}{\partial \theta_2} &= -\frac{n}{2\theta_2} + \frac{1}{2 \cdot {\theta_2}^2} \cdot \sum_{i=1}^n (x_i - \theta_1)^2 = 0 \end{aligned}$$

und zeigt, daß bei

$$\begin{aligned} \hat\theta(x_1, \ldots, x_n) &= (\hat\theta_1(x_1, \ldots, x_n),\ \hat\theta_2(x_1, \ldots, x_n)) \quad \textit{mit} \\ \hat\theta_1(x_1, \ldots, x_n) &= \frac{1}{n}\sum_{i=1}^n x_i = \bar{x} \quad \textit{und} \\ \hat\theta_2(x_1, \ldots, x_n) &= \frac{1}{n}\sum_{i=1}^n (x_i - \frac{1}{n}\sum_{j=1}^n x_j)^2 = \frac{n-1}{n} s_{(n)}^2 \end{aligned}$$

ein Maximum vorliegt. Damit ist $(\overline{X}_{(n)}, \frac{n-1}{n} S_{(n)}^2)$ eine Maximum–Likelihood–Schätzvariable für $\theta = (\theta_1, \theta_2)$. Man erkennt, daß die Maximum–Likelihood–Methode nicht unbedingt auf erwartungstreue Schätzer führt, denn $S_{(n)}^2$ ist nach Satz 3.5 erwartungstreu für θ_2, nicht aber der gefundene Maximum–Likelihood–Schätzer.

3.4 Konfidenzintervalle

Da die in den letzten Abschnitten betrachteten Schätzwerte $T_n(x_1, \ldots, x_n)$ in der Regel vom zu schätzenden Parameter θ bzw. $\tau(\theta)$ abweichen, auch wenn die Schätzvariable T_n schöne Eigenschaften wie Erwartungstreue und Konsistenz hat, stellt sich in natürlicher Weise die Frage nach Schranken, zwischen denen der unbekannte Parameter mit einer gewissen Sicherheit liegt, falls jetzt wie auch im folgenden $\theta \in \Theta \subset \mathbb{R}$ angenommen wird. Wir sind, genauer gesagt, an einem Verfahren interessiert, nach dem sich aus dem Beobachtungsergebnis $x_1, \ldots, x_n$ ein (möglichst kleines) Intervall

$$I(x_1, \ldots, x_n) = [U(x_1, \ldots, x_n),\ O(x_1, \ldots, x_n)]$$

berechnen läßt, und dieses Verfahren sollte die Eigenschaft haben, daß es zu vorgegebenem α mit einer Wahrscheinlichkeit $\geq 1-\alpha$ ein Intervall liefert, das den wahren, aber unbekannten Parameter θ enthält. $X_1, \ldots, X_n$ sind wieder unabhängige, identisch (wie X) verteilte Zufallsvariablen, für deren Verteilungsfunktion zunächst eine der Funktionen F_θ, $\theta \in \Theta$, in Frage kommt. Später werden wir (insbesondere bei Normalverteilungsannahmen) auch eine allgemeinere Situation betrachten.

Die Endpunkte des "zufälligen Intervalls" $I(X_1, \ldots, X_n)$ werden durch die Zufallsvariablen $U(X_1, \ldots, X_n)$ und $O(X_1, \ldots, X_n)$ beschrieben. U und O sind dabei Abbildungen $U : \mathbb{R}^n \to \Theta$, $O : \mathbb{R}^n \to \Theta$. $I(X_1, \ldots, X_n)$ heißt *Konfidenzintervall* für θ. Von entscheidender Bedeutung bei einem Konfidenzintervall ist die Wahrscheinlichkeit dafür, daß es den wahren Wert des Parameters θ überdeckt.

Für das entsprechende Ereignis schreiben wir

$$I(X_1, \ldots, X_n) \ni \theta.$$

Es interessiert also $P_\theta(I(X_1, \ldots, X_n) \ni \theta)$. Da wir θ nicht kennen, befassen wir uns mit allen Wahrscheinlichkeiten

$$P_\theta(I(X_1, \ldots, X_n) \ni \theta), \quad \theta \in \Theta.$$

Ein Konfidenzintervall $I(X_1, \ldots, X_n)$ heißt *Konfidenzintervall für θ zum Konfidenzniveau* $1 - \alpha$ (α vorgegeben, $0 < \alpha < 1$), falls

$$P_\theta(I(X_1, \ldots, X_n) \ni \theta) \geq 1 - \alpha \quad \text{für alle} \quad \theta \in \Theta$$

gilt. Liegt eine Realisierung $(x_1, \ldots, x_n)$ von $(X_1, \ldots, X_n)$ vor, so nennen wir

$$I(x_1, \ldots, x_n) = [U(x_1, \ldots, x_n),\ O(x_1, \ldots, x_n)]$$

konkretes Schätzintervall für θ, das aufgrund eines Konfidenzschätzverfahrens zum Konfidenzniveau $1 - \alpha$ ermittelt wurde. $I(x_1, \ldots, x_n)$ soll auch konkretes Schätzintervall für θ zum Niveau $1 - \alpha$ heißen.

Die Wahrscheinlichkeit dafür, daß das "zufällige Intervall" den Wert θ überdeckt, berechnet unter der Annahme, daß θ der wahre Wert des Parameters ist, beträgt also bei einem Konfidenzschätzverfahren zum Niveau $1 - \alpha$ mindestens $1 - \alpha$.

Beispiel 3.21. *(Konfidenzintervall für den Parameter θ einer $B(n, \theta)$–verteilten Zufallsvariablen)*

Die Zufallsvariablen $X_1, \ldots, X_n$ seien unabhängig und identisch $B(1, \theta)$–verteilt für ein θ mit $0 < \theta < 1$. Die Summenvariable $Y = X_1 + \cdots + X_n$ ist also $B(n, \theta)$–verteilt.

Für großes n ist dann nach dem Grenzwertsatz von Moivre und Laplace (Satz 2.80) die standardisierte Zufallsvariable

$$\frac{Y - n\theta}{\sqrt{n\theta(1-\theta)}}$$

näherungsweise $N(0,1)$–verteilt, d.h., für beliebiges $c > 0$ gilt näherungsweise

$$P_\theta\left(-c \leq \frac{Y - n\theta}{\sqrt{n\theta(1-\theta)}} \leq c\right) \approx \Phi(c) - \Phi(-c) = 2\Phi(c) - 1.$$

Zum vorgegebenen Konfidenzniveau $1 - \alpha$ bestimmen wir c aus

$$2\Phi(c) - 1 = 1 - \alpha \quad \text{oder} \quad \Phi(c) = 1 - \alpha/2.$$

Ist $c = u_{1-\alpha/2}$ das $(1 - \alpha/2)$–Quantil einer $N(0,1)$–verteilten Zufallsvariablen, so gilt also näherungsweise

$$P_\theta\left(-u_{1-\alpha/2} \leq \frac{Y - n\theta}{\sqrt{n\theta(1-\theta)}} \leq u_{1-\alpha/2}\right) \approx 1 - \alpha \quad \text{für alle} \quad \theta \text{ mit } 0 < \theta < 1.$$

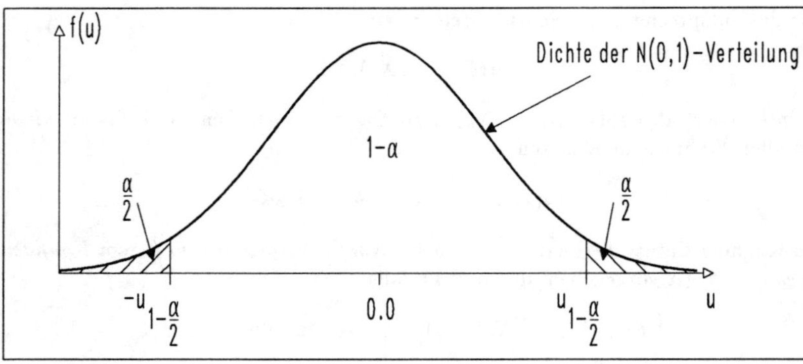

Das Ereignis $-c \leq \dfrac{Y - n\theta}{\sqrt{n\theta(1-\theta)}} \leq c$ tritt genau dann ein, wenn eine der folgenden äquivalenten Ungleichungen gilt:

$$\begin{aligned} |Y - n\theta| &\leq c\sqrt{n\theta(1-\theta)} \\ (Y - n\theta)^2 &\leq c^2 n\theta(1-\theta) \\ Y^2 - 2n\theta Y + n^2\theta^2 &\leq c^2 n\theta - c^2 n\theta^2 \\ \theta^2(c^2 + n) - \theta(2Y + c^2) + \frac{1}{n}Y^2 &\leq 0. \end{aligned}$$

Man erkennt, daß die letzte Ungleichung für alle θ zwischen

$$U(Y) = \frac{1}{n + c^2}\left(Y + \frac{c^2}{2} - c\sqrt{\frac{Y(n-Y)}{n} + \frac{c^2}{4}}\right) \qquad (97)$$

und

$$O(Y) = \frac{1}{n+c^2}\Big(Y + \frac{c^2}{2} + c\sqrt{\frac{Y(n-Y)}{n} + \frac{c^2}{4}}\Big)$$

erfüllt ist. Als "approximatives" Konfidenzintervall $I(X_1, \ldots, X_n) = I(Y)$ für θ zum Konfidenzniveau $1-\alpha$ erhalten wir

$$I(Y) = \Big[\frac{1}{n+c^2}\Big(Y+\frac{c^2}{2}-c\sqrt{\frac{Y(n-Y)}{n} + \frac{c^2}{4}}\Big),\ \frac{1}{n+c^2}\Big(Y+\frac{c^2}{2}+c\sqrt{\frac{Y(n-Y)}{n} + \frac{c^2}{4}}\Big)\Big],$$

wobei $c = u_{1-\alpha/2}$ zu setzen ist.

Dieses Ergebnis soll in der folgenden Skizze dargestellt werden, der man das zur Realisierung gehörige konkrete Schätzintervall $I(k)$ für θ entnehmen kann.

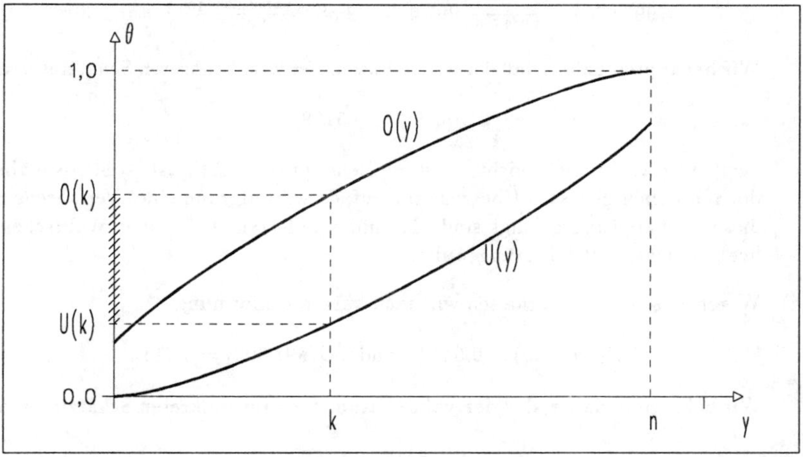

Ist also k eine Realisierung der binomialverteilten Zufallsvariablen Y, so behaupten wir aufgrund dieser Realisierung, daß der unbekannte Parameter θ im Intervall $[U(k),\ O(k)]$ liegt. Ob diese Behauptung richtig oder falsch ist, können wir nicht mit Sicherheit sagen. Aber wir wissen, daß wir diese Behauptung aufgrund eines Verfahrens aufgestellt haben, das mit einer Wahrscheinlichkeit von mindestens (ungefähr) $1-\alpha$ richtige Behauptungen liefert. Ist n groß, so erhalten wir aus $I(Y)$ ein leichter zu berechnendes, ebenfalls brauchbares (approximatives) Konfidenzintervall $\tilde{I}(Y)$ für θ zum Konfidenzniveau $1-\alpha$ nach folgender Formel:

$$\tilde{I}(Y) = \Big[\frac{1}{n}\Big(Y - u_{1-\alpha/2}\sqrt{\frac{1}{n}Y(n-Y)}\Big),\ \frac{1}{n}\Big(Y + u_{1-\alpha/2}\sqrt{\frac{1}{n}Y(n-Y)}\Big)\Big],$$

wobei $u_{1-\alpha/2}$ wie oben das $(1-\alpha/2)$–Quantil einer $N(0,1)$–verteilten Zufallsvariablen bedeutet.

Beispiel 3.22. *In den Jahren 1950 bis 1970 wurden in der Schweiz 1 944 700 Kinder geboren, darunter 997 600 Knaben. Für die Wahrscheinlichkeit θ, daß bei der Geburt eines Kindes in der Schweiz männlichen Geschlecht festgestellt wird, bestimme man nach dem durch $\tilde{I}$ gegebenen Konfidenzschätzverfahren ein konkretes Schätzintervall*

(i) zum Konfidenzniveau 0.99,

(ii) zum Konfidenzniveau 0.999.

Lösung:

(i) Wegen $u_{0.995} = 2.58$ erhalten wir mit $n = 1\,944\,700$ und $k = 997\,600$ für den unteren Endpunkt

$$\tilde{U}(997\,600) = \frac{1}{1\,944\,700}\left(997\,600 - 2.58\sqrt{\frac{997\,600 \cdot 947\,100}{1\,944\,700}}\right) = 0.5121$$

und für den oberen

$$\tilde{O}(997\,600) = \frac{1}{1\,944\,700}\left(997\,600 + 2.58\sqrt{\frac{997\,600 \cdot 947\,100}{1\,944\,700}}\right) = 0.5139.$$

Wir behaupten daher, daß der wahre Parameter θ im konkreten Schätzintervall

$$[0.5121,\ 0.5139]$$

liegt. Wir wissen zwar nicht, ob diese Behauptung richtig ist, stellen sie aber doch mit einer gewissen Überzeugung auf, da wir aufgrund eines Verfahrens zu dieser Behauptung gelangt sind, das mit mindestens 99%–tiger Wahrscheinlichkeit richtige Behauptungen liefert.

(ii) Wegen $u_{0.9995} = 3.29$ erhalten wir nach kurzer Umformung

$$\tilde{U}(997\,600) = 0.5118 \quad \text{und} \quad \tilde{O}(997\,600) = 0.5142.$$

Wir behaupten daher, daß der wahre Parameter θ im konkreten Schätzintervall

$$[0.5118,\ 0.5142]$$

liegt. Wir stellen diese Behauptung mit noch größerer Überzeugung auf als die Behauptung in (i), erkennen aber, daß diese Behauptung weniger präzise ist, da das angegebene konkrete Schätzintervall länger ist.

Beispiel 3.23. *Vor einer Landtagswahl möchte ein Meinungsforscher den Anteil der Wähler der Partei A unter den Wahlberechtigten ermitteln. Er interessiert sich für die Wahrscheinlichkeit θ, daß ein zufällig ausgewählter Wahlberechtigter ein A–Wähler ist. Wegen der großen Zahl der Wahlberechtigten können wir annehmen, daß die Anzahl der A–Wähler unter n zufällig ausgewählten Wahlberechtigten $B(n,\theta)$–verteilt ist. Wie viele Wahlberechtigte müssen mindestens befragt werden, damit das oben beschriebene Konfidenzintervall $\tilde{I}(X)$ zum Konfidenzniveau 0.95 konkrete Schätzintervalle mit einer Länge ≤ 0.02 liefert?*

Aus der obigen Formel erhalten wir, daß bei k A–Wählern die Länge des konkreten Schätzintervalles

$$l_n(k) = 2 \cdot \frac{1}{n} \cdot u_{1-\alpha/2} \cdot \sqrt{\frac{1}{n}k(n-k)} = 2 \cdot u_{1-\alpha/2} \cdot \frac{1}{\sqrt{n}}\sqrt{\frac{k}{n}(1-\frac{k}{n})}$$

beträgt. Wegen $\frac{k}{n}(1-\frac{k}{n}) \leq \frac{1}{4}$

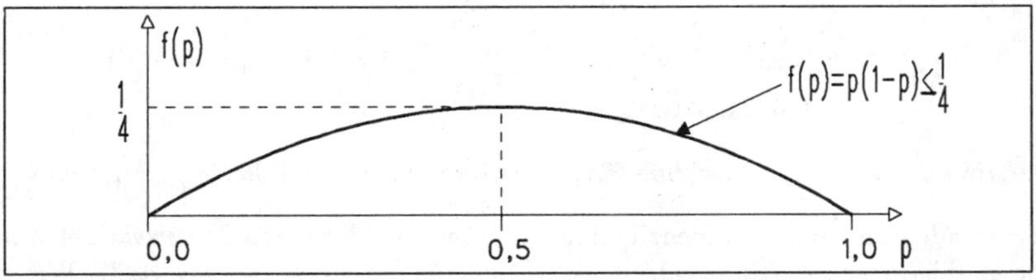

gilt $l_n(k) \leq u_{1-\alpha/2} \cdot \frac{1}{\sqrt{n}}$. *Für die Anzahl n der zu Befragenden ergibt sich daraus* $u_{1-\alpha/2} \cdot \frac{1}{\sqrt{n}} \leq 0.02$ *oder*

$$n \geq (0.0004)^{-1} \cdot u^2_{.975} = (0.0004)^{-1} \cdot (1.96)^2 = 9604.$$

Sprechen sich dann von 9604 Befragten 4514 für die Partei A aus, so erhält der Meinungsforscher als konkretes Schätzintervall

$$\begin{aligned}\tilde{I}(4514) &= \left[\tfrac{1}{9604}(4514 - 1.96\sqrt{\tfrac{4514\cdot 5090}{9604}}),\ \tfrac{1}{9604}(4514 + 1.96\sqrt{\tfrac{4514\cdot 5090}{9604}})\right] \\ &= [0.46,\ 0.48],\end{aligned}$$

dessen Länge 0.02 beträgt. Es wird also die Prognose aufgestellt, daß zwischen 46% und 48% der Wahlberechtigten der Partei A ihre Stimme geben werden. Dabei hat er die Sicherheit, daß diese Prognose (falls die Verteilungsannahme gerechtfertigt ist, d.h. insbesondere, daß sich die Stimmungslage in der Bevölkerung nicht durch unvorgesehene Ereignisse ändert und daß die Befragten "repräsentativ" ausgewählt wurden) mit einem Verfahren ermittelt wurde, das in mindestens (ungefähr) 95% der Fälle seiner Anwendung richtige Prognosen liefert.

Bemerkung: Dieses Beispiel kann nur einen ersten Einblick in die Arbeitsweise der Demoskopen vermitteln. In der Praxis werden feinere Methoden (z.B. Trendanalysen o.ä.) verwendet, um zu konkreten Schätzintervallen zum gleichen Niveau mit kleinerer Länge zu gelangen, die bereits auf der Basis einer geringeren Anzahl von Befragten ermittelt werden können.

Eine Anwendung des oben hergeleiteten Verfahrens in der Qualitätskontrolle beschreibt das folgende

Beispiel 3.24. *Ein Händler hat eine sehr große Lieferung Sicherungen erhalten. Aufgrund der Überprüfung von 300 aus der Lieferung herausgegriffenen Sicherungen möchte er sich einen Eindruck von der Qualität der Lieferung verschaffen. Er möchte anhand der Anzahl k der defekten unter den 300 herausgegriffenen Sicherungen für die Wahrscheinlichkeit, mit der bei der Produktion einer Sicherung eine defekte entsteht, ein konkretes Schätzintervall bestimmen. Zur Beschreibung der zufälligen Anzahl der defekten unter den herausgegriffenen Sicherungen kann hier die* $B(300,\theta)$*–Verteilung verwendet werden. Findet der Händler z.B.* $k = 4$ *defekte*

Sicherungen unter den 300 ausgewählten, so ergibt sich als konkretes Schätzintervall zum Niveau 0.95

$$\begin{aligned}\tilde{I}(4) &= \left[\tfrac{1}{300}(4 - 1.96\sqrt{\tfrac{1}{300}\cdot 4\cdot 296}),\ \tfrac{1}{300}(4 + 1.96\sqrt{\tfrac{1}{300}\cdot 4\cdot 296})\right] \\ &= [0.0004,\ 0.0263].\end{aligned}$$

Der Händler wird für θ also einen Wert zwischen 0.4‰ und 26.3‰ vermuten.

Wir wenden uns nun Konfidenzintervallen bei normalverteilten Zufallsvariablen zu. Die unabhängigen Zufallsvariablen $X_1, \ldots, X_n$ seien stets $N(\mu, \sigma^2)$–verteilt. Wir suchen nach Konfidenzintervallen zum Konfidenzniveau $1-\alpha$ für die Parameter μ und σ^2. Anders als in den vorangegangenen Beispielen, in denen die Konfidenzintervalle mit Hilfe von Näherungsformeln berechnet wurden, lassen sich unter Normalverteilungsannahmen Konfidenzintervalle angeben, die das vorgegebene Konfidenzniveau $1-\alpha$ genau einhalten. Wie bei den im Abschnitt 3.2 behandelten Schätzverfahren betrachten wir den allgemeinen Fall, daß nicht für θ selbst, sondern für $\tau(\theta)$ (einen durch eine Funktion $\tau : \Theta \to \mathbb{R}$ bestimmten Wert) ein Konfidenzintervall gesucht wird. Im Falle der Normalverteilungen $N(\mu, \sigma^2)$ sei Θ die Menge der Paare $\theta = (\mu, \sigma^2)$, $\mu \in \mathbb{R}$ und $\sigma > 0$. Wir unterscheiden vier Situationen:

Fall 1: $\tau(\theta) = \mu, \quad \sigma^2 = \sigma_0^2$ (bekannt)

Für $0 < \alpha < 1$ bezeichne $u_{1-\alpha/2}$ das $(1-\alpha/2)$–Quantil einer $N(0,1)$–verteilten Zufallsvariablen:

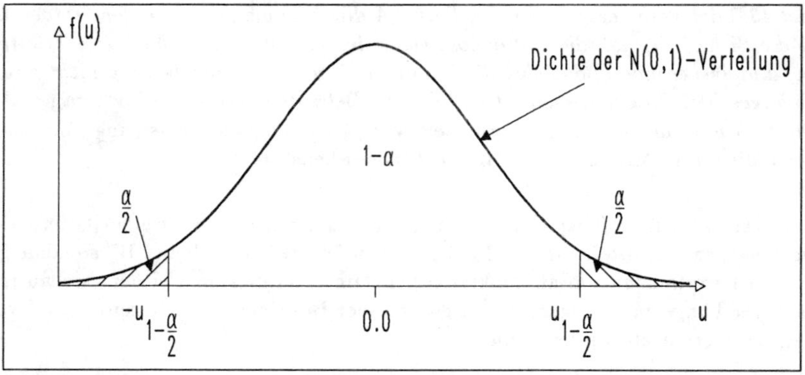

Satz 3.25. *Sei $0 < \alpha < 1$. Dann ist*

$$I(X_1, \ldots, X_n) = [\overline{X}_{(n)} - u_{1-\alpha/2} \cdot \frac{\sigma_0}{\sqrt{n}}, \overline{X}_{(n)} + u_{1-\alpha/2} \cdot \frac{\sigma_0}{\sqrt{n}}] \tag{98}$$

ein Konfidenzintervall für $\tau(\theta) = \mu$ zum Konfidenzniveau $1-\alpha$.

Beweis: Nach Satz 2.35 ist $\frac{\sqrt{n}}{\sigma_0}(\overline{X}_{(n)} - \mu)$ eine $N(0,1)$–verteilte Zufallsvariable. Damit erhalten wir:

$$P_\theta(I(X_1, \ldots, X_n) \ni \mu) = P_\theta(\overline{X}_{(n)} - u_{1-\alpha/2} \cdot \frac{\sigma_0}{\sqrt{n}} \le \mu \le \overline{X}_{(n)} + u_{1-\alpha/2} \cdot \frac{\sigma_0}{\sqrt{n}})$$

$$= P_\theta(-u_{1-\alpha/2} \leq \frac{\sqrt{n}}{\sigma_0}(\overline{X}_{(n)} - \mu) \leq u_{1-\alpha/2})$$
$$= \Phi(u_{1-\alpha/2}) - \Phi(-u_{1-\alpha/2}) = 1 - \alpha.$$

Fall 2: $\tau(\theta) = \mu, \quad \sigma^2$ unbekannt

Für $0 < \alpha < 1$ bezeichne $t_{n-1;1-\alpha/2}$ das $(1-\alpha/2)$-Quantil einer t_{n-1}-verteilten Zufallsvariablen:

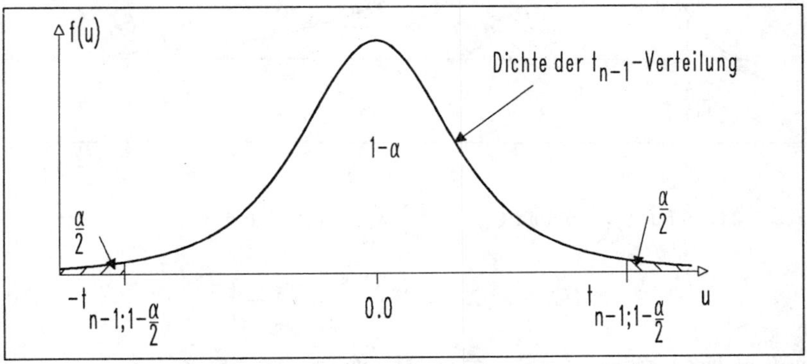

Satz 3.26. *Sei* $0 < \alpha < 1$. *Dann ist*

$$I(X_1, \ldots, X_n) = \left[\overline{X}_{(n)} - t_{n-1;1-\alpha/2} \cdot \sqrt{\tfrac{1}{n}S^2_{(n)}}\,,\, \overline{X}_{(n)} + t_{n-1;1-\alpha/2} \cdot \sqrt{\tfrac{1}{n}S^2_{(n)}}\right] \quad (99)$$

ein Konfidenzintervall für $\tau(\theta) = \mu$ *zum Konfidenzniveau* $1-\alpha$.

Beweis: Nach Satz 2.76 ist die Zufallsvariable $\frac{\sqrt{n}\,(\overline{X}_{(n)}-\mu)}{\sqrt{S^2_{(n)}}}$ t_{n-1}-verteilt. Damit ergibt sich die Behauptung wie bei Satz 3.25, jetzt aber unter Anwendung von Satz 2.76

$$P(I(X_1, \ldots, X_n) \ni \mu)$$
$$= P_\theta(\overline{X}_{(n)} - t_{n-1;1-\alpha/2} \cdot \sqrt{\frac{1}{n}S^2_{(n)}} \leq \mu \leq \overline{X}_{(n)} + t_{n-1;1-\alpha/2} \cdot \sqrt{\frac{1}{n}S^2_{(n)}})$$
$$= P_\theta(-t_{n-1;1-\alpha/2} \leq \frac{\sqrt{n}\,(\overline{X}_{(n)} - \mu)}{\sqrt{S^2_{(n)}}} \leq t_{n-1;1-\alpha/2}) = 1 - \tfrac{\alpha}{2} - \tfrac{\alpha}{2} = 1 - \alpha.$$

Bemerkung: Gegenüber dem in Satz 3.25 angegebenen Konfidenzintervall sind bei dem in Satz 3.26 angegebenen σ_0^2 durch $S^2_{(n)}$ und die Quantile der $N(0,1)$-Verteilung durch die der t_{n-1}-Verteilung ausgetauscht worden.

Fall 3: $\tau(\theta) = \sigma^2$; $\mu = \mu_0$ (bekannt)

Für $0 < \alpha < 1$, bezeichnen $\chi^2_{n;1-\alpha/2}$ und $\chi^2_{n;\alpha/2}$ das $(1-\alpha/2)$–Quantil bzw. das $\alpha/2$–Quantil einer χ^2_n–verteilten Zufallsvariablen:

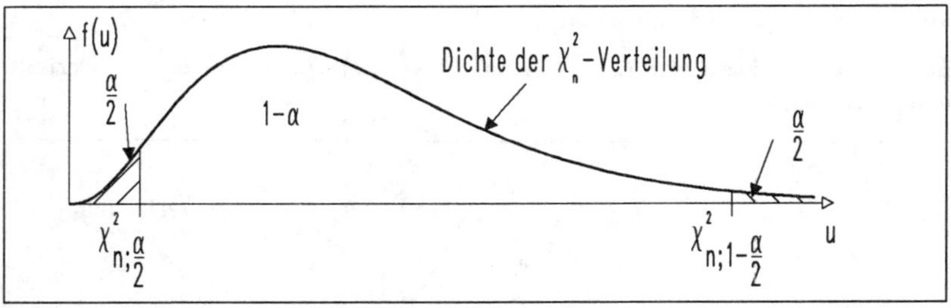

Satz 3.27. *Sei* $0 < \alpha < 1$ *und* $Q_{(n)} = \sum_{i=1}^{n}(X_i - \mu_0)^2$. *Dann ist*

$$I(X_1, \ldots, X_n) = \left[\frac{Q_{(n)}}{\chi^2_{n;1-\alpha/2}}, \frac{Q_{(n)}}{\chi^2_{n;\alpha/2}}\right] \tag{100}$$

ein Konfidenzintervall für $\tau(\theta) = \sigma^2$ *zum Konfidenzniveau* $1-\alpha$.

Beweis: Die Zufallsvariable $\frac{1}{\sigma^2}Q_{(n)}$ ist die Summe von n Quadraten unabhängiger $N(0,1)$–verteilter Zufallsvariablen, ist also χ^2_n–verteilt. Darum erhalten wir

$$\begin{aligned} P_\theta(I(X_1, \ldots, X_n) \ni \sigma^2) &= P_\theta\Big(\frac{Q_{(n)}}{\chi^2_{n;1-\alpha/2}} \le \sigma^2 \le \frac{Q_{(n)}}{\chi^2_{n;\alpha/2}}\Big) \\ &= P_\theta\Big(\chi^2_{n;\alpha/2} \le \frac{1}{\sigma^2}Q_{(n)} \le \chi^2_{n;1-\alpha/2}\Big) = 1 - \tfrac{\alpha}{2} - \tfrac{\alpha}{2} = 1-\alpha. \end{aligned}$$

Fall 4: $\tau(\theta) = \sigma^2$, μ unbekannt

Für $0 < \alpha < 1$, bezeichnen $\chi^2_{n-1;1-\alpha/2}$ und $\chi^2_{n-1;\alpha/2}$ das $(1-\alpha/2)$–Quantil bzw. das $\alpha/2$–Quantil einer χ^2_{n-1}–verteilten Zufallsvariablen.

Satz 3.28. *Sei* $0 < \alpha < 1$. *Dann ist*

$$I(X_1, \ldots, X_n) = \left[\frac{(n-1)S^2_{(n)}}{\chi^2_{n-1;1-\alpha/2}}, \frac{(n-1)S^2_{(n)}}{\chi^2_{n-1;\alpha/2}}\right] \tag{101}$$

ein Konfidenzintervall für $\tau(\theta) = \sigma^2$ *zum Konfidenzniveau* $1-\alpha$.

Beweis: Nach Satz 2.76 (ii) ist die Zufallsvariable $\frac{1}{\sigma^2}(n-1)\cdot S^2_{(n)}$ χ^2_{n-1}–verteilt. Damit ergibt sich die Behauptung wie bei Satz 3.27

$$P_\theta(I(X_1, \ldots, X_n) \ni \sigma^2) = P_\theta\Big(\frac{(n-1)S^2_{(n)}}{\chi^2_{n-1;1-\alpha/2}} \le \sigma^2 \le \frac{(n-1)S^2_{(n)}}{\chi^2_{n-1;\alpha/2}}\Big)$$

$$P_\theta(\chi^2_{n-1;\alpha/2} \le \frac{1}{\sigma^2}(n-1)S^2_{(n)} \le \chi^2_{n-1;1-\alpha/2}) = 1 - \tfrac{\alpha}{2} - \tfrac{\alpha}{2} = 1-\alpha.$$

Beispiel 3.29. *Bei einer Untersuchung über das Verhalten von Schulkindern im Straßenverkehr interessiert sich ein Psychologe für die Reaktionszeit von 10jährigen Schülern. Aus Erfahrung weiß er, daß sich der Meßvorgang durch eine $N(\mu, 0.04)$–verteilte Zufallsvariable beschreiben läßt. Bei 51 Messungen, die daher als Realisierungen von 51 unabhängigen identisch $N(\mu, 0.04)$-verteilten Zufallsvariablen betrachtet werden sollen, ergab sich der Mittelwert $\overline{X} = 0.8$ [sec]. Er errechnet daraus ein konkretes Schätzintervall für den Erwartungswert μ zum Konfidenzniveau 0.95. Mit $u_{0.975} = 1.96$ ergibt sich aus (98) das konkrete Schätzintervall:*

$$[0.8 - 1.96 \cdot \tfrac{0.2}{\sqrt{51}},\ 0.8 + 1.96 \cdot \tfrac{0.2}{\sqrt{51}}] = [0.745,\ 0.855].$$

Nehmen wir jetzt an, daß die Varianz nicht bekannt gewesen wäre, sich aber für die empirische Varianz aus der ermittelten Meßreihe $s^2 = 0.04$ ergeben hätte. Mit $t_{50;0.975} = 2.01$ erhielten wir in diesem Fall aus (99) das konkrete Schätzintervall

$$[0.8 - 2.01 \cdot \tfrac{0.2}{\sqrt{51}},\ 0.8 + 2.01 \cdot \tfrac{0.2}{\sqrt{51}}] = [0.744,\ 0.856],$$

das etwas länger ist als das obige, was plausibel ist, da nun der Wert 0.04 nicht als Modellannahme, sondern als zufallsabhängiger Schätzwert eingeht. Aufgrund dieser Zahlenwerte bestimmen wir noch gemäß (101) ein Konfidenzintervall für die Varianz. Mit $\chi^2_{50;0.025} = 32.35$ und $\chi^2_{50;0.975} = 71.42$ ergibt sich als konkretes Schätzintervall

$$\left[\frac{50 \cdot 0.04}{71.42},\ \frac{50 \cdot 0.04}{32.35}\right] = [0.028,\ 0.062].$$

Wie in Beispiel 3.23 kann man auch bei dem in Satz 3.25 beschriebenen Konfidenzschätzverfahren durch geeignete Wahl des Stichprobenumfangs n dafür sorgen, daß dieses Verfahren ausschließlich konkrete Schätzintervalle liefert, deren Länge einen vorgegebenen Wert $l > 0$ nicht übersteigt. Die Länge der konkreten Schätzintervalle beträgt nämlich

$$2 \cdot u_{1-\alpha/2} \cdot \sigma_0/\sqrt{n}\,,$$

hängt also nicht von der beobachteten Realisierung $x_1, \ldots, x_n$ der Zufallsvariablen $X_1, \ldots, X_n$ ab.

Bei gegebenem $l > 0$ muß also lediglich dafür gesorgt werden, daß $2 \cdot u_{1-\alpha/2} \cdot \sigma_0/\sqrt{n} \leq l$ gilt, was äquivalent ist zu $n \geq 4 \cdot (u_{1-\alpha/2} \cdot \sigma_0/l)^2$. Bei den in (99), (100) und (101) beschriebenen Verfahren hängen die Längen der konkreten Schätzintervalle $I(x_1, \ldots, x_n)$ dagegen von den Meßwerten $x_1, \ldots, x_n$ ab und können daher auch nicht durch eine gemeinsame obere Schranke abgeschätzt werden, was in Beispiel 3.23 noch möglich war.

Beispiel 3.30. *Wiegt man einen Probekörper mit einer Feinwaage mehrere Male, so stellen sich unterschiedliche Ergebnisse ein. Wir nehmen an, daß die Wägungen durch unabhängige $N(\mu, {\sigma_0}^2)$–verteilte Zufallsvariablen beschrieben werden können, wobei μ dem unbekannten Gewicht des Probekörpers entspricht und σ_0^2 eine bekannte (vom Hersteller der Waage angegebene) positive Zahl ist. Für μ soll mit dem arithmetischen Mittel der Meßergebnisse ein Schätzwert angegeben werden. Möchte man bei $\sigma_0^2 = 5 \cdot 10^{-5}$ einen Schätzwert erhalten, der mit einer Wahrscheinlichkeit ≥ 0.95 vom wahren Wert um nicht mehr als $5 \cdot 10^{-3}$ abweicht, so darf die*

Länge l des zugehörigen Vertrauensintervalls 10^{-2} nicht überschreiten, es müssen also wegen

$$4 \cdot \left(\frac{u_{0.975} \cdot \sqrt{5} \cdot 10^{-5/2}}{10^{-2}} \right)^2 = 4 \cdot 1.96^2 \cdot 5 \cdot 10^{-1} \approx 7.68$$

mindestens 8 Meßergebnisse gemittelt werden.

Bemerkung: Im zweiten Teil dieses Abschnitts sind wir von der Voraussetzung ausgegangen, daß die unabhängigen, identisch verteilten Zufallsvariablen $X_1, \ldots, X_n$ normalverteilt sind. Ist die Annahme der Normalverteilung nicht gerechtfertigt, so können in manchen Fällen mit Hilfe der Grenzwertsätze wie Satz 2.79 Vertrauensintervalle näherungsweise berechnet werden: Haben die Zufallsvariablen $X_1, \ldots, X_n$ den unbekannten Erwartungswert μ und die (bekannte) Varianz σ_0^2, so ist die Zufallsvariable $\frac{\sqrt{n}}{\sigma_0}(\overline{X}_{(n)} - \mu)$ für große n näherungsweise $N(0,1)$–verteilt, auch dann, wenn $X_1, \ldots, X_n$ nicht normalverteilt sind. Darum besitzt das in Satz 3.25 angegebene Konfidenzintervall für μ näherungsweise das Konfidenzniveau $1 - \alpha$. Ist die Varianz $\mathrm{Var}(X) = \sigma^2$ ebenfalls unbekannt, so wird man in (99) den Parameter σ_0 durch den Schätzer $\sqrt{S_{(n)}^2}$ ersetzen. Man erhält dann mit

$$I(X_1, \ldots, X_n) = \left[\overline{X}_{(n)} - u_{1-\alpha/2} \cdot \sqrt{\tfrac{1}{n} S_{(n)}^2},\ \overline{X}_{(n)} + u_{1-\alpha/2} \cdot \sqrt{\tfrac{1}{n} S_{(n)}^2} \right],$$

ebenfalls ein Konfidenzintervall, dessen Konfidenzniveau für große n näherungsweise gleich $1 - \alpha$ ist. Dies folgt aus einem Satz 2.79 entsprechenden Grenzwertsatz, der besagt, daß unter den Voraussetzungen von Satz 2.79 die Zufallsvariable

$$\sqrt{\frac{n}{S_{(n)}^2}}(\overline{X}_{(n)} - \mu)$$

für große n näherungsweise $N(0,1)$–verteilt ist.

Beispiel 3.31. *Die Parkdauer eines Kraftfahrzeuges in einem bestimmten Parkhaus wird durch eine Zufallsvariable X beschrieben. Für die mittlere Parkdauer $\mu = E(X)$ soll ein Konfidenzintervall bestimmt werden, dessen Konfidenzniveau näherungsweise gleich 0.95 ist. Ergibt sich bei 100 Messungen, die wir durch unabhängige, identisch wie X verteilte Zufallsvariablen $X_1, \ldots, X_{100}$ beschreiben wollen, der empirische Mittelwert $\overline{X} = 1.61$ [Std] und die empirische Varianz $s^2 = 2.72$ [Std^2], so erhält man mit $u_{0.975} = 1.96$ das Intervall*

$$[1.61 - 1.96 \cdot \sqrt{\tfrac{2.72}{100}},\ 1.61 + 1.96 \cdot \sqrt{\tfrac{2.72}{100}}] = [1.29,\ 1.93].$$

Kennt man den Verteilungstyp von X, so kann man in manchen Fällen auch ein Konfidenzintervall mit dem exakten Konfidenzniveau 0.95 bestimmen. Ist X z.B. normalverteilt, so ergibt sich nach (99) wegen $t_{99;0.975} = 1.98$ das Intervall

$$[1.61 - 1.98 \cdot \sqrt{\tfrac{2.72}{100}},\ 1.61 + 1.98 \cdot \sqrt{\tfrac{2.72}{100}}] = [1.28,\ 1.94].$$

Nehmen wir nun an, X sei exponentialverteilt mit Erwartungswert μ, so läßt sich zeigen, daß

$$\frac{2}{\mu}(X_1 + \cdots + X_n) = \frac{2n}{\mu}\overline{X}_{(n)}$$

eine χ^2_{2n}–verteilte Zufallsvariable ist (siehe z.B. Härtter [1987], Seite 159). Darum gilt

$$P_\mu(\chi^2_{2n;\alpha/2} \le \frac{2n}{\mu}\overline{X}_{(n)} \le \chi^2_{2n;1-\alpha/2}) = P_\mu\Big(\frac{2n\overline{X}_{(n)}}{\chi^2_{2n;1-\alpha/2}} \le \mu \le \frac{2n\overline{X}_{(n)}}{\chi^2_{2n;\alpha/2}}\Big) = 1-\alpha,$$

woraus sich das Konfidenzintervall

$$\Big[\frac{2n\overline{X}_{(n)}}{\chi^2_{2n;1-\alpha/2}}, \frac{2n\overline{X}_{(n)}}{\chi^2_{2n;\alpha/2}}\Big]$$

für μ zum Konfidenzniveau $1-\alpha$ ergibt.

Im Zahlenbeispiel erhält man das konkrete Schätzintervall

$$\Big[\tfrac{200\cdot 1.61}{241.1}, \tfrac{200\cdot 1.61}{162.7}\Big] = [1.34,\ 1.98],$$

das sich schon etwas deutlicher von dem oben mit Näherungsmethoden berechneten Intervall unterscheidet.

3.5 Tests bei Normalverteilungsannahmen

Ein *Test* ist ein Verfahren zur Überprüfung von Annahmen über Verteilungen, die das Zustandekommen von Beobachtungsdaten beschreiben. Solche Annahmen heißen *statistische Hypothesen* oder kurz *Hypothesen.* In der Testtheorie, die neben der in den letzten Abschnitten in ihren Grundzügen dargestellten Schätztheorie ein weiterer wichtiger Bereich der Mathematischen Statistik ist, werden solche Verfahren hergeleitet und analysiert. Liegen die Beobachtungsdaten in Form einer Meßreihe $x_1, \ldots, x_n$ vor, so soll aufgrund eines Tests entschieden werden, ob eine bestimmte Annahme (oder Hypothese) als widerlegt zu betrachten (zu verwerfen oder abzulehnen) ist. Ein solcher Test ist daher bereits durch die Angabe eines *Ablehnungsbereichs* (oder kritischen Bereichs) $K \subset \mathbb{R}^n$ beschrieben, falls vereinbart wird, daß die Hypothese immer dann abzulehnen ist, wenn für das n–Tupel der Beobachtungswerte $(x_1, \ldots, x_n) \in K$ gilt.

Grundvoraussetzung für diesen Abschnitt ist, daß die Beobachtungswerte $x_1, \ldots, x_n$ als Realisierung von unabhängigen, identisch normalverteilten Zufallsvariablen $X_1, \ldots, X_n$ angesehen werden können.

Beispiel 3.32. *$X_1, \ldots, X_n$ seien unabhängig identisch $N(\mu, \sigma_0^2)$–verteilt (σ_0^2 bekannt). Die zu prüfende Hypothese sei*

$$H_0 : \mu = \mu_0.$$

$\overline{X}_{(n)}$ ist, falls die Hypothese H_0 zutrifft, $N(\mu_0, \frac{\sigma_0^2}{n})$–verteilt, also ist

$$T(X_1, \ldots, X_n) = \frac{\sqrt{n}}{\sigma_0}(\overline{X}_{(n)} - \mu_0) \tag{102}$$

$N(0,1)$–verteilt. Wir werden die Hypothese H_0 ablehnen, wenn eine Realisierung $(x_1, \ldots, x_n)$ von $(X_1, \ldots, X_n)$ beobachtet wird, für die $T(x_1, \ldots, x_n)$ dem Betrag nach zu groß ausfällt. Zur Präzisierung dieser Vorgehensweise geben wir uns eine Zahl α, $0 < \alpha < 1$, vor (z.B. $\alpha = 0.05$) und bestimmen eine Schranke t^*, so daß

$$P_{\mu_0}(|T(X_1, \ldots, X_n)| > t^*) = \alpha$$

gilt. Vereinbaren wir jetzt, daß H_0 abzulehnen ist, falls $(x_1, \ldots, x_n)$ mit

$$|T(x_1, \ldots, x_n)| > t^*$$

beobachtet wird, dann ist die Wahrscheinlichkeit dafür, daß die Hypothese H_0 abgelehnt wird, obwohl sie zutrifft, gleich α. Die Schranke t^* ergibt sich aus

$$P_{\mu_0}(|T(X_1, \ldots, X_n)| > t^*) = \Phi(-t^*) + 1 - \Phi(t^*) = \alpha$$

zu $t^* = u_{1-\alpha/2}$, wobei $u_{1-\alpha/2}$ das $1 - \alpha/2$–Quantil der $N(0,1)$–Verteilung bezeichnet. Der zu dieser Schranke gehörende Ablehnungsbereich K für H_0 ist darum die Menge

$$K = \{(x_1, \ldots, x_n) \in \mathbb{R}^n : |T(x_1, \ldots, x_n)| > u_{1-\alpha/2}\}.$$

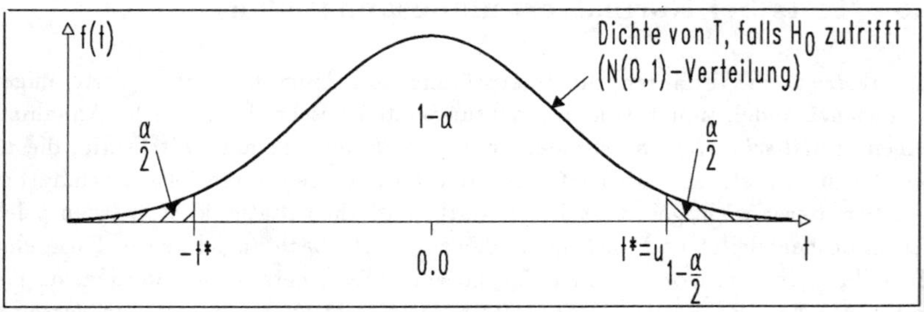

Das eben beschriebene Verfahren heißt *Gauß–Test.* Wir prüfen, ob die Beobachtungsergebnisse mit der Hypothese H_0 verträglich sind oder ob sie signifikante Abweichungen zeigen. Man spricht daher von einem *Signifikanz–Test* zum (*Signifikanz–*) *Niveau* α. Die zu prüfende statistische Hypothese H_0 heißt *Nullhypothese.*

Allgemeines Vorgehen beim Signifikanz–Test zum Niveau α:

1. Verteilungsannahme
2. Formulierung der Nullhypothese H_0
3. Wahl der Testgröße T und Bestimmung ihrer Verteilung unter H_0
4. Bestimmung des kritischen Bereiches K zum Niveau α
5. Entscheidungsregel: Gilt für das Beobachtungsergebnis $(x_1, \ldots, x_n) \in K$, so wird H_0 abgelehnt, im anderen Fall wird gegen H_0 nichts eingewendet.

Durch das Niveau α, das man sich vorgibt, wird das Risiko einer Fehlentscheidung quantifiziert: Wenn die Nullhypothese H_0 zutrifft, ist α die Wahrscheinlichkeit dafür, daß sie (zu Unrecht) abgelehnt wird. Wir möchten an dieser Stelle kurz auf eine insbesondere bei Anwendern statistischer Verfahren häufig benutzte Sprech- und Vorgehensweise eingehen. Ergibt das Beobachtungsergebnis $(x_1, \ldots, x_n)$ einen Wert $t = T(x_1, \ldots, x_n)$ der Testgröße (102) in der Nähe von 0, so steht dies in Einklang mit der Nullhypothese, gegen die deshalb auch nichts eingewendet wird. Große Werte t passen dagegen schlecht zu H_0, und wenn sie auftreten, wird die Gültigkeit im H_0 in Zweifel gezogen. Um diese Relation zwischen den Werten von T und der "Glaubwürdigkeit" der Nullhypothese quantitativ zu fassen, betrachtet man gelegentlich die Wahrscheinlichkeit

$$p(x_1, \ldots, x_n) = P_{H_0}(|T(X_1, \ldots, X_n)| \geq \tilde{t}) \quad \text{für} \quad \tilde{t} = |T(x_1, \ldots, x_n)| \tag{103}$$

dafür, daß bei der Gültigkeit von H_0 der Betrag der Testgröße T den beobachteten Wert $\tilde{t}$ oder einen größeren annimmt. Diese Wahrscheinlichkeit $p(x_1, \ldots, x_n)$ heißt dann *Signifikanz–Wahrscheinlichkeit* der Meßreihe $x_1, \ldots, x_n$ in Bezug auf H_0 und die Testgröße T. Je größer die Signifikanz–Wahrscheinlichkeit ist, um so besser passen die Daten zur Nullhypothese H_0. Kleine Signifikanz–Wahrscheinlichkeiten gehören zu Meßreihen, deren Entstehen unter H_0 unwahrscheinlich ist.

Bei vorgegebenem Niveau α gilt die Ungleichung $p(x_1, \ldots, x_n) < \alpha$ genau dann, wenn $|T(x_1, \ldots, x_n)| > u_{1-\alpha/2}$ ist, also wenn $(x_1, \ldots, x_n)$ im kritischen Bereich zum Niveau α liegt. Darum ist die Entscheidungsregel des Gauß–Tests äquivalent mit

$$H_0 \text{ ist genau dann abzulehnen, wenn } p(x_1, \ldots, x_n) < \alpha \text{ gilt.} \tag{104}$$

Die Berechnung der Signifikanz–Wahrscheinlichkeit ermöglicht also in sehr anschaulicher Weise die Testentscheidung. Führt das Beobachtungsergebnis zur Ablehnung, gilt also $p(x_1, \ldots, x_n) < \alpha$, so sagt man auch: *die Beobachtung ist signifikant auf dem Niveau α.*

Die Meßreihe $x_1, \ldots, x_n$ ist signifikant auf jedem Niveau α mit

$$p(x_1, \ldots, x_n) < \alpha \leq 1$$

und nicht signifikant auf jedem Niveau α' mit

$$0 \leq \alpha' \leq p(x_1, \ldots, x_n).$$

Die Vorgehensweise, zunächst die Signifikanz–Wahrscheinlichkeit zu berechnen und dann mittels (104) die Entscheidung zu treffen, birgt die Versuchung in sich, das Testniveau erst nach Kenntnis der Signifikanz–Wahrscheinlichkeit festzulegen. Abgesehen davon, daß dadurch selbstverständlich die Objektivität des Verfahrens verloren geht, sollte man beachten, daß das Testniveau keine nach Belieben festlegbare Größe ist, sondern daß die Wahl (vor Anwendung des Verfahrens) einer sorgfältigen Überlegung bedarf. Wir werden auf diesen Punkt zurückkommen.

Zur Bestimmung von Signifikanz–Wahrscheinlichkeiten beim Gauß–Test benötigt man die Verteilungsfunktion der Standard–Normalverteilung. Sie ist im Anhang tabelliert. Bei anderen Testverfahren, auf die wir im folgenden eingehen, genügen die zugehörigen Testgrößen anderen Verteilungen, deren Verteilungsfunktionen hier nicht zur Verfügung stehen. Aus diesem Grunde werden wir das oben in fünf Schritten beschriebene Verfahren anwenden, bei dem nur einige Quantile der zugehörigen Verteilungen bekannt sein müssen.

Wir machen uns die fünf Schritte des oben beschriebenen Vorgehens noch einmal klar und geben nach dem gleichen Schema weitere Tests an:

Test 3.33. *(Gauß–Test):*

1. *$X_1, \ldots, X_n$ seien unabhängig identisch $N(\mu, \sigma_0^2)$–verteilt; σ_0^2 sei bekannt.*

2. *Nullhypothese $H_0 : \mu = \mu_0$.*

3. *Testgröße:*
$$T(X_1, \ldots, X_n) = \frac{\sqrt{n}}{\sigma_0}(\overline{X}_{(n)} - \mu_0). \tag{105}$$
Falls H_0 zutrifft, ist die Testgröße $N(0,1)$–verteilt.

4. *Kritischer Bereich: $K = \{(x_1, \ldots, x_n) \in \mathbb{R}^n : |T(x_1, \ldots, x_n)| > u_{1-\alpha/2}\}$.*

5. *Entscheidungsregel: Wird $\bar{x}$ beobachtet, so daß $|\sqrt{n}(\bar{x} - \mu_0)/\sigma_0| > u_{1-\alpha/2}$ gilt, wird H_0 verworfen; sonst wird gegen H_0 nichts eingewendet.*

Neben diesem Verfahren, bei dem überprüft wird, ob ein bestimmter Wert μ_0 bei der mathematischen Beschreibung einer Meßreihe als Erwartungswert auszuschließen ist, wird der folgende Test beim Vergleich zweier Meßreihen verwendet:

Test 3.34.

1. *$X_1, \ldots, X_m$, $Y_1, \ldots, Y_n$ seien unabhängig, $X_1, \ldots, X_m$ identisch $N(\mu_1, \sigma_1^2)$–verteilt, $Y_1, \ldots, Y_n$ identisch $N(\mu_2, \sigma_2^2)$–verteilt. μ_1, μ_2 seien unbekannt, σ_1^2, σ_2^2 bekannt.*

2. *Nullhypothese: $H_0 : \mu_1 = \mu_2$.*

3. *Testgröße:*
$$T(X_1, \ldots, X_m, Y_1, \ldots, Y_n) = \frac{\overline{Y}_{(n)} - \overline{X}_{(m)}}{\sqrt{\frac{\sigma_1^2}{m} + \frac{\sigma_2^2}{n}}}. \tag{106}$$
Falls H_0 zutrifft, ist die Testgröße nach Folgerung 1 aus Satz 2.74 $N(0,1)$–verteilt.

4. *Kritischer Bereich:*
$$K = \{(x_1, \ldots, x_m, y_1, \ldots, y_n) \in \mathbb{R}^{m+n} : |T(x_1, \ldots, x_m, y_1, \ldots, y_n)| > u_{1-\alpha/2}\}.$$

5. *Entscheidungsregel: Werden empirische Mittelwerte $\bar{x}$ und $\bar{y}$ mit*
$$|\bar{x} - \bar{y}| > u_{1-\alpha/2} \cdot \sqrt{\frac{\sigma_1^2}{m} + \frac{\sigma_2^2}{n}}$$
beobachtet, wird H_0 verworfen; sonst wird gegen H_0 nichts eingewendet.

Bei den beiden eben betrachteten Verfahren erweist es sich oft als Nachteil, daß sie nur anwendbar sind, wenn ganz präzise Vorstellungen über die Größe der Varianzen vorliegen. Dies ist in der Praxis selten der Fall, so daß es im Falle des Gauß–Tests naheliegt, die Varianz σ_0^2 mit dem erwartungstreuen Schätzer $S_{(n)}^2$ zu schätzen. Diese Idee liegt dem folgenden Verfahren zugrunde:

Test 3.35. *(t–Test):*

1. *$X_1, \ldots, X_n$ seien unabhängig identisch $N(\mu, \sigma^2)$–verteilt; μ und σ^2 seien unbekannt.*

2. *Nullhypothese $H_0 : \mu = \mu_0$.*

3. *Testgröße:*

$$T(X_1, \ldots, X_n) = \sqrt{n} \cdot \frac{\overline{X}_{(n)} - \mu_0}{\sqrt{S_{(n)}^2}}. \tag{107}$$

Falls H_0 zutrifft, ist die Testgröße nach Satz 2.76 t_{n-1}–verteilt.

4. *Kritischer Bereich:*

$$K = \{(x_1, \ldots, x_n) \in \mathbb{R}^n : |T(x_1, \ldots, x_n)| > t_{n-1;1-\alpha/2}\}.$$

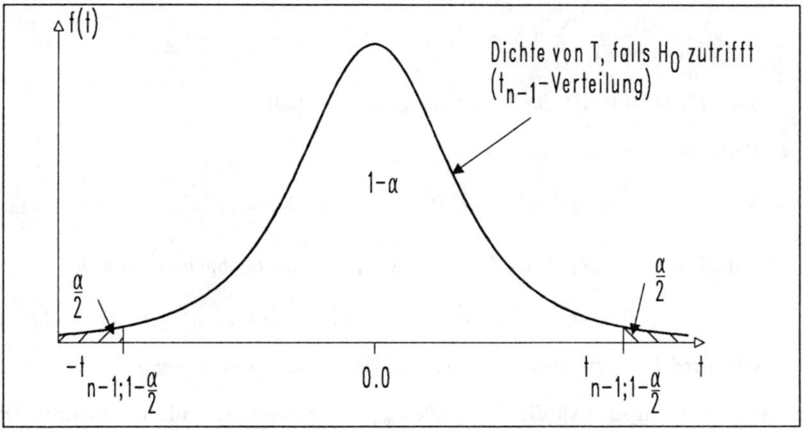

5. *Entscheidungsregel: Werden $\bar{x}$ und $s = \sqrt{s^2}$ beobachtet, so daß*

$$\frac{\sqrt{n}}{s}|\bar{x} - \mu_0| > t_{n-1;1-\alpha/2}$$

gilt, wird H_0 verworfen; sonst wird gegen H_0 nichts eingewendet.

Wie beim Gauß–Test gibt es auch beim t–Test ein entsprechendes Zweistichprobenverfahren, mit dem geprüft werden kann, ob bei der Beschreibung zweier Meßreihen die Annahme gleicher Erwartungswerte haltbar ist. Bei der Begründung des Verfahrens ist es eine wesentliche Voraussetzung, die Gleichheit der Varianzen anzunehmen. Es kann daher nur dann sinnvoll angewendet werden, wenn nichts gegen diese Gleichheitsannahme spricht. Wir werden auf dieses Problem zurückkommen, wenn wir mit dem F–Test ein Verfahren zur Prüfung der Hypothese gleicher Varianzen kennenlernen werden.

Test 3.36. *(Zweistichproben–t–Test):*

1. *Die Zufallsvariablen $X_1, \dots, X_m$, $Y_1, \dots, Y_n$ seien unabhängig, $X_1, \dots, X_m$ identisch $N(\mu_1, \sigma^2)$–verteilt, $Y_1, \dots, Y_n$ identisch $N(\mu_2, \sigma^2)$–verteilt. μ_1, μ_2 und σ^2 seien unbekannt.*

2. *Nullhypothese: $H_0 : \mu_1 = \mu_2$.*

3. *Testgröße:*

$$T(X_1, \dots, X_m, Y_1, \dots, Y_n) = \sqrt{\frac{m \cdot n \cdot (m+n-2)}{m+n}} \cdot \frac{\overline{Y}_{(n)} - \overline{X}_{(m)}}{\sqrt{(m-1)S^2_{(m)} + (n-1)\tilde{S}^2_{(n)}}} \tag{108}$$

mit

$$S^2_{(m)} = \frac{1}{m-1} \cdot \sum_{i=1}^{m} (X_i - \overline{X}_{(m)})^2 \quad \text{und} \quad \tilde{S}^2_{(n)} = \frac{1}{n-1} \cdot \sum_{i=1}^{n} (Y_i - \overline{Y}_{(n)})^2.$$

Falls H_0 zutrifft, ist die Testgröße t_{m+n-2}–verteilt.

4. *Kritischer Bereich:*

$$K = \{(x_1, \dots, x_m, y_1, \dots, y_n) \in \mathbb{R}^{m+n} : |T(x_1, \dots, x_m, y_1, \dots, y_n)| > t_{m+n-2;1-\alpha/2}\}.$$

5. *Entscheidungsregel: Wird $(x_1, \dots, x_m, y_1, \dots, y_n)$ beobachtet, so daß*

$$|T(x_1, \dots, x_m, y_1, \dots, y_n)| > t_{m+n-2;1-\alpha/2}$$

gilt, wird H_0 verworfen; sonst wird gegen H_0 nichts eingewendet.

Beweis: Wir zeigen, daß die Testgröße t_{m+m-2}–verteilt ist, falls H_0 zutrifft. Die Zufallsvariablen

$$\frac{Y_1 - \mu_2}{\sigma}, \dots, \frac{Y_n - \mu_2}{\sigma}, \frac{X_1 - \mu_1}{\sigma}, \dots, \frac{X_m - \mu_1}{\sigma}$$

sind nach der Verteilungsannahme unabhängig und $N(0,1)$–verteilt. Also ist nach Folgerung 1 aus Satz 2.74 die Zufallsvariable

$$\frac{1}{n} \sum_{i=1}^{n} \frac{Y_i - \mu_2}{\sigma} - \frac{1}{m} \sum_{i=1}^{m} \frac{X_i - \mu_1}{\sigma},$$

die bei Gültigkeit der Nullhypothese $H_0 : \mu_1 = \mu_2$ gleich

$$\frac{\overline{Y}_{(n)} - \overline{X}_{(m)}}{\sigma}$$

ist, normalverteilt mit Erwartungswert 0 und Varianz

$$n \cdot \frac{1}{n^2} + m \cdot \frac{1}{m^2} = \frac{1}{n} + \frac{1}{m} = \frac{m+n}{m \cdot n} .$$

Daraus folgt, daß die Zufallsvariable

$$Z = \sqrt{\frac{m \cdot n}{m+n}} \cdot \frac{\overline{Y}_{(n)} - \overline{X}_{(m)}}{\sigma}$$

$N(0,1)$–verteilt ist. Nach Satz 2.76 ist $\frac{m-1}{\sigma^2} S^2_{(m)}$ eine χ^2_{m-1}–verteilte Zufallsvariable und entsprechend ist $\frac{n-1}{\sigma^2} \tilde{S}^2_{(n)}$ eine χ^2_{n-1}–verteilte Zufallsvariable.

Aus Bemerkung 4 zu Definition 2.67 kann man schließen, daß beide unabhängig sind. Also ist ihre Summe

$$Z' = \frac{(m-1)S^2_{(m)} + (n-1)\tilde{S}^2_{(n)}}{\sigma^2}$$

verteilt wie eine Summe von $(m-1)+(n-1)$ Quadraten von unabhängigen, $N(0,1)$–verteilten Zufallsvariablen und damit χ^2_{m+n-2}–verteilt. Nun kann man wie im Beweis zu Satz 2.76 zeigen, daß Z und Z' unabhängig sind. Also ist der Quotient

$$\frac{Z}{\sqrt{Z'/(n+m-2)}} = T(X_1, \ldots, X_m, Y_1, \ldots, Y_n)$$

eine t_{m+n-2}–verteilte Zufallsvariable. Damit ist die obige Verteilungsaussage über die Testgröße begründet.

Beispiel 3.37. *In einer landwirtschaftlichen Versuchsanstalt erhielten 9 von 22 Masttieren (Gruppe I) Grünfutterzumischung, während die übrigen 13 Tiere (Gruppe II) ausschließlich mit dem proteinhaltigen Mastfutter gefüttert wurden. Nach einer gewissen Zeit wurde die Gewichtszunahme in kg bei den Tieren festgestellt:*

Gruppe I	7.0	11.8	10.1	8.5	10.7	13.2	9.4	7.9	11.1				
Gruppe II	13.4	14.6	10.4	11.9	12.7	16.1	10.7	8.3	13.2	10.3	11.3	12.9	9.7

Führen beide Fütterungen zu gleichen Mastergebnissen?

Aus den Meßreihen errechnet man die arithmetischen Mittel $\bar{x} = 9.97$ und $\bar{y} = 11.96$, die empirischen Varianzen $s_x^2 = 3.90$ und $s_y^2 = 4.57$ sowie 2.21 als Wert der Testgröße. Wird die Nullhypothese gleicher Erwartungswerte auf dem Niveau $\alpha = 0.05$ geprüft, so führt dieser Wert zu einer Ablehnung, da er das Quantil $t_{20;0.975} = 2.09$ übersteigt.

In der Praxis hat man es häufig mit Problemstellungen zu tun, die als Vermutungen über durchschnittliche Größen (Längen, Gewichte, Temperaturen o.ä.) formuliert werden. Da Erwartungswerte die Bedeutung von Durchschnittswerten haben, entsprechen Nullhypothesen der Form H_0: $\mu = \mu_0$ und H_0: $\mu_1 = \mu_2$ solchen Vermutungen. Es treten jedoch auch Fragestellungen auf, bei denen es um Streuungen von Meßwerten geht. Beispiele dafür sind die Beurteilung der Qualität von Präzisionsinstrumenten oder die Auswahl unter verschiedenen Meßverfahren. Werden Messungen (z.B. einer physikalischen Größe) nach einem bestimmten Meßverfahren von verschiedenen Personen, zu unterschiedlichen Tageszeiten und unter ungleichen äußeren Bedingungen (wie Luftfeuchtigkeit oder Temperatur) vorgenommen, so führt dies in der Regel zu voneinander abweichenden Meßergebnissen. Durch die Wahl einer geeigneten Meßskala kann man zwar in vielen Fällen erreichen, daß der Mittelwert vieler Messungen dem zu messenden Wert entspricht. Streuen die Meßergebnisse jedoch zu stark, so besitzt die Einzelmessung wenig Aussagekraft. Bei der Auswahl unter mehreren Meßverfahren wird man daher insbesondere die Streuung der Meßwerte untersuchen. Dabei wird man auf Nullhypothesen der Form $H_0 : \sigma^2 = \sigma_0^2$ oder $H_0 : \sigma_1^2 = \sigma_2^2$ geführt.

Test 3.38. *(χ^2–Streuungstest)*

1. *$X_1, \ldots, X_n$ seien unabhängig identisch $N(\mu, \sigma^2)$-verteilt; μ und σ^2 seien unbekannt.*

2. *Nullhypothese $H_0 : \sigma^2 = \sigma_0^2$.*

3. *Testgröße:*
$$T(X_1, \ldots, X_n) = \frac{n-1}{\sigma_0^2} \cdot S_{(n)}^2. \tag{109}$$
Falls H_0 zutrifft, ist die Testgröße nach Satz 2.76 χ_{n-1}^2–verteilt.

4. *Kritischer Bereich:*
$$K = \Big\{(x_1, \ldots, x_n) \in \mathbb{R}^n : T(x_1, \ldots, x_n) < \chi_{n-1;\alpha/2}^2 \quad \text{oder} \quad T(x_1, \ldots, x_n) > \chi_{n-1;1-\alpha/2}^2\Big\}.$$

5. *Entscheidungsregel: Wird s^2 beobachtet, so daß $\frac{n-1}{\sigma_0^2} \cdot s^2$ kleiner als $\chi_{n-1;\alpha/2}^2$ oder größer $\chi_{n-1;1-\alpha/2}^2$ ausfällt, wird H_0 verworfen; sonst wird gegen H_0 nichts eingewendet.*

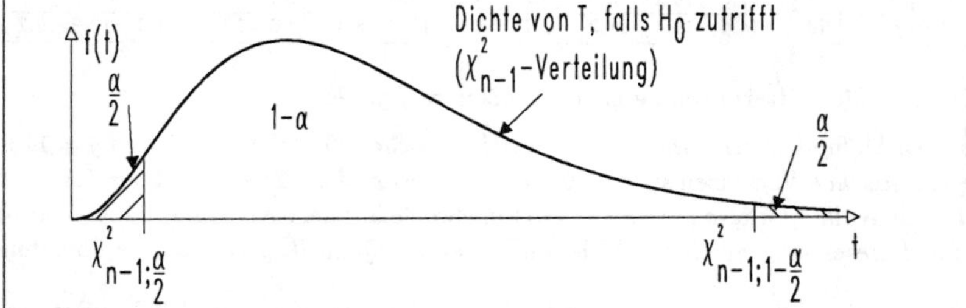

Beispiel 3.39. *Wir greifen Beispiel 3.30 noch einmal auf. Der Hersteller der Präzisionswaage gibt als Varianz der Wiegeergebnisse $\sigma_0^2 = 5 \cdot 10^{-5}$ an. Die Qualitätsangabe soll auf dem Niveau $\alpha = 0.05$ überprüft werden. Ergibt sich bei 16 Wägungen eine Meßreihe $x_1, \ldots, x_{16}$ mit $s^2 = 0.000061$, so ergibt sich für die Testgröße der Wert 18.3, also ein Wert, der zwischen $\chi^2_{15;0.025} = 6.26$ und $\chi^2_{15;0.975} = 27.49$ liegt. Auf dem 5%–Niveau ergibt sich also kein Widerspruch zur Qualitätsangabe des Herstellers.*

Der folgende Test ist ein Verfahren zum Streuungsvergleich:

Test 3.40. *(F–Test)*

1. $X_1, \ldots, X_m$, $Y_1, \ldots, Y_n$ *seien unabhängig,* $X_1, \ldots, X_m$ *identisch* $N(\mu_1, \sigma_1^2)$*–verteilt,* $Y_1, \ldots, Y_n$ *identisch* $N(\mu_2, \sigma_2^2)$*–verteilt.* μ_1, μ_2 *und* σ_1^2, σ_2^2 *seien alle unbekannt.*

2. *Nullhypothese:* $H_0 : \sigma_1^2 = \sigma_2^2$.

3. *Testgröße:*
$$T(X_1, \ldots, X_m, Y_1, \ldots, Y_n) = \frac{S^2_{(m)}}{\tilde{S}^2_{(n)}} \tag{110}$$
(Bezeichnungen wie beim Zweistichproben–t–Test).

   Nach Bemerkung 4 zu Definition 2.67 sind
$$\frac{m-1}{{\sigma_1}^2} S^2_{(m)} \quad \text{und} \quad \frac{n-1}{{\sigma_2}^2} \tilde{S}^2_{(n)}$$
unabhängige χ^2_{m-1}*– bzw.* χ^2_{n-1}*–verteilte Zufallsvariablen. Also ist der Quotient*
$$\frac{\frac{1}{m-1} \cdot \frac{m-1}{{\sigma_1}^2} S^2_{(m)}}{\frac{1}{n-1} \cdot \frac{n-1}{{\sigma_2}^2} \tilde{S}^2_{(n)}}$$
der unter $H_0 : {\sigma_1}^2 = {\sigma_2}^2$ *gleich*
$$\frac{S^2_{(m)}}{\tilde{S}^2_{(n)}}$$
ist, eine $F_{m-1,n-1}$*–verteilte Zufallsvariable.*

4. *Kritischer Bereich:*
$$\begin{aligned} K &= \{(x_1, \ldots, x_m, y_1, \ldots, y_n) \in \mathbb{R}^{m+n} : \\ &\quad T(x_1, \ldots, x_m, y_1, \ldots, y_n) < F_{m-1,n-1;\alpha/2} \text{ oder } > F_{m-1,n-1;1-\alpha/2}\}. \end{aligned}$$

5. *Entscheidungsregel: Werden die empirischen Varianzen* s_x^2 *und* s_y^2 *beobachtet und gilt*
$$s_x^2 / s_y^2 < F_{m-1,n-1;\alpha/2} \quad \text{oder} \quad s_x^2 / s_y^2 > F_{m-1,n-1;1-\alpha/2},$$
so wird H_0 *verworfen; sonst wird gegen* H_0 *nichts eingewendet.*

Beispiel 3.41. *Wir greifen Beispiel 3.37 noch einmal auf. Bei der Überprüfung der dort betrachteten Nullhypothese $H_0 : \mu_1 = \mu_2$ waren wir von der Annahme gleicher Varianzen der zugrundeliegenden Zufallsvariablen ausgegangen, um die Anwendung des Zweistichproben–t–Tests rechtfertigen zu können. Wir betrachten also jetzt (mit Bezug auf die Bezeichnungen in Satz 3.40 die Nullhypothese $H_0 : \sigma_1^2 = \sigma_2^2$. Aus den angegebenen Meßreihen errechneten wir als empirische Varianzen $s_x^2 = 3.90$ und $s_y^2 = 4.57$. Daraus ergibt sich als Wert der Testgröße des F–Tests $s_x^2/s_y^2 = 0.85$. Dieser Wert liegt zwischen*

$$F_{8,12;0.05} = 0.30 \quad \text{und} \quad F_{8,12;0.95} = 2.85,$$

d.h. der F–Test führt auf dem Niveau 0.10 nicht zu einer Ablehnung der Nullhypothese $H_0 : \sigma_1^2 = \sigma_2^2$.

Hätte der F-Test zu einer Ablehnung der Nullhypothese $H_0 : \sigma_1^2 = \sigma_2^2$ geführt, wäre die Prüfung auf Gleichheit der Erwartungswerte mit dem t–Test nicht sinnvoll gewesen.

Wir haben bei dieser Überprüfung absichtlich ein höheres Niveau gewählt als bei der Anwendung des t–Tests, wo wir $\alpha = 0.05$ gewählt hatten. Wir waren gegenüber der Nullhypothese $H_0 : \sigma_1^2 = \sigma_2^2$ kritischer eingestellt. Wegen

$$F_{8,12;0.025} = 0.24 \quad \text{und} \quad F_{8,12;0.975} = 3.51$$

wird im Falle $\alpha = 0.05$ die Nullhypothese erst dann verworfen, wenn der Wert der Testgröße außerhalb des Intervalls [0.24, 3.51] liegt, während im Falle $\alpha = 0.10$ die Nullhypothese bereits dann abgelehnt wird, wenn die Testgröße einen Wert außerhalb des kleineren Intervalls [0.30, 2.85] annimmt.

In diesem Beispiel haben wir das Problem der Wahl des Testniveaus α angedeutet. Wir werden auf den folgenden Seiten etwas ausführlicher darauf eingehen.

Bemerkung: Auch bei der in Abschnitt 3.8 dargestellten einfachen Varianzanalyse wird die Annahme gleicher Varianzen für die Beschreibung verschiedener Meßreihen gemacht. Bei der praktischen Anwendung jenes Verfahrens ist es ebenfalls sinnvoll, eine Überprüfung der Meßreihen mit Hilfe sogenannter Homogenitätstests vorzuschalten. Diese Tests sind in gewissem Sinne als Verallgemeinerungen des hier behandelten F–Tests anzusehen.

Auch ohne Bezug auf den Zweistichproben–t–Test wird der F–Test angewandt:

Beispiel 3.42. *Zwei unterschiedliche Verfahren V_1 und V_2 zur Messung der Belastbarkeit von Betonsorten sollen bezüglich ihrer Meßgenauigkeit verglichen werden. Dazu werden in einem Ringversuch Prüflabors, die mit V_1 arbeiten, und solchen, die V_2 anwenden, Probestücke einer bestimmten Betonsorte zur Messung vorgelegt. Vorausgesetzt, die mit beiden Verfahren gewonnenen Meßergebnisse können als Realisierung unabhängiger $N(\mu_1, \sigma_1^2)$- bzw. $N(\mu_2, \sigma_2^2)$–verteilter Zufallsvariablen aufgefaßt werden, so kann mit einem F–Test die Hypothese $\sigma_1^2 = \sigma_2^2$ geprüft werden. Wenn sich für die $m = 16$ mit V_1 erzielten Meßergebnisse die empirische Varianz*

$s_x^2 = 4.13$ und für $n = 5$ Meßergebnisse, die bei V_2 gewonnen werden, $s_y^2 = 0.51$ ergibt, ist der Wert der Testgröße gleich

$$T(x_1, \ldots, x_{16}, y_1, \ldots, y_5) = \frac{s_x^2}{s_y^2} = 8.10.$$

Die Quantile der zugehörigen F–Verteilung sind

$$F_{15,4;0.025} = 0.26 \quad \text{und} \quad F_{15,4;0.975} = 8.66.$$

Also ist auf dem 5%–Niveau der Unterschied zwischen s_x^2 und s_y^2 nicht signifikant. Die Hypothese $\sigma_1^2 = \sigma_2^2$ kann nicht abgelehnt werden.

Bei den bisherigen Überlegungen sind wir stets davon ausgegangen, daß die zu prüfende Nullhypothese H_0 in der Form einer Gleichung gegeben war. Es sollte also überprüft werden, ob die Gleichung besteht oder nicht. Im Falle des Gauß–Tests sollte z.B. die

$$\text{Nullhypothese} \quad H_0 : \mu = \mu_0$$

bei der sogenannten

$$\text{Alternativhypothese} \quad H_1 : \mu \neq \mu_0$$

getestet werden. In dieser Situation spricht man von *zweiseitigen* Fragestellungen oder Testproblemen. Häufig treten jedoch in der Praxis *einseitige* Fragestellungen auf, die zu einseitigen Testproblemen führen. So ist z.B. die

$$\text{Nullhypothese} \quad H_0 : \mu \leq \mu_0$$

bei der

$$\text{Alternativhypothese} \quad H_1 : \mu > \mu_0$$

zu testen. Die entsprechenden einseitigen Tests sind in nachfolgender Tabelle zusammengestellt. Bei Interpretation des Niveaus α ist folgendes zu beachten: Bei zweiseitigen Testproblemen, die bisher behandelt wurden, hatte α die Bedeutung der Wahrscheinlichkeit dafür, daß bei zutreffender Nullhypothese diese zu Unrecht verworfen wird.

Betrachten wir nun den Fall der Nullhypothese $H_0 : \mu \leq \mu_0$, so stellen wir fest, daß die Wahrscheinlichkeit, einen solchen Fehler zu begehen, davon abhängt, welcher der Werte μ, die der Ungleichung $\mu \leq \mu_0$ genügen, der zutreffende ist. Um diese Abhängigkeit anzudeuten, schreiben wir

$$P_\mu(\sqrt{n}(\overline{X}_{(n)} - \mu_0)/\sigma_0 > u_{1-\alpha})$$

für die Wahrscheinlichkeit, die sich z.B. beim einseitigen Gauß–Test zum Testen von

$$H_0 : \mu \leq \mu_0 \quad \text{gegen} \quad H_1 : \mu > \mu_0$$

für die irrtümliche Ablehnung der Nullhypothese ergibt. Es zeigt sich jedoch hier, daß

$$P_\mu(\sqrt{n}(\overline{X}_{(n)} - \mu_0)/\sigma_0 > u_{1-\alpha}) \leq P_{\mu_0}(\sqrt{n}(\overline{X}_{(n)} - \mu_0)/\sigma_0 > u_{1-\alpha}) = \alpha$$

für alle $\mu \leq \mu_0$ gilt. Das Niveau α ist also als obere Schranke für diese Wahrscheinlichkeiten zu interpretieren.

Test, Testgröße T	Nullhypothese H_0	Alternative H_1	Kritischer Bereich
Gauß–Test	$\mu \leq \mu_0$	$\mu > \mu_0$	$T > u_{1-\alpha}$
T gemäß (105)	$\mu \geq \mu_0$	$\mu < \mu_0$	$T < u_\alpha$
Zweistichproben–Gauß–Test	$\mu_2 \leq \mu_1$	$\mu_2 > \mu_1$	$T > u_{1-\alpha}$
T gemäß (106)	$\mu_2 \geq \mu_1$	$\mu_2 < \mu_1$	$T < u_\alpha$
t–Test	$\mu \leq \mu_0$	$\mu > \mu_0$	$T > t_{n-1;1-\alpha}$
T gemäß (107)	$\mu \geq \mu_0$	$\mu < \mu_0$	$T < t_{n-1;\alpha}$
Zweistichproben–t–Test	$\mu_2 \leq \mu_1$	$\mu_2 > \mu_1$	$T > t_{m+n-2;1-\alpha}$
T gemäß (108)	$\mu_2 \geq \mu_1$	$\mu_2 < \mu_1$	$T < t_{m+n-2;\alpha}$
χ^2–Streuungstest	$\sigma^2 \leq \sigma_0^2$	$\sigma^2 > \sigma_0^2$	$T > \chi^2_{n-1;1-\alpha}$
T gemäß (109)	$\sigma^2 \geq \sigma_0^2$	$\sigma^2 < \sigma_0^2$	$T < \chi^2_{n-1;\alpha}$
F–Test	$\sigma_2^2 \leq \sigma_1^2$	$\sigma_2^2 > \sigma_1^2$	$T < F_{m-1,n-1;\alpha}$
T gemäß (110)	$\sigma_2^2 \geq \sigma_1^2$	$\sigma_2^2 < \sigma_1^2$	$T > F_{m-1,n-1;1-\alpha}$

Man beachte, daß über die Wahrscheinlichkeit, im Falle $\mu > \mu_0$ die Nullhypothese (zu Unrecht) nicht zu verwerfen, keine Aussage gemacht wird. Die Wahrscheinlichkeit für einen derartigen Fehler kann deutlich größer sein als α. Man muß daher bei der Formulierung eines Testproblems sorgfältig bedenken, ob

$$H_0 : \mu \leq \mu_0 \quad \text{gegen} \quad H_1 : \mu > \mu_0$$

oder

$$H_0 : \mu \geq \mu_0 \quad \text{gegen} \quad H_1 : \mu < \mu_0$$

bei der jeweiligen praktischen Fragestellung angemessen ist.

Beispiel 3.43. *Ein Autofahrer hat sich auf Anraten eines Bekannten in seinen Wagen, mit dem er bisher vom Volltanken bis zum Aufleuchten der Reserveanzeige durchschnittlich 450 km fahren konnte, einen neuen Vergaser einbauen lassen, was angeblich zu einer Treibstoffersparnis führen sollte. Er traut diesen Versprechungen nicht und will anhand der Beobachtung von Fahrleistungen zwischen Volltanken und Aufleuchten der Reserveanzeige die Vermutung*

"Treibstoffverbrauch nach Einbau des neuen Vergasers nicht geringer geworden"

überprüfen. Er ermittelt in den nächsten Wochen die folgenden Fahrleistungen (in km): 474, 491, 458, 481, 446, 424, 488, 445, 412, 478.

Unter der Annahme, daß diese Werte eine Realisierung von unabhängigen $N(\mu, \sigma^2)$–verteilten Zufallsvariablen sind, prüft er daher mit dem t–Test zum Niveau $\alpha = 0.05$ die Nullhypothese $H_0 : \mu \leq \mu_0$ gegen die Alternativhypothese $H_1 : \mu > \mu_0$, wobei $\mu_0 = 450$ zu setzen ist. Aus den Beobachtungsdaten $(x_1, \ldots, x_{10})$ errechnet er $\bar{x} = 459.7$ und $s = 27.35$; einer Tafel der t–Verteilung entnimmt er das 0.95–Quantil $t_{9;0.95} = 1.83$. Also gilt

$$T(x_1, \ldots, x_{10}) = \frac{\sqrt{10}\,(459.7 - 450)}{27.35} = 1.12 < 1.83,$$

d.h., gegen H_0 ist auf dem 5%–Niveau nichts einzuwenden. Für den Autofahrer bedeutet dies, daß seine Skepsis gegenüber dem neuen Vergaser durch die Beobachtungsergebnisse nicht widerlegt wird. Hätte er die Überprüfung auf dem 10%–Niveau durchgeführt, so wäre er wegen $t_{9;0.90} = 1.38$ zum gleichen Ergebnis gekommen.

Auf dem 20%–Niveau hingegen wäre er wegen $t_{9;0.80} = 0.88$ zur Verwerfung der Nullhypothese gelangt. Er hätte also mit einem Test zum Niveau 0.20 seine Skepsis gegenüber dem neuen Vergaser zerstreut. Nach reiflicher Überlegung hätte er aber enttäuscht festgestellt, daß dies mit einem Verfahren geschehen wäre, zu dem er wenig Vertrauen haben kann, da es ja in bis zu 20% der Fälle, in denen die Nullhypothese zutreffend ist, zur unberechtigten Ablehnung der Nullhypothese führt.

Im Beispiel des Autofahrers wurde die Problematik der Wahl des Signifikanz–Niveaus bereits angedeutet. Anhaltspunkte für eine geeignete Wahl liefert die Betrachtung der *Wahrscheinlichkeit für die sogenannten Fehler 1. und 2. Art.* Bei der Anwendung der angegebenen Entscheidungsregeln können vier verschiedene Situationen auftreten, die in folgender Tabelle angegeben sind:

	H_0 ist zutreffend	H_1 ist zutreffend
H_0 wird abgelehnt	Fehler 1. Art	richtige Entscheidung
H_0 wird nicht abgelehnt	richtige Entscheidung	Fehler 2. Art

Fehler 1. Art: H_0 wird abgelehnt, obwohl H_0 zutrifft.
Fehler 2. Art: H_0 wird nicht abgelehnt, obwohl H_0 nicht zutrifft.

Bei einem Signifikanztest zum Niveau α wird man zunächst darauf achten, den kritischen Bereich K so zu wählen, daß die Wahrscheinlichkeiten für einen Fehler 1. Art unter der Schranke α liegen. Diese Bedingung läßt natürlich noch viel Willkür bei der Wahl von K zu. Um zu sinnvollen Ablehnungsbereichen zu kommen, sind wir bei den vorgestellten Testverfahren zunächst von einer uns sinnvoll erscheinenden Testgröße T ausgegangen und haben den Bereich K so bestimmt, daß er nur solche Beobachtungsergebnisse enthielt, für die die Testgröße Werte lieferte, die in einem gewissen Widerspruch zur Nullhypothese H_0 standen. Daß die Wahrscheinlichkeiten für einen Fehler 1. Art unter der Schranke α lagen, konnte aufgrund der Kenntnis der Verteilung der Testgröße (unter H_0) sichergestellt werden. "Gute" Testverfahren sind bei dieser Vorgehensweise deshalb entstanden, weil die Testgröße vernünftig, d.h. dem Testproblem angemessen, gewählt war.

Will man jedoch, wie es der eigentliche Gegenstand der Mathematischen Statistik ist, möglichst gute Entscheidungsregeln angeben, wird man bei der Suche nach "optimalen" kritischen Bereichen die Wahrscheinlichkeiten für Fehler 2. Art betrachten müssen. Von welcher Art die Überlegungen sind, die dann angestellt werden müssen, soll im folgenden angedeutet werden.

Wir betrachten den Einstichprobenfall, bei dem eine Realisierung der unabhängigen, identisch verteilten Zufallsvariablen $X_1, \ldots, X_n$ zugrundegelegt wird, geben uns die Schranke α vor und achten bei der Wahl des kritischen Bereichs darauf, daß die Wahrscheinlichkeiten für einen Fehler 1. Art unter der Schranke α liegen, daß also

$$P_\theta((X_1, \ldots, X_n) \in K) \leq \alpha \quad \text{für alle} \quad \theta \in \Theta_0$$

gilt, wobei Θ_0 die Parametermenge bezeichnet, die der Nullhypothese H_0 entspricht. Im folgenden soll analog Θ_1 für die Parametermenge stehen, die H_1 entspricht.

Ein Fehler 2. Art tritt immer dann auf, wenn das Beobachtungsergebnis nicht in den kritischen Bereich K fällt und H_1 zutreffend ist. Die Wahrscheinlichkeiten dafür sind durch

$$P_\theta((X_1,\ldots,X_n)\notin K) \quad \text{für} \quad \theta\in\Theta_1$$

gegeben. Die auf ganz $\Theta = \Theta_0 \cup \Theta_1$ definierte Funktion $\beta : \Theta \to [0,1]$ mit

$$\beta(\theta) = P_\theta((X_1,\ldots,X_n)\notin K)$$

heißt *Operationscharakteristik* oder *OC–Funktion* des Tests mit dem kritischen Bereich K. Die Funktion $g : \Theta \to [0,1]$ mit $g(\theta) = 1-\beta(\theta)$ heißt *Gütefunktion*.

Beispiel 3.44. *Die Einstellung einer Flaschenabfüllmaschine wird regelmäßig überprüft. Die Füllung muß im Mittel mindestens 1000 cm³ betragen. Anhand der Messung des Inhalts von $n = 50$ zufällig herausgegriffenen Flaschen ist zu entscheiden, ob die Maschine neu eingestellt werden muß. Frühere Beobachtungen lassen die Annahme zu, daß die Zufallsvariablen $X_1,\ldots,X_{50}$, die die Meßergebnisse beschreiben, unabhängige $N(\theta,25)$–verteilte Zufallsvariablen sind ($\theta\in\mathbb{R}$, unbekannt).*

Sei $\theta_0 = 1000$, $\Theta_0 = \{\theta\in\mathbb{R} : \theta < \theta_0\}$ und $\Theta_1 = \mathbb{R}\backslash\Theta_0$. Es soll also die Nullhypothese

$$H_0 : \theta\in\Theta_0, \quad \text{d.h.} \quad \theta<\theta_0$$

bei der Gegenhypothese

$$H_1 : \theta\in\Theta_1, \quad \text{d.h.} \quad \theta\geq\theta_0$$

überprüft werden. Auf eine Neueinstellung der Abfüllanlage wird nur dann verzichtet, wenn H_0 abzulehnen ist. Wir wählen $\alpha = 0.05$, so daß wir sicher sind, daß die Wahrscheinlichkeit, eine nötige Neueinstellung der Abfüllanlage nicht vorzunehmen, höchstens $\alpha = 0.05$ beträgt.

Als Testgröße wählen wir gemäß (105)

$$T(X_1,\ldots,X_{50}) = \sqrt{50}\cdot\frac{\overline{X}_{(50)}-\theta_0}{5} = \sqrt{2}\cdot(\overline{X}_{(50)}-\theta_0).$$

Es gilt

$$P_\theta(\sqrt{2}\,(\overline{X}_{(50)}-\theta_0) > t) \leq 0.05 \quad \text{für alle} \quad \theta\in\Theta_0,$$

wenn diese Ungleichung für $\theta=\theta_0$ gilt, was für $t = u_{0.95}$ zutrifft. Wir werden H_0

ablehnen, falls ein arithmetisches Mittel $\bar{x}$ beobachtet wird, für das

$$\bar{x} > \frac{1}{\sqrt{2}} \cdot u_{0.95} + 1000 = \frac{1.645}{\sqrt{2}} + 1000 = 1001.16$$

gilt.

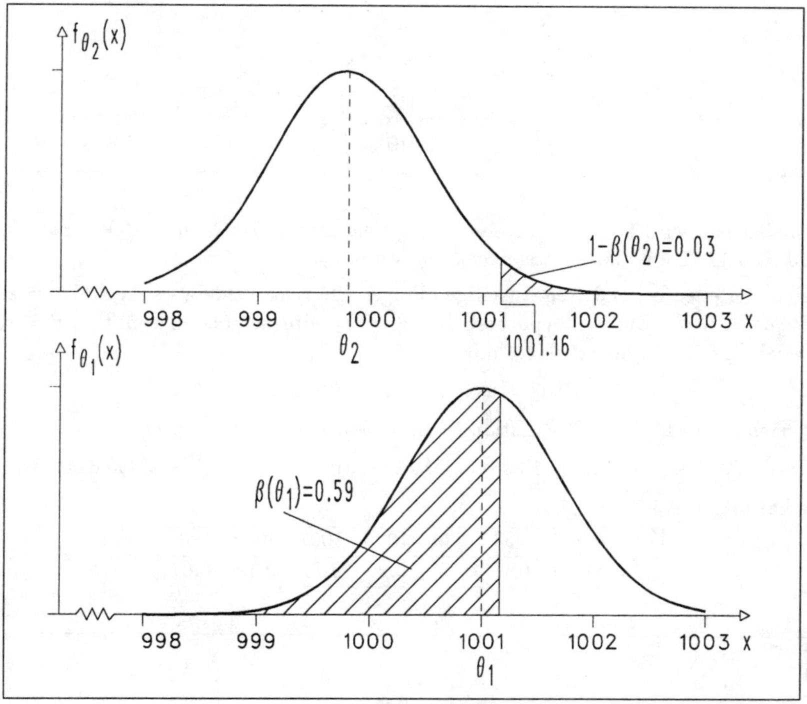

In den obigen Abbildungen stellt der Flächeninhalt des schraffierten Gebietes jeweils die Wahrscheinlichkeit für eine falsche Entscheidung dar; in der oberen Abbildung die Wahrscheinlichkeit $P_{\theta_2}(\overline{X}_{(n)} \geq 1001.16)$ für ein $\theta_2 < \theta_0$, in der unteren $P_{\theta_1}(\overline{X}_{(n)} < 1001.16)$ für ein $\theta_1 > \theta_0$.

Die OC–Funktion

$$\beta(\theta) = P_\theta(\overline{X}_{(50)} \leq 1001.16) = \Phi(\sqrt{2}\,(1001.16 - \theta)), \quad -\infty < \theta < \infty,$$

hat die Werte

θ	998	999	1000	1001	1002	1003	1004
$\beta(\theta)$	1.00	1.00	0.95	0.59	0.12	0.01	0.00

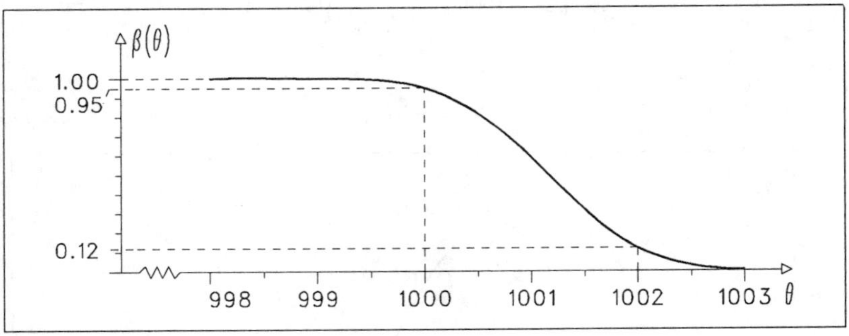

Zum Beispiel wird bei einer mittleren Einfüllmenge von 1002 cm³ mit Wahrscheinlichkeit 0.12 eine unnötige Neueinstellung veranlaßt.

Neben der eben behandelten einseitigen Fragestellung behandeln wir noch das *zweiseitige Problem.* Die Nullhypothese $H_0 : \theta = \theta_0$ wird zugunsten von $H_1 : \theta \neq \theta_0$ abgelehnt, falls ein Mittelwert $\bar{x}$ mit

$$\sqrt{2}|\bar{x} - 1000| > u_{0.975}, \quad \text{d.h.} \quad |\bar{x} - 1000| > 1.386,$$

beobachtet wird. Die OC–Funktion ist in diesem Fall gegeben durch

$$\beta(\theta) = P_\theta(|\overline{X}_{(50)} - 1000| \leq 1.386) = \Phi(\sqrt{2}\,(1001.386 - \theta)) - \Phi(\sqrt{2}(998.614 - \theta)).$$

Sie hat die Werte:

θ	997	998	999	1000	1001	1002	1003
$\beta(\theta)$	0.01	0.19	0.71	0.95	0.71	0.19	0.01

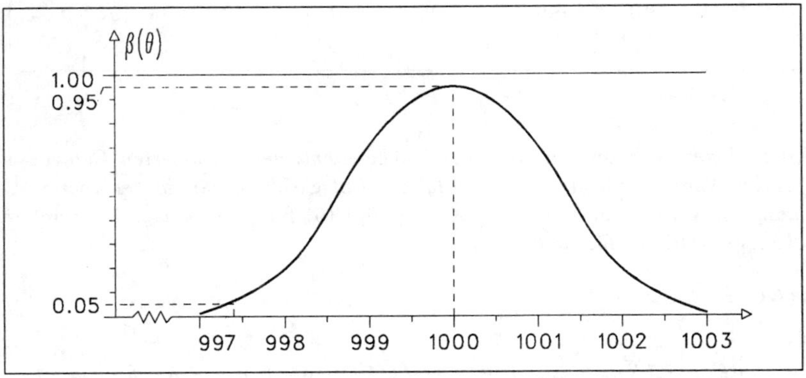

Bei einer mittleren Abfüllmenge von 1002 cm³ wird die falsche Einstellung der Maschine mit Wahrscheinlichkeit 0.19 nicht "entdeckt". Erst bei einer Abweichung von

2.6 cm^3 wäre die Wahrscheinlichkeit, die Abweichung nicht zu entdecken, ebenfalls 0.05.

Wir wollen nicht weiter auf OC–Funktionen von Tests eingehen, vermerken jedoch, daß die OC–Funktion eines Tests vollständigen Aufschluß über die Wahrscheinlichkeiten für die möglichen Fehlentscheidungen bei Anwendung des entsprechenden Tests gibt. Wegen dieser Eigenschaft werden OC–Funktionen bzw. Gütefunktionen in der Mathematischen Statistik dazu benutzt, Tests umfassender zu beurteilen und geeignete Optimalitätskriterien zu formulieren.

Bemerkung: Zwischen Tests und Konfidenzschätzverfahren besteht ein Zusammenhang, den wir am Beispiel des Gauß–Tests und des in (98) angegebenen Konfidenzintervalls erläutern wollen. Man erkennt, daß bei Vorliegen einer Beobachtung $(x_1, \ldots, x_n)$ die Hypothese $\mu = \mu_0$ beim Gauß–Test auf dem Niveau α genau dann verworfen wird, wenn das zu dieser Beobachtung $(x_1, \ldots, x_n)$ ermittelte konkrete Schätzintervall $I(x_1, \ldots, x_n)$ zum Konfidenzniveau $1 - \alpha$ den Wert μ_0 nicht enthält.

3.6 Der χ^2–Anpassungstest und Kontingenztafeln

Im letzten Abschnitt wurden Testverfahren behandelt, die anwendbar sind, wenn die Normalverteilungsannahme gerechtfertigt erscheint. Die Unsicherheit bezog sich daher nur auf die beiden Parameter μ und σ^2. In diesem Abschnitt werden wir zunächst einen Test vorstellen, der bei beliebigen Verteilungsannahmen anwendbar ist, und uns anschließend dem Testen der Unabhängigkeitshypothese zuwenden.

χ^2–Anpassungstest

Betrachten wir wie im Abschnitt 2.8 beim Kolmogoroff–Smirnov–Test das Problem, anhand von Beobachtungen zu überprüfen, ob eine bestimmte Verteilungsfunktion eine angemessene Beschreibung für das Zustandekommen einer Meßreihe $x_1, \ldots, x_n$ liefert. Es wird angenommen, daß die Zufallsvariablen $X_1, \ldots, X_n$ unabhängig und identisch (wie X) mit der Verteilungsfunktion F verteilt sind. Für eine bestimmte, gegebene Verteilungsfunktion F_0 soll überprüft werden, ob $F = F_0$ gilt. Um zu einem Testverfahren zu kommen, zerlegen wir den Wertebereich $\mathbb{R}$ der Zufallsvariablen X in r disjunkte Teile ($r \geq 2$):

$$\mathbb{R} = I_1 \cup I_2 \cup \cdots \cup I_r.$$

Die Teilmengen $I_1, I_2, \ldots, I_r$ können z.B. Intervalle (bzw. Halbachsen) sein, so daß diese Zerlegung durch Zahlen $a_1 < a_2 < \cdots < a_{r-1}$ und die Festlegung

$$I_1 = (-\infty, a_1], \quad I_2 = (a_1, a_2], \ldots, I_r = (a_{r-1}, \infty)$$

bestimmt ist. Geht es um eine diskret verteilte Zufallsvariable, so kann man sich darauf beschränken, ihren Wertevorrat in r disjunkte Teilmengen $I_1, I_2, \ldots, I_r$ zu zerlegen. Die Wahrscheinlichkeiten

$$p_1 = P(X \in I_1), \quad p_2 = P(X \in I_2), \; \ldots \; , p_r = P(X \in I_r),$$

bilden die Grundlage für den folgenden Test. Ist X mit der Verteilungsfunktion F verteilt, so gilt für diese Wahrscheinlichkeiten im Falle der oben angegebenen Intervallzerlegung

$$p_1 = F(a_1), \quad p_2 = F(a_2) - F(a_1), \; \ldots \; , p_r = 1 - F(a_{r-1}).$$

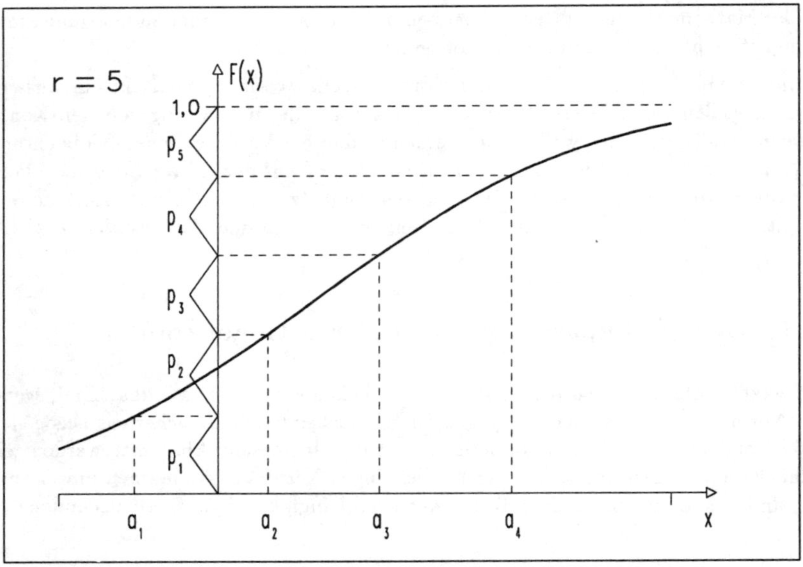

Das Problem der Überprüfung, ob $F = F_0$ für eine bestimmte Verteilungsfunktion F_0 gilt, reduzieren wir auf die Fragestellung, ob

$$(p_1, p_2, \ldots, p_r) = (p_1^0, p_2^0, \ldots, p_r^0)$$

gilt, wobei

$$p_1^0 = F_0(a_1), \quad p_2^0 = F_0(a_2) - F_0(a_1), \; \ldots \; , p_r^0 = 1 - F_0(a_{r-1})$$

zu setzen ist bzw. p_j^0 die Wahrscheinlichkeit $P(X \in I_j)$ unter der Annahme $F = F_0$ bezeichnet, $j = 1, \ldots, r$. Es soll also die Nullhypothese

$$H_0 : (p_1, \ldots, p_r) = (p_1^0, \ldots, p_r^0)$$

überprüft werden, wobei ohne Einschränkung der Allgemeinheit $p_1^0 > 0, \ldots, p_r^0 > 0$ angenommen werden kann. Diese Problemstellung führt in natürlicher Weise auf eine Verallgemeinerung der Binomialverteilung.

Definition 3.45. *(Multinomial–Verteilung)*

Seien $n \in \mathbb{N}$ sowie $p = (p_1, \dots, p_r)$ mit $p_1 > 0, \dots, p_r > 0$ und $p_1 + \cdots + p_r = 1$. Dann heißt die r–dimensionale Zufallsvariable $Y = (Y_1, \dots, Y_r)$ mit Werten in $(\mathbb{N} \cup \{0\})^r$ multinomialverteilt mit den Parametern n und $p_1, \dots, p_r$ (oder kurz $M(n,p)$–verteilt), falls gilt

$$P(Y_1 = y_1, \dots, Y_r = y_r) = \begin{cases} \frac{n!}{y_1! \cdot \ldots \cdot y_r!} p_1^{y_1} \cdot \ldots \cdot p_r^{y_r} & \text{für } y_1 + \cdots + y_r = n \\ 0 & \text{sonst.} \end{cases}$$

Die Komponente Y_j von $Y = (Y_1, \dots, Y_r)$ beschreibt in unserem Zusammenhang die Anzahl jener unter den Zufallsvariablen $X_1, \dots, X_n$, die Werte in I_j liefern, d.h.

$$Y_j = \text{ Anzahl der } i \in \{1, \dots, n\} \text{ mit } X_i \in I_j,$$

für $j = 1, \dots, r$, woraus sich unter den oben gemachten Voraussetzungen über die Zufallsvariablen $X_1, \dots, X_n$ die in der Definition angegebenen Wahrscheinlichkeiten berechnen lassen.

Die Zufallsvariable Y_j ist $B(n, p_j)$–verteilt, so daß insbesondere $E(Y_j) = np_j, j = 1, \dots, r$, gilt.

Soll also die Nullhypothese

$$H_0 : (p_1, \dots, p_r) = (p_1^0, \dots, p_r^0)$$

bei der Alternativhypothese

$$H_1 : (p_1, \dots, p_r) \neq (p_1^0, \dots, p_r^0)$$

überprüft werden, so ist es sinnvoll, eine Testgröße zu verwenden, die die unter H_0 berechneten Erwartungswerte $np_1^0, \dots, np_r^0$ und die Häufigkeiten $y_1, \dots, y_r$, mit denen die Beobachtungen in den einzelnen Teilmengen $I_1, \dots, I_r$ liegen, miteinander vergleicht. Eine solche Testgröße, die sich aus mehreren Gründen für diese Problemstellung als besonders geeignet erweist, ist die mit Hilfe der sogenannten χ^2*–Abstandsfunktion* definierte Testgröße

$$Q(Y_1, \dots, Y_r; p_1^0, \dots, p_r^0) = \sum_{j=1}^{r} \frac{(Y_j - np_j^0)^2}{np_j^0}, \tag{111}$$

die zur Abkürzung mit $Q(Y_1, \dots, Y_r; p^0)$ bezeichnet wird. Es erscheint sinnvoll, H_0 abzulehnen, falls Häufigkeiten $y_1, \dots, y_r$ beobachtet werden, für die $Q(y_1, \dots, y_r; p^0)$ "besonders groß" ausfällt. Um zu definieren was dabei "besonders groß" bedeuten soll, können wir wieder von einer vorgegebenen Zahl α (z.B. $\alpha = 0.05$) ausgehen, eine (möglichst kleine) Schranke c_α bestimmen, für die (bei zutreffender Nullhypothese H_0)

$$P_{p^0}(Q(Y_1, \dots, Y_r; p^0) > c_\alpha) \leq \alpha$$

gilt, und Realisierungen $Q(y_1, \dots, y_r; p^0)$ der Zufallsvariablen $Q(Y_1, \dots, Y_r; p^0)$ "besonders groß" nennen, wenn sie größer als c_α sind. Die Bestimmung von c_α führt auf das Problem der (zumindest teilweisen) Berechnung der Verteilung von $Q(Y_1, \ldots, Y_r; p^0)$ bei zutreffender Nullhypothese H_0. Im Prinzip läßt sich diese Verteilung aus der $M(n, p^0)$–Verteilung ermitteln. Dies erfordert jedoch bereits bei kleinen Werten von n und r einen erheblichen Aufwand, wie wir am folgenden Beispiel erkennen werden. Für die Praxis erweist es sich daher als sehr vorteilhaft, daß die gewählte Testgröße $Q(Y_1, \ldots, Y_r; p^0)$ bei zutreffender Nullhypothese H_0 für große n näherungsweise χ^2_{r-1}–verteilt ist (Witting, Nölle [1970], Seite 88). Die Näherung ist nach einer vielfach zitierten Faustregel als gut zu bezeichnen, falls $n \cdot p_i^0 \geq 5$ für $i = 1, \ldots, r$ gilt.

Beispiel 3.46. *Ein Würfel wird 12mal geworfen. Die Zufallsvariable $Y = (Y_1, \ldots, Y_6)$, die die Häufigkeiten des Auftretens der einzelnen Augenzahlen beschreibt, ist dann $M(12, p)$–verteilt. Aufgrund der Beobachtungsergebnisse soll die Nullhypothese*

$$H_0 : (p_1, \ldots, p_6) = (\tfrac{1}{6}, \ldots, \tfrac{1}{6})$$

("der Würfel ist symmetrisch") bei der Gegenhypothese

$$H_1 : (p_1, \ldots, p_6) \neq (\tfrac{1}{6}, \ldots, \tfrac{1}{6})$$

("der Würfel ist unregelmäßig") überprüft werden.

Will man eine solche Überprüfung tatsächlich vornehmen, so wird man sie natürlich nicht auf der Grundlage von 12 Würfen, sondern aufgrund von viel mehr Würfen durchführen. Trotzdem nehmen wir an, daß nur 12mal gewürfelt wird, denn für mehr als 12 Würfe sind die folgenden Rechnungen kaum zu bewältigen. Als Testgröße ergibt sich in diesem Falle

$$Q(Y_1, \ldots, Y_6; \tfrac{1}{6}, \ldots, \tfrac{1}{6}) = \tfrac{1}{2} \sum_{j=1}^{6} (Y_j - 2)^2.$$

Bei der Berechnung der Wahrscheinlichkeiten

$$P\Big(\tfrac{1}{2} \sum_{j=1}^{6} (Y_j - 2)^2 = q\Big), \quad q \in \mathbb{R},$$

ist zunächst zu beachten, daß sich nur Werte q der Form

$$q = \tfrac{1}{2} \sum_{j=1}^{6} (y_j - 2)^2 \quad \text{mit} \quad y_1 + \cdots + y_6 = 12$$

ergeben, und daß sowohl die Summe $\sum\limits_{j=1}^{6} (y_j - 2)^2$ als auch (unter der Nullhypothese) die Wahrscheinlichkeit $P(Y_1 = y_1, \ldots, Y_r = y_r)$ unabhängig von der Reihenfolge der Zahlen $y_1, \ldots, y_6$ ist. Wir bestimmen daher nacheinander alle möglichen Tupel $(y_1, \ldots, y_6)$ mit $y_1 \geq \ldots \geq y_6$ sowie $y_1 + \ldots + y_6 = 12$ und berechnen jeweils

1. die Anzahl $a(y_1, \ldots, y_6)$ der (verschiedenen) Tupel, die durch Umordnung von $(y_1, \ldots, y_6)$ entstehen,

$y_1, \ldots, y_6$ mit $y_1 \geq \cdots \geq y_6$ und $y_1 + \cdots + y_6 = 12$	Anzahl a der Umordnungen	$\frac{12!}{y_1! \cdot \ldots \cdot y_6!}$	$\frac{1}{2} \sum_{i=1}^{6} (y_i - 2)^2$	Wahrscheinlichkeit unter H_0
(12)00000	6	1	60	0^+
(11)10000	30	12	49	0^+
(10)20000	30	66	40	0^+
(10)11000	60	132	39	0^+
930000	30	220	33	0^+
921000	120	660	31	0^+
911100	60	1320	30	0^+
840000	30	495	28	0^+
831000	120	1980	25	0.0001
822000	60	2970	24	0.0001
821100	180	5940	23	0.0005
811110	30	11880	22	0.0002
750000	30	792	25	0^+
741000	120	3960	21	0.0002
732000	120	7920	19	0.0004
731100	180	15840	18	0.0013
722100	180	23760	17	0.0020
721110	120	47520	16	0.0026
711111	6	95040	15	0.0003
660000	15	924	24	0^+
651000	120	5544	19	0.0003
642000	120	13860	16	0.0008
641100	180	27720	15	0.0023
633000	60	18480	15	0.0005
632100	360	55440	13	0.0092
631110	120	110880	12	0.0061
622200	60	83160	12	0.0023
622110	180	166320	11	0.0138
621111	30	332640	10	0.0046
552000	60	16632	15	0.0005
551100	90	33264	14	0.0014
543000	120	27720	13	0.0015
542100	360	83160	11	0.0138
541110	120	166320	10	0.0092
533100	180	110880	10	0.0092
532200	180	166320	9	0.0138
532110	360	332640	8	0.0550
531111	30	665280	7	0.0092
522210	120	498960	7	0.0275
522111	60	997920	6	0.0275
444000	20	34650	12	0.0003
443100	180	138600	9	0.0115
442200	90	207900	8	0.0086
442110	180	415800	7	0.0344
441111	15	831600	6	0.0057
433200	180	277200	7	0.0229
433110	180	554400	6	0.0458
432210	360	831600	5	0.1375
432111	120	1663200	4	0.0917
422220	30	1247400	4	0.0172
422211	60	2494800	3	0.0688
333300	15	369600	6	0.0025
333210	120	1108800	4	0.0611
333111	20	2217600	3	0.0204
332220	60	1663200	3	0.0458
332211	90	3326400	2	0.1375
322221	30	4989600	1	0.0688
222222	1	7484400	0	0.0034

2. das 6^{12}–fache der allen durch Umordnung gewonnenen Tupeln gemeinsamen Wahrscheinlichkeiten, nämlich $\frac{12!}{y_1!\cdot\ldots\cdot y_6!}$, und

3. den zugehörigen Wert $q = \frac{1}{2}\cdot\sum_{j=1}^{6}(y_j-2)^2$ der Testgröße.

Dann ist $P\left(\frac{1}{2}\sum_{j=1}^{6}(Y_j-2)^2 = q\right)$ gleich der Summe aller Produkte $a(y_1,\ldots,y_6)\cdot \frac{12!}{y_1!\cdot\ldots\cdot y_6!}\cdot\frac{1}{6^{12}}$ mit $\frac{1}{2}\sum_{j=1}^{6}(y_j-2)^2 = q$ sowie $y_1 \geq \cdots \geq y_6$.

Die Ergebnisse sind in der obigen Tabelle angegeben. 0^+ steht dort für positive Zahlen $< 5\cdot 10^{-5}$. Als Werte der Testgröße ergeben sich nur ganze Zahlen zwischen 0 und 60.

Die Verteilung von $Q(Y_1,\ldots,Y_6;\frac{1}{6},\ldots,\frac{1}{6})$ unter H_0 stellen wir durch ein Histogramm dar, indem wir über den Intervallen $[0,1.5)$, $[1.5,3.5)$, $[3.5,5.5)$, ... usw. Rechtecke errichten, die die Flächeninhalte $P_{p^0}(0\leq Q<1.5)$, $P_{p^0}(1.5\leq Q<3.5)$, $P_{p^0}(3.5\leq Q<5.5)$, ... usw. haben. Zum Vergleich ist die Dichte der χ^2_5–Verteilung in die Skizze mit eingetragen.

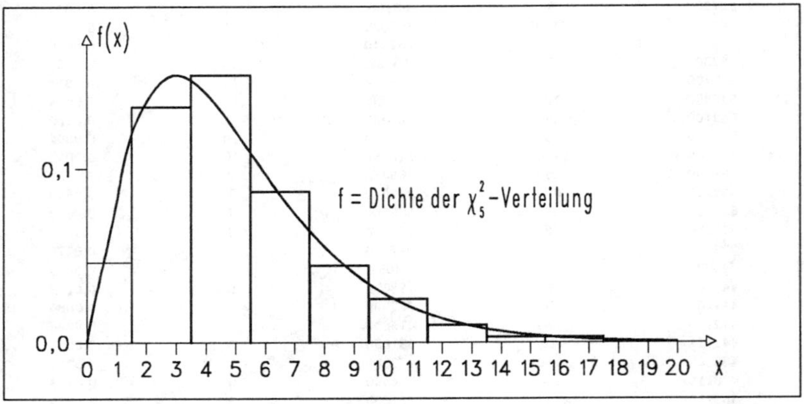

Aus der Skizze erkennt man, daß bereits für $n = 12$ mit Hilfe der χ^2_5–Verteilung brauchbare Näherungswerte für die Quantile der Testgröße ermittelt werden können.

Einer Tafel der χ^2_5–Verteilung entnimmt man den Wert $\chi^2_{5;0.95} = 11.07$. Unter Verwendung der angegebenen Approximation werden wir auf dem Signifikanz–Niveau $\alpha = 0.05$ auf die folgende Entscheidungsregel geführt:

Für $Q(y_1,\ldots,y_6;\frac{1}{6},\ldots,\frac{1}{6}) > 11.07$ wird H_0 abgelehnt;
Für $Q(y_1,\ldots,y_6;\frac{1}{6},\ldots,\frac{1}{6}) \leq 11.07$ wird H_0 nicht abgelehnt.

Aus der obigen Tabelle entnehmen wir zum Vergleich

$$P_{p^0}(Q > 11.07) = P_{p^0}(Q \geq 12) = 0.033, \quad P_{p^0}(Q\geq 11) = 0.061.$$

Das 0.95–Quantil der Testgröße Q ist also $q_{0.95} = 11$, während unser Näherungswert 11.07 ist.

Das Würfelbeispiel hat gezeigt, daß die χ^2–Approximation brauchbare Näherungswerte für die Quantile der Testgröße $Q(Y_1, \ldots, Y_r; p_1^0, \ldots, p_r^0)$ liefert, und zwar wurden wir bei $r = 6$ auf die χ_5^2–Verteilung geführt. Ganz allgemein läßt sich mit Hilfe eines mehrdimensionalen Zentralen Grenzwertsatzes begründen, daß (unter H_0) die Testgröße $Q(Y_1, \ldots, Y_r; p_1^0, \ldots, p_r^0)$ näherungsweise χ_{r-1}^2–verteilt ist (Witting, Nölle [1970], Seite 88). Da die Testgröße eine Summe von r Quadraten ist, würde man zunächst als Näherung eine χ_r^2–Verteilung vermuten. Die Summanden sind jedoch nicht unabhängig, wie der Gleichung $Y_1 + \cdots + Y_r = n$ zu entnehmen ist (vgl. auch Bemerkung 3 zu Definition 2.75).

Beispiel 3.47. *Bei einem Kreuzungsversuch erwartet man aufgrund eines bestimmten Erbgesetzes, daß Nachkommen mit drei verschiedenen Phänotypen Ph1, Ph2 und Ph3 mit den Wahrscheinlichkeiten $\frac{1}{4}, \frac{1}{2}$ bzw. $\frac{1}{4}$ auftreten. Unter 112 Nachkommen fand man 22 mit Ph1, 53 mit Ph2 und 37 mit Ph3. Ist die Hypothese über den Erbgang*

$$H_0 : (p_1, p_2, p_3) = (\tfrac{1}{4}, \tfrac{1}{2}, \tfrac{1}{4})$$

bei der Gegenhypothese

$$H_0 : (p_1, p_2, p_3) \neq (\tfrac{1}{4}, \tfrac{1}{2}, \tfrac{1}{4})$$

auf dem 5%–Niveau abzulehnen, wobei p_i die Wahrscheinlichkeit des Phänotyps Phi ($i = 1, 2, 3$) bedeutet?

	Ph1	*Ph2*	*Ph3*
Häufigkeiten	22	53	37
unter H_0 erwartete Häufigkeiten	28	56	28

Wir erhalten als Wert der Testgröße

$$Q(22, 53, 37; \tfrac{1}{4}, \tfrac{1}{2}, \tfrac{1}{4}) = \frac{(22-28)^2}{28} + \frac{(53-56)^2}{56} + \frac{(37-28)^2}{28} \approx 4.339.$$

Aus der Tafel entnehmen wir $\chi_{2;0.95}^2 = 5.99$ und lehnen daher H_0 nicht ab.

Zusammenfassung (χ^2–Anpassungstest):

Der Wertebereich der Zufallsvariablen X sei in die disjunkten Mengen $I_1, \ldots, I_r$ zerlegt. Über die Wahrscheinlichkeiten $p_j = P(X \in I_j)$, $j = 1, \ldots, r$, soll für gegebenes r–Tupel $(p_1^0, \ldots, p_r^0)$ mit $p_j^0 > 0$, $j = 1, \ldots, r$, und $\sum_{j=1}^{r} p_j^0 = 1$ die Nullhypothese

$$H_0 : (p_1, \ldots, p_r) = (p_1^0, \ldots, p_r^0)$$

bei der Gegenhypothese

$$H_0 : (p_1, \ldots, p_r) \neq (p_1^0, \ldots, p_r^0)$$

überprüft werden. Für eine Realisierung $x_1, \ldots, x_n$ von n unabhängigen, identisch wie X verteilten Zufallsvariablen werden die Häufigkeiten $y_1, \ldots, y_r$ bestimmt, mit denen die Werte in $I_1, I_2, \ldots$ bzw. I_r liegen. Zu gegebenem α, $0 < \alpha < 1$, wird das Quantil $\chi^2_{r-1;1-\alpha}$ einer Tafel entnommen.

Gilt

$$Q(y_1, \ldots, y_r; p_1^0, \ldots, p_r^0) > \chi^2_{r-1;1-\alpha} ,$$

so wird H_0 abgelehnt; sonst wird gegen H_0 nichts eingewendet.

Bemerkung: Bei der Berechnung des Werts der Testgröße ist folgende Formel nützlich:

$$Q(y_1, \ldots, y_r; p_1^0, \ldots, p_r^0) = \sum_{j=1}^{r} \frac{y_j^2}{np_j^0} - n.$$

Bemerkung: Man beachte, daß bei Anwendung des χ^2–Anpassungstests als Test für das Vorliegen einer Verteilungsfunktion F_0, wie dies oben beschrieben wurde, nicht die Nullhypothese $F = F_0$ überprüft wird, sondern nur geprüft wird, ob die Verteilungsfunktion F mit der vermuteten Verteilungsfunktion F_0 an den Grenzen $a_1, \ldots, a_{r-1}$ der Intervallunterteilung $\mathbb{R} = (-\infty, a_1] \cup (a_1, a_2] \cup \cdots \cup (a_{r-1}, \infty)$ übereinstimmt. Man sagt auch, alle Verteilungsfunktionen G mit $G(a_j) = F_0(a_j)$, $j = 1, \ldots, r-1$, "gehören" zur Nullhypothese H_0. Anders als der im Abschnitt 2.8 beschriebene Kolmogoroff–Smirnov–Test, der nur unter der Annahme stetiger Verteilungsfunktionen anwendbar ist, kommt dieser Test ohne die Voraussetzung der Stetigkeit aus.

Der χ^2–Anpassungstest läßt sich nicht nur zur Überprüfung einer bestimmten Verteilungsfunktion F_0, sondern auch zum Prüfen eines bestimmten Verteilungstyps verwenden. Ist, wie in den folgenden Beispielen, der Verteilungstyp durch eine "parametrisierte" Klasse von Verteilungen (z.B. $F_\theta, \theta \in \Theta$) beschrieben, so sind die Werte $p_1^0, \ldots, p_r^0$ nicht feste Zahlenwerte, sondern sind in Abhängigkeit vom unbekannten Parameter θ zu sehen: $p_1^0(\theta), \ldots, p_r^0(\theta)$. Deshalb kann der Wert der χ^2–Abstandsfunktion zunächst nicht berechnet werden. Man hilft sich jedoch auf folgende Weise: Man bestimmt bei vorliegender Meßreihe $x_1, \ldots, x_n$ einen Maximum–Likelihood–Schätzwert $\hat{\theta} = \hat{\theta}(x_1, \ldots, x_n)$ für θ und ersetzt in der Formel der χ^2–Abstandsfunktion die vom unbekannten Parameter θ abhängigen Wahrscheinlichkeiten $p_1^0(\theta), \ldots, p_r^0(\theta)$ durch die Schätzwerte $p_1^0(\hat{\theta}), \ldots, p_r^0(\hat{\theta})$. Daß dieser "vorgeschaltete" Schätzvorgang nicht ohne Einfluß auf die Verteilung der χ^2–Testgröße ist, leuchtet ein. Man kann unter gewissen, sehr allgemeinen Voraussetzungen jedoch zeigen, daß sich wiederum näherungsweise eine χ^2–Verteilung ergibt, jedoch mit einer geringeren Zahl von Freiheitsgraden. Wenn mehrere Parameter (z.B. μ und σ^2 bei $N(\mu, \sigma^2)$–Verteilungen) zu schätzen sind, erhält man eine Verringerung um die Anzahl k der geschätzten Parameter. Für die Entscheidungsregel wird dann das Quantil $\chi^2_{r-k-1;1-\alpha}$ anstelle von $\chi^2_{r-1;1-\alpha}$ herangezogen (siehe Witting, Nölle [1970], Seite 89).

Beispiel 3.48. *In Beispiel 2.31 wurde die Anzahl der durch Hufschlag verursachten Todesfälle pro Jahr in preußischen Kavallerieregimentern betrachtet. Will man die Frage, ob für dieses Phänomen eine der Poisson–Verteilungen mit Parameter* $\theta > 0$

angemessen ist, mit Hilfe des χ^2–Anpassungstests untersuchen, so bestimmt man aus den Beobachtungsdaten

Anzahl der Todesfälle	0	1	2	3	4
beobachtete Häufigkeit	109	65	22	3	1

nach der Maximum–Likelihood–Methode einen Schätzwert für θ. Dieser Schätzwert $\hat{\theta}$ ist nach Beispiel 3.18 das arithmetische Mittel der beobachteten Häufigkeiten, nämlich $\hat{\theta} = 0.61$. Wählt man als Unterteilung des Wertebereichs $\mathbb{N} \cup \{0\}$ der Poisson–verteilten Zufallsvariablen X die Menge $I_1 = \{0\}$, $I_2 = \{1\}$, $I_3 = \{2\}$, $I_4 = \{3, 4, \ldots\}$, so ist $r = 4$, $p_1^0(\hat{\theta}) = e^{-0.61} = 0.543$, $p_2^0(\hat{\theta}) = 0.61 \cdot e^{-0.61} = 0.331$, $p_3^0(\hat{\theta}) = \frac{1}{2!} \cdot 0.61^2 \cdot e^{-0.61} = 0.101$ und $p_4^0(\hat{\theta}) = 1 - \sum_{k=0}^{3} p_k^0(\hat{\theta}) = 0.024$. Da $k = 1$ ist, weil eine Maximum–Likelihood–Schätzung benötigt wurde, ist die χ^2_{4-1-1}–Verteilung zugrunde zu legen. Bei $\alpha = 0.1$ ergibt sich $\chi^2_{2;0.9} = 4.60$. Der Wert der Testgröße ist wegen $y_1 = 109, y_2 = 65,\ y_3 = 22,\ y_4 = 4$ und $n = 200$

$$\begin{aligned}\sum_{j=1}^{4} \frac{(y_j - n \cdot p_j^0(\hat{\theta}))^2}{np_j^0(\hat{\theta})} &= \tfrac{(109-108.6)^2}{108.6} + \tfrac{(65-66.2)^2}{66.2} + \tfrac{(22-20.2)^2}{20.2} + \tfrac{(4-4.8)^2}{4.8} \\ &= 0.0015 + 0.0218 + 0.1604 + 0.1333 = 0.3170.\end{aligned}$$

Wir erhalten einen Wert, der weit unter dem Quantil $\chi^2_{2;0.9} = 4.60$ liegt.

Beispiel 3.49. In Beispiel 1.4 wurde eine Meßreihe $x_1, \ldots, x_n$ betrachtet, die sich bei der Messung von $n = 200$ Nietkopfdurchmessern ergeben hatte. Soll in diesem Beispiel mit Hilfe des χ^2–Anpassungstests überprüft werden, ob die Normalverteilungsannahme gerechtfertigt ist, ob also eine der $N(\mu, \sigma^2)$–Verteilungen eine angemessene Beschreibung liefert, so bestimmt man aus den Beobachtungsdaten zunächst Maximum–Likelihood–Schätzwerte für μ und σ^2, die nach Beispiel 3.17 aus der Meßreihe ermittelt werden können. Wir verzichten darauf, alle 200 Meßwerte anzugeben, sondern teilen lediglich mit, daß sich

$$\sum_{i=1}^{200} x_i = 2874.85 \quad \text{und} \quad \sum_{i=1}^{200} x_i^2 = 41325.53$$

aus der Meßreihe ergab. Als Schätzwerte erhalten wir daraus $\hat{\mu} = 14.37$ und $\hat{\sigma}^2 = 0.0086$ (sowie $\hat{\sigma} = 0.0927$). Wählt man die im Abschnitt 1.2 betrachtete Intervallzerlegung $I_1, \ldots, I_r$, die sich für $r = 10$ mit den äquidistanten Intervallgrenzen $a_1 = 14.15$, $a_2 = 14.20, \ldots, a_9 = 14.55$ entsprechend der zu Beginn dieses Abschnitts benutzten Bezeichnungsweise ergibt, so erhalten wir folgende Tabelle, in der auch die Wahrscheinlichkeiten

$$p_j^0(\hat{\mu}, \hat{\sigma}^2) = P(X \in I_j), \quad j = 1, \ldots, r,$$

für eine $N(14.37, 0.0086)$–verteilte Zufallsvariable X angegeben sind:

j	*Häufigkeit* y_j	$\Phi\left(\frac{a_j-\hat{\mu}}{\hat{\sigma}}\right)$	$p_j^0(\hat{\mu}, \hat{\sigma}^2)$	$\frac{y_j^2}{200\cdot p_j^0(\hat{\mu},\hat{\sigma}^2)}$
1	2	0.009	0.009	2.27
2	4	0.033	0.024	3.25
3	12	0.098	0.065	11.18
4	23	0.225	0.127	20.78
5	39	0.415	0.190	40.13
6	42	0.627	0.212	41.49
7	36	0.806	0.179	36.26
8	24	0.920	0.114	25.33
9	12	0.974	0.054	13.26
10	6	1.000	0.026	6.90

Als Werte der Testgröße errechnet man daraus

$$\sum_{j=1}^{10} \frac{y_j^2}{200 \cdot p_j^0(\hat{\mu}, \hat{\sigma}^2)} - 200 = 0.85,$$

der, verglichen mit dem Quantil $\chi^2_{10-2-1;0.9} = 12.02$, das im Falle $\alpha = 0.1$ bei $k = 2$ geschätzten Parametern heranzuziehen ist, sehr klein ausfällt. Es besteht also kein Anlaß, die Annahme, daß die Normalverteilung eine angemessene Beschreibung liefert, zu verwerfen.

Will man die Frage, ob die Normalverteilungsannahme angemessen ist, nicht nur nach der im Abschnitt 2.8 beschriebenen graphischen Methode mit Hilfe des Wahrscheinlichkeitspapiers untersuchen, so ist der χ^2–Anpassungstest mit Parameterschätzung ein geeignetes Verfahren, während der Kolmogoroff–Smirnov–Test, wie er in Abschnitt 2.8 beschrieben wurde, lediglich dann anwendbar ist, wenn eine ganz bestimmte Normalverteilung (nicht der Typ "Normalverteilung") getestet werden soll.

χ^2–Unabhängigkeitstest

Wir wenden uns nun einem anderen Problem zu. Für eine zweidimensionale Zufallsvariable (X, Y) soll überprüft werden, ob ihre Komponenten X und Y unabhängig sind. Entsprechend dem Vorgehen beim χ^2–Anpassungstest zerlegen wir den Wertebereich von X in disjunkte Mengen $I_1, \ldots, I_k$ und den Wertebereich von Y in disjunkte Mengen $J_1, \ldots, J_l$.

Es seien $\quad p_{ij} = P(X \in I_i,\ Y \in J_j), \quad p_{i\cdot} = \sum_{j=1}^{l} p_{ij} = P(X \in I_i) \quad$ sowie

$$p_{\cdot j} = \sum_{i=1}^{k} p_{ij} = P(Y \in J_j) \quad \text{für} \quad i = 1, \ldots, k \text{ und } j = 1, \ldots, l.$$

Im Falle der Unabhängigkeit von X und Y gilt

$$P(X \in I_i,\ Y \in J_j) = P(X \in I_i) \cdot P(Y \in J_j),$$

also

$$p_{ij} = p_{i\bullet} \cdot p_{\bullet j}$$

für $i = 1, \ldots, k$ und $j = 1, \ldots, l$. Die Eigenschaft der Unabhängigkeit von X und Y wird auf die Gültigkeit dieser Gleichungen reduziert. Wir testen die Nullhypothese

$$H_0 : p_{ij} = p_{i\bullet} \cdot p_{\bullet j} \quad \text{für alle Paare } (i,j)$$

bei der Gegenhypothese

$$H_1 : p_{ij} \neq p_{i\bullet} \cdot p_{\bullet j} \quad \text{für mindestens ein Paar } (i,j).$$

Seien $(X_1, Y_1), \ldots, (X_n, Y_n)$ unabhängige, identisch wie (X, Y) verteilte zweidimensionale Zufallsvariablen und $(x_1, y_1), \ldots, (x_n, y_n)$ eine Realisierung. Die Zufallsvariable N_{ij} sei definiert als die zufällige Anzahl der Zahlenpaare in der Realisierung, die in $I_i \times I_j$ liegen, kurz

$$N_{ij} = \text{Anzahl der } m \in \{1, \ldots, n\} \quad \text{mit} \quad X_m \in I_i \quad \text{und} \quad Y_m \in J_j$$

für $i = 1, \ldots, k$ und $j = 1, \ldots, l$. Dann ist die relative Häufigkeit $\frac{1}{n} N_{ij}$ ein Schätzer für p_{ij}, wie auch $\frac{1}{n} N_{i\bullet}$ mit $N_{i\bullet} = N_{i1} + \cdots + N_{il}$ und $\frac{1}{n} N_{\bullet j}$ mit $N_{\bullet j} = N_{1j} + \cdots + N_{kj}$ Schätzer für $p_{i\bullet}$ bzw. $p_{\bullet j}$ sind. Ist die Nullhypothese H_0 gültig, so wird die Testgröße

$$\begin{aligned} Q((X_1, Y_1), \ldots, (X_n, Y_n)) &= \sum_{i=1}^{k} \sum_{j=1}^{l} \frac{(N_{ij} - n \cdot \frac{1}{n} N_{i\bullet} \cdot \frac{1}{n} N_{\bullet j})^2}{n \cdot \frac{1}{n} N_{i\bullet} \cdot \frac{1}{n} N_{\bullet j}} \\ &= \sum_{i=1}^{k} \sum_{j=1}^{l} \frac{(n N_{ij} - N_{i\bullet} \cdot N_{\bullet j})^2}{n \cdot N_{i\bullet} \cdot N_{\bullet j}} \end{aligned}$$

also

$$Q((X_1, Y_1), \ldots, (X_n, Y_n)) = n \Big[\Big(\sum_{i=1}^{k} \sum_{j=1}^{l} \frac{N_{ij}^2}{N_{i\bullet} \cdot N_{\bullet j}} \Big) - 1 \Big]$$

kleine Werte annehmen. Diese Testgröße ist unter H_0 für großes n, wie man zeigen kann, näherungsweise $\chi^2_{(k-1)(l-1)}$–verteilt (siehe Witting, Nölle [1970], Seite 91).

Bemerkung: Da die Testgröße eine Summe mit $k \cdot l$ Summanden ist, scheint zunächst die $\chi^2_{k \cdot l - 1}$–Verteilung als Grenzverteilung angemessen. Da jedoch $p_{1\bullet}, \ldots, p_{(k-1)\bullet}$ sowie $p_{\bullet 1}, \ldots, p_{\bullet (l-1)}$ aufgrund von Maximum–Likelihood–Schätzungen bestimmt werden ($p_{k\bullet}$ und $p_{\bullet l}$ ergeben sich aus $p_{k\bullet} = 1 - \sum_{i=1}^{k-1} p_{i\bullet}$ und $p_{\bullet l} = 1 - \sum_{j=1}^{l-1} p_{\bullet j}$), ist es wegen $k \cdot l - (k-1) - (l-1) - 1 = (k-1)(l-1)$ plausibel, daß man auf eine $\chi^2_{(k-1)(l-1)}$–Verteilung geführt wird.

Durchführung des χ^2–Unabhängigkeitstests

Aus den Beobachtungsergebnissen $(x_1, y_1), \ldots, (x_n, y_n)$ wird für jedes Paar (i,j) die Anzahl n_{ij} der $m \in \{1, \ldots, n\}$ ermittelt, für die $x_m \in I_i$ und $y_m \in J_j$ gilt. Diese

Werte n_{ij} werden in eine *Kontingenztafel* eingetragen und die Spalten- und Zeilensummen $n_{.j}$ bzw. $n_{i.}$ berechnet.

y–Werte / x–Werte	J_1	J_2	$\cdots$	J_l	
I_1	n_{11}	n_{12}	$\cdots$	n_{1l}	$n_{1.}$
I_2	n_{21}	n_{22}	$\cdots$	n_{2l}	$n_{2.}$
$\vdots$	$\vdots$	$\vdots$		$\vdots$	$\vdots$
I_k	n_{k1}	n_{k2}	$\cdots$	n_{kl}	$n_{k.}$
	$n_{.1}$	$n_{.2}$	$\cdots$	$n_{.l}$	n

Zu gegebenem α, $0 < \alpha < 1$, wird aus einer Tafel das Quantil $\chi^2_{(k-1)(l-1);1-\alpha}$ bestimmt. Gilt

$$\sum_{i=1}^{k}\sum_{j=1}^{l} \frac{(n \cdot n_{ij} - n_{i.} \cdot n_{.j})^2}{n \cdot n_{i.} \cdot n_{.j}} > \chi^2_{(k-1)(l-1);1-\alpha} ,$$

so wird H_0 abgelehnt (und die Unabhängigkeitsannahme verworfen); sonst wird gegen H_0 nichts eingewendet.

Beispiel 3.50. *Besteht ein Zusammenhang zwischen dem Alter eines Autofahrers und der Anzahl der Unfälle, in die er im Laufe eines Jahres verwickelt wird? Die folgende Kontingenztafel sei das Ergebnis einer Untersuchung zu dieser Fragestellung:*

	Anzahl der Unfälle pro Jahr				
Alter	0	1	2	≥ 3	
$18-29$	748	74	31	9	862
$30-39$	821	60	25	10	916
$40-49$	786	51	22	6	865
$50-59$	720	66	16	5	807
≥ 60	672	50	15	7	744
	3747	301	109	37	4194

Hier ist $k = 5$ und $l = 4$. Wählen wir $\alpha = 0.1$, so finden wir $\chi^2_{12;0.9} = 18.55$. Als Wert der Testgröße ergibt sich 14.40. Die Annahme der Unabhängigkeit von Alter und Unfallneigung wird auf dem 10%–Niveau nicht verworfen.

Beispiel 3.51. *Bei einer Untersuchung über Schädlingsbefall von Apfelbäumen wurden drei verschiedene Apfelsorten überprüft. Es wurden insgesamt $n = 100$ Bäume einer Obstplantage auf Schädlingsbefall hin untersucht. Es ergab sich die folgende Kontingenztafel:*

	Schädlingsbefall			
Apfelsorte	*gering*	*mittel*	*stark*	
A	22	6	2	30
B	11	12	7	30
C	17	12	11	40
	50	30	20	100

In diesem Fall ist $k = l = 3$. Wählen wir $\alpha = 0.1$, so finden wir $\chi^2_{4;0.9} = 7.78$. Als Wert der Testgröße ergibt sich 10.74. Die Annahme der Unabhängigkeit des Schädlingsbefalls von der Apfelsorte ist also auf dem 10%–Niveau zu verwerfen.

Im Spezialfall $k = l = 2$ (Vierfeldertafel) erhält man als Entscheidungsregel: H_0 ablehnen, falls

$$n \cdot \frac{(n_{11} \cdot n_{22} - n_{12} \cdot n_{21})^2}{n_{1.} \cdot n_{2.} \cdot n_{.1} \cdot n_{.2}} > \chi^2_{1;1-\alpha} \,.$$

Wegen $\chi^2_{1;1-\alpha} = (u_{1-\alpha/2})^2$, wobei $u_{1-\alpha/2}$ das $(1-\alpha/2)$–Quantil der $N(0,1)$–Verteilung bezeichnet, ergibt sich: H_0 ablehnen, falls

$$\sqrt{n} \cdot \frac{|n_{11} \cdot n_{22} - n_{12} \cdot n_{21}|}{\sqrt{n_{1.} \cdot n_{2.} \cdot n_{.1} \cdot n_{.2}}} > u_{1-\alpha/2} \,.$$

Exakter Test von Fisher

Im Falle einer Vierfeldertafel wird mitunter zur Überprüfung der Unabhängigkeitsannahme der exakte Test von Fisher angewandt. Dies geschieht insbesondere bei kleinen Stichprobenumfängen, weil sich die Verteilung der Testgröße bei diesem Test ohne allzu großen Aufwand berechnen läßt und daher die Wahrscheinlichkeit dafür, daß die Testgröße Werte im Ablehnungsbereich liefert, nicht wie beim χ^2–Verfahren nur näherungsweise, sondern genau angegeben werden kann. Wir erläutern diesen Test an einem Beispiel.

Beispiel 3.52. *Besteht ein Zusammenhang zwischen Augenfarbe und Haarfarbe? Beobachtungen an 39 Schülern einer Klasse ergaben die folgende Vierfeldertafel:*

	Augenfarbe		
Haarfarbe	*blau*	*nicht blau*	
hell	9	5	14
dunkel	6	19	25
	15	24	39

Während in der ganzen Klasse knapp 40% der Schüler blaue Augen haben, beträgt der Anteil der Blauäugigen unter denen mit hellen Haaren über 60%. Diese Überlegung deutet auf eine Abhängigkeit hin. Um eine quantitative Aussage machen zu können, berechnen wir die Wahrscheinlichkeit dafür, daß ein solches (oder noch unausgewogeneres) Ergebnis zustande kommt, wenn Augenfarbe und Haarfarbe durch unabhängige Zufallsvariablen beschrieben werden. Unter der Unabhängigkeitsannahme ist folgende Deutung möglich: In der Klasse mit 39 Schülern befinden sich 15 blauäugige; 14 Schüler, die mit hellen Haaren, werden "ohne Zurücklegen" herausgegriffen. Dann ist die Anzahl der Schüler in der Stichprobe, die blaue Augen haben, durch eine $H(14,39,15)$–verteilte Zufallsvariable X beschrieben, und es gilt deshalb

$$P(X=k) = \frac{\binom{15}{k}\binom{24}{14-k}}{\binom{39}{14}} \,, \quad k = 0,1,\ldots,14.$$

Sei $h^*_{\alpha/2} = \inf\{t : F(t) > \frac{\alpha}{2}\}$ und sei $h_{1-\alpha/2}$ das $(1-\alpha/2)$–Quantil der Verteilung von X, so gilt

$$P(h^*_{\alpha/2} \le X \le h_{1-\alpha/2}) \ge 1-\alpha.$$

Wir lehnen daher die Unabhängigkeitsannahme ab, falls weniger als $h^*_{\alpha/2}$ oder mehr als $h_{1-\alpha/2}$ Schüler mit blauen Augen unter denen mit hellen Haaren sind. Im Falle $\alpha = 0.05$ erhält man in unserem Beispiel wegen

$$0.926 = \sum_{k=0}^{7} \frac{\binom{15}{k}\binom{24}{14-k}}{\binom{39}{14}} < 0.975 \leq \sum_{k=0}^{8} \frac{\binom{15}{k}\binom{24}{14-k}}{\binom{39}{14}} = 0.984$$

$h_{1-\alpha/2} = h_{0.975} = 8$, so daß der Beobachtungswert 9 im Ablehnungsbereich liegt. Die Hypothese der Unabhängigkeit ist also auf dem 5%–Niveau zu verwerfen.

Bei Anwendung des obigen χ^2–Tests ergibt sich

$$\sqrt{39} \cdot \frac{9 \cdot 19 - 5 \cdot 6}{\sqrt{14 \cdot 25 \cdot 15 \cdot 24}} = 2.48,$$

so daß man auch bei diesem Test wegen $u_{0.975} = 1.96$ auf die Ablehnung der Unabhängigkeitsannahme geführt wird.

Bemerkung: Das Quantil $h^*_{\alpha/2}$ ist identisch mit dem $\alpha/2$–Quantil der Verteilung von X, außer in dem Sonderfall $P(X \leq h_{\alpha/2}) = \frac{\alpha}{2}$. Dann ist $h^*_{\alpha/2} = h_{\alpha/2} + 1$.

Vorgehensweise beim exakten Test von Fisher

Aufgrund der Realisierung der Zufallsvariablen $(X_1, Y_1), \ldots, (X_n, Y_n)$ erstellt man eine Vierfeldertafel

	y–Werte in		
x–Werte in	J_1	J_2	
I_1	n_{11}	n_{12}	$n_{1.}$
I_2	n_{21}	n_{22}	$n_{2.}$
	$n_{.1}$	$n_{.2}$	n

und bestimmt zu gegebenem α, $0 < \alpha < 1$, die Quantile $h^*_{\alpha/2}$ und $h_{1-\alpha/2}$ der $H(n_{1.}, n, n_{.1})$–Verteilung. Die Hypothese der Unabhängigkeit der Zufallsvariablen ist zu verwerfen, falls entweder $n_{11} < h^*_{\alpha/2}$ oder $n_{11} > h_{1-\alpha/2}$ gilt. Die Quantile der hypergeometrischen Verteilung können in statistischen Tafelwerken nachgeschlagen werden.

3.7 Einige verteilungsunabhängige Tests

Die Anwendbarkeit der im Abschnitt 3.5 behandelten Testverfahren beruht wesentlich auf der Annahme, daß die Verteilungen der Zufallsvariablen, die die Beobachtungsdaten beschreiben, einer bestimmten Klasse von Verteilungen angehören. Im folgenden sollen Testverfahren vorgestellt werden, die entwickelt wurden, um ohne solche Verteilungsannahmen auskommen zu können. Diese Verfahren heißen *verteilungsunabhängig* und werden auch als *nichtparametrisch* bezeichnet. Sie finden insbesondere dann Anwendung, wenn die Beobachtungsergebnisse in Form von Qualitätsstufen angegeben werden, wie etwa in der Materialkunde bei der Untersuchung von Härteeigenschaften oder in der Psychologie bei der Untersuchung von Schulleistungen und bei Intelligenzprüfungen. In solchen Fällen kann von zwei Beobachtungsergebnissen oft nur gesagt werden, welches das bessere ist, während Differenzen zweier Beobachtungswerte keine sinnvolle Interpretation zulassen. Jede streng monotone Transformation einer gewählten Meßskala ist daher zur zahlenmäßigen Erfassung der Beobachtungsergebnisse ebenfalls geeignet. In die Testgrößen bei den im folgenden vorgestellten Verfahren gehen allein die "größer–kleiner" Beziehungen zwischen den zahlenmäßig erfaßten Beobachtungsergebnissen ein.

Wir behandeln zunächst den ältesten nichtparametrischen Test, den Vorzeichentest, der schon zu Beginn des 18. Jahrhunderts zur Untersuchung der Häufigkeit von Knaben– und Mädchengeburten angewendet worden sein soll.

Der Vorzeichentest

Die Idee, die dem Vorzeichentest zugrunde liegt, erläutern wir an folgendem Beispiel:

Beispiel 3.53. *Ein Arzt gibt 20 Patienten, die über Schlafstörungen klagen, je 2 Medikamente A und B. Er bittet sie, darauf zu achten, welches der beiden Medikamente eine stärkere Wirkung zeigt. Beim nächsten Praxisbesuch werden die Patienten befragt. Geben nun alle 20 Patienten an, daß das Medikament A eine stärkere Wirkung zeigt, so sagt sich der Arzt: Aufgrund dieses eindeutigen Ergebnisses muß das Medikament A eine stärkere Wirkung haben. Auch wenn "nur" 19 oder 18 Patienten dieser Ansicht sind, wird er gefühlsmäßig diese Feststellung treffen. Wären die Medikamente wirklich gleichwertig bezüglich ihrer Wirkung, so könnte man annehmen, daß ein Patient mit Wahrscheinlichkeit $\frac{1}{2}$ sich für das Medikament A (bzw. B) ausspricht. Unter der weiteren Annahme, daß die Antworten der einzelnen Patienten unabhängig zustande kommen, z.B. weil die Patienten sich nicht kennen, würde sich für die Wahrscheinlichkeit, 20 gleichlautende Antworten zu bekommen, $\left(\frac{1}{2}\right)^{20} < 10^{-6}$ ergeben. Auch die Ergebnisse "19 Patienten für A" und "18 Patienten für A" sind unter der Annahme der Gleichwertigkeit der Medikamente und der Unabhängigkeit der Antworten sehr unwahrscheinlich. Ihre Wahrscheinlichkeiten sind nämlich ungefähr $2 \cdot 10^{-5}$ bzw. $2 \cdot 10^{-4}$. Der Arzt wird also in diesen drei Fällen annehmen, daß die Medikamente A und B nicht gleichwertig sind. Ganz anders wäre seine Einschätzung, wenn sich nur 12 oder 13 Patienten für A aussprechen würden. Diese Antworten stünden noch einigermaßen im Einklang mit dem, was man bei Gleichwertigkeit der Medikamente erwarten würde.*

Die hier angedeutete Vorgehensweise soll nun präzisiert werden. Wir denken uns die Antworten der Patienten als Realisierungen von $n = 20$ unabhängigen Zufallsvariablen $D_1, \ldots, D_n$, die die Werte 1 (Medikament A zeigt stärkere Wirkung) und 0 (Medikament B zeigt stärkere Wirkung) annehmen können. Wir bezeichnen mit

$$V = D_1 + \cdots + D_n$$

die Zufallsvariable, mit der die Gesamtzahl der für Medikament A sprechenden Patienten beschrieben wird. Unter der Nullhypothese

$$H_0 : P(D_i = 1) = P(D_i = 0) = \tfrac{1}{2}, \quad i = 1, \ldots, n,$$

ist V binomial $B(n, \frac{1}{2})$–verteilt. Bestimmt man nun zu vorgegebenem α $(0 < \alpha < 1)$ die größte Zahl $k = k(n, \alpha)$ mit

$$P(V < k \text{ oder } V > n - k) = 2 \sum_{i=0}^{k-1} \binom{n}{i} \cdot \frac{1}{2^n} \leq \alpha,$$

so haben wir mit der Entscheidungsregel

"Falls $v < k$ oder $v > n - k$, dann H_0 ablehnen;
falls $k \leq v \leq n - k$, dann H_0 nicht ablehnen."

einen Test zum Niveau α für die Überprüfung der Nullhypothese H_0 gefunden. In unserem Beispiel mit $n = 20$ ergibt sich für $\alpha = 0.05$ wegen

$$\left[\binom{20}{0} + \cdots + \binom{20}{5}\right] \cdot \frac{1}{2^{20}} = 0.021 \quad \text{und} \quad \left[\binom{20}{0} + \cdots + \binom{20}{6}\right] \cdot \frac{1}{2^{20}} = 0.058$$

die Schranke zu $k = k(20, 0.05) = 6$.

Für den Arzt, der die Gleichwertigkeit der beiden Medikamente anhand der Antworten von 20 Patienten überprüfen will, ergibt sich aus den obigen Überlegungen, daß er wie folgt verfahren kann: Sprechen sich mehr als 14 oder weniger als 6 Patienten für Medikament A aus, so betrachtet er die Medikamente nicht als gleichwertig. Geht er so vor, so ist die Wahrscheinlichkeit, daß er bei Gleichwertigkeit der Medikamente fälschlicherweise auf einen Unterschied schließt, kleiner als 0.05. (Genauer ist diese Wahrscheinlichkeit 0.042.)

Die kritische Schranke k ist das $(1 - \alpha/2)$–Quantil der $B(n, \frac{1}{2})$–Verteilung. Ihre Bestimmung kann für große Stichprobenumfänge n mühsam sein. Nach dem Grenzwertsatz von Moivre–Laplace wissen wir jedoch, daß die Standardisierung einer $B(n,p)$–verteilten Zufallsvariablen X für großes n näherungsweise $N(0,1)$–verteilt ist. Diese "Normalapproximation" können wir zur Bestimmung des kritischen Wertes k benutzen. Ist V eine $B(n, \frac{1}{2})$–verteilte Zufallsvariable, so gilt

$$P(V > k) = P\Big(\frac{V - \frac{n}{2}}{\frac{1}{2}\sqrt{n}} > \frac{k - \frac{n}{2}}{\frac{1}{2}\sqrt{n}}\Big) \approx 1 - \Phi\Big(\frac{2k - n}{\sqrt{n}}\Big) .$$

Die Funktion Φ ist dabei die Verteilungsfunktion der Standardnormalverteilung. Mit $u_{1-\alpha/2}$ sei das $(1 - \alpha/2)$–Quantil dieser Verteilung bezeichnet. Man erhält aus der Gleichung $\frac{2k-n}{\sqrt{n}} = u_{1-\alpha/2}$ für k den Wert

$$k = \tfrac{1}{2}\,(n + u_{1-\alpha/2} \cdot \sqrt{n}). \tag{112}$$

Das soeben beschriebene Testverfahren kann auch angewendet werden, wenn die zu analysierenden Daten nicht wie in Beispiel 3.53 als Ja–Nein–Antworten (bzw. "A besser als B" oder "B besser als A") sondern als reelle Zahlen vorliegen.

Beispiel 3.54. *Eine Reifenfirma hat für einen neuen Winterreifen zwei Profile entwickelt, die bezüglich ihrer Griffigkeit im Schnee und ihrer Rutschfestigkeit auf Eis nahezu gleichwertig sind. Es soll nun untersucht werden, ob sie sich im Hinblick auf* *ihre Bremswirkung bei trockener Fahrbahn unterscheiden. 20 Testfahrzeuge werden einmal mit den Reifen der Profilsorte A bestückt, das andere Mal mit solchen der Profilsorte B und jeweils bei der gleichen Geschwindigkeit abgebremst. Die bei den verschiedenen Fahrzeugen für beide Profilsorten ermittelten 20 Bremswege* $x_1, \ldots, x_{20}$ *und* $y_1, \ldots, y_{20}$ *sind in der folgenden Tabelle in Meter mit den Differenzen* $d_i = x_i - y_i$ *und deren Vorzeichen eingetragen.*

i	x_i	y_i	$d_i = x_i - y_i$	Vorzeichen
1	44.6	44.7	−0.1	−
2	55.0	54.8	0.2	+
3	52.5	55.6	−3.1	−
4	50.2	55.2	−5.0	−
5	45.2	45.6	−0.4	−
6	46.0	47.7	−1.7	−
7	52.0	53.0	−1.0	−
8	50.2	49.9	0.3	+
9	50.7	52.2	−1.5	−
10	49.2	50.6	−1.4	−
11	47.3	46.1	1.2	+
12	50.1	52.3	−2.2	−
13	51.6	53.9	−2.3	−
14	48.7	47.1	1.6	+
15	54.2	57.2	−3.0	−
16	46.1	52.7	−6.6	−
17	49.9	49.0	0.9	+
18	52.3	54.9	−2.6	−
19	48.7	51.4	−2.7	−
20	56.9	56.1	0.8	+

Die Daten $x_1, \ldots, x_n$ und $y_1, \ldots, y_n$ (im Beispiel $n = 20$) denken wir uns als Realisierungen von Zufallsvariablen $X_1, \ldots, X_n$ bzw. $Y_1, \ldots, Y_n$. Dabei können wir für die Paare $(X_1, Y_1), \ldots, (X_n, Y_n)$, d.h. für die zweidimensionalen Zufallsvariablen, annehmen, daß sie unabhängig sind.

Es ist jedoch nicht gerechtfertigt, auch für X_i und Y_i bei gleichem i die Unabhängigkeitsannahme zu machen. Die beiden Ergebnisse x_i und y_i des i-ten Fahrzeugs werden sicher durch die Funktionsfähigkeit des Fahrzeugs beeinflußt.

Dagegen sind die Zufallsvariablen $D_i = X_i - Y_i, \quad i = 1, \ldots, n$, unabhängig. Der Einfachheit halber setzen wir noch voraus, daß die Differenzen $D_i,\ i = 1, \ldots, n$, identisch verteilt sind mit derselben stetigen Verteilungsfunktion. Dann tritt das Ereignis $X_i = Y_i$ für jedes $i = 1, \ldots, n$ nur mit Wahrscheinlichkeit 0 ein, so daß unter der Annahme gleicher Bremswirkung die Verteilungsannahme

$$H_0 : P(D_i > 0) = P(D_i < 0) = \tfrac{1}{2} \quad \text{für alle} \quad i = 1, \ldots, n$$

gemacht werden kann, die wir als Nullhypothese testen wollen. Man beachte, daß H_0 gleichbedeutend ist mit der Aussage, daß die Zufallsvariablen $D_1, \ldots, D_n$ den Median 0 besitzen.

Wir verwenden hier als Testgröße V die Anzahl der positiven Differenzen. Sie ist unter H_0 binomial verteilt, und zwar $B(n, \frac{1}{2})$-verteilt. Darum führt die in Beispel

3.53 angegebene Entscheidungsregel ebenfalls zu einem Niveau–α–Test zum Prüfen der Nullhypothese H_0.

Da bei dieser Entscheidungsregel lediglich die Vorzeichen der beobachteten Differenzen berücksichtigt werden, heißt sie *Vorzeichentest* , und wegen der paarweisen Zusammenfassung der Beobachtungsdaten (x_i, y_i), $i = 1, \ldots, n$, spricht man vom *Vorzeichentest bei paarigen Beobachtungen* (oder *verbundenen Stichproben*).

In Beispiel 3.54 ist ebenso wie in Beispiel 3.53 der Stichprobenumfang $n = 20$. Also ist wie dort für $\alpha = 0.05$ die kritische Schranke $k = 6$. Da genau $v = 6$ positive Vorzeichen beobachtet werden, ist das Ergebnis nicht signifikant auf dem 5%–Niveau.

Der Vorzeichen–Rang–Test

Sieht man sich die Daten in Beispiel 3.54 etwas genauer an, so muß man das Testergebnis, die Nullhypothese nicht zu verwerfen, als unbefriedigend empfinden. In den sechs Fällen, in denen mit der Profilsorte A längere Bremswege gemessen wurden, ist nämlich der Unterschied zwischen den Bremswegen gering (maximal 1.6), während in den 14 anderen Fällen, bei denen mit der Profilsorte A bessere Ergebnisse erzielt wurden, die Unterschiede teilweise deutlich größer sind (bis zu 6.6). Die verwendete Testgröße benutzt nur das Vorzeichen der Differenzen. Das Testverfahren kann deshalb auf Unterschiede in den Größenordnungen der Differenzen nicht ansprechen. Letztlich ist die Kritik am Vorzeichentest im Zusammenhang mit Beispiel 3.54 darin begründet, daß die Nullhypothese

$$H_0: \text{ Die Zufallsvariablen } D_1, \ldots, D_n \text{ haben den Median } 0$$

nicht als geeignete Übersetzung der Aussage "Beide Profilsorten sind gleichwertig" anzusehen ist. Man muß also eine besser passende Nullhypothese formulieren, etwa

$$H_0: P(D_i < -x) = P(D_i > x) \quad \text{für alle} \quad x \geq 0, \quad i = 1, \ldots, n$$

oder, was äquivalent ist,

$$H_0: \text{ Die Differenzen } D_1, \ldots, D_n \text{ sind symmetrisch zum Ursprung verteilt}$$

und eine Testgröße verwenden, bei der die Differenzen $D_1, \ldots, D_n$ und nicht nur ihre Vorzeichen berücksichtigt werden. Dies leistet der *Vorzeichen–Rang–Test.*

Wir ordnen die Absolut–Beträge $|D_1|, \ldots, |D_n|$ der Differenzen der Größe nach und numerieren sie bei der kleinsten Differenz beginnend durch. Jetzt ordnen wir jeder positiven Differenz diese Nummer und jeder negativen Differenz das Negative dieser Nummer zu und nennen die zugeordnete Zahl den *signierten Rang* R_i der Differenz D_i. Aus der Tabelle des Beispiels 3.54 ergeben sich die folgenden signierten Rangzahlen r_i, $i = 1, \ldots, 20$:

i	1	2	3	4	5	6	7	8	9	10
r_i	−1	+2	−18	−19	−4	−12	−7	+3	−10	−9

i	11	12	13	14	15	16	17	18	19	20
r_i	+8	−13	−14	+11	−17	−20	+6	−15	−16	+5

Als Testgröße verwenden wir die Summe U aller positiven Rangzahlen

$$U = \sum_{i:R_i>0} R_i.$$

Die positiven Rangzahlen sind $r_2 = 2$, $r_8 = 3$, $r_{11} = 8$, $r_{14} = 11$, $r_{17} = 6$ und $r_{20} = 5$.

Es ergibt sich damit die Realisierung

$$u = 2 + 3 + 8 + 11 + 6 + 5 = 35$$

der Testgröße U. Die Summe aller negativen Rangzahlen fällt dagegen wegen

$$\sum_{i:r_i<0} r_i = -\Big(\sum_{i=1}^{20} i - u\Big) = -(210 - 35) = -175$$

dem Betrag nach wesentlich größer aus. Die durch Inspektion der Daten erkannte Asymmetrie spiegelt sich also in dem Wert $u = 35$ wieder. Da die Zufallsvariable U bei Gültigkeit der Nullhypothese H_0 symmetrisch zu $\frac{1}{2}\sum_{i=1}^{n} i = n(n+1)/4$ verteilt ist, würde man unter H_0 u–Werte in der Nähe von $420/4 = 105$ erwarten.

Um zu einer Entscheidungsregel zu kommen, muß die Verteilung der Testgröße U ermittelt werden für den Fall, daß die Nullhypothese H_0 zutrifft. Die Rangzahlen $R_1, \ldots, R_n$ sind die Zahlen $1, \ldots, n$ in anderer (zufälliger) Reihenfolge und mit positiven oder negativen Vorzeichen versehen. Jede dieser Zahlen kann positiv oder negativ sein. Also gibt es 2^n mögliche Vorzeichenkombinationen, die wegen $P(D_i > 0) = P(D_i < 0) = \frac{1}{2}$ alle die gleiche Wahrscheinlichkeit $\frac{1}{2^n}$ besitzen. Damit haben alle Ereignisse der Form

"Die positiven Rangzahlen sind genau die Zahlen $r_1, r_2, \ldots, r_k$"

mit $1 \leq r_1 < r_2 < \cdots < r_k \leq n, \quad 0 \leq k \leq n$, die gleiche Wahrscheinlichkeit $\frac{1}{2^n}$. Daraus folgt

$$P(U = u) = \frac{N(u)}{2^n}, \quad 0 \leq u \leq \tfrac{n(n+1)}{2},$$

wobei $N(u)$ die Anzahl der Darstellungen von u als Summe natürlicher Zahlen der Form

$$u = r_1 + \cdots + r_k \quad \text{mit} \quad 1 \leq r_1 < r_2 < \cdots < r_k \leq n, \quad 0 \leq k \leq n \tag{113}$$

ist.

Betrachten wir zum Beispiel den Fall $n = 4$.

u		Darstellungen	$P(U=u)$
0	$=$	(alle Rangzahlen negativ)	1/16
1	$=$	1	1/16
2	$=$	2	1/16
3	$=$	$3 = 1+2$	2/16
4	$=$	$4 = 1+3$	2/16
5	$=$	$1+4 = 2+3$	2/16
6	$=$	$1+2+3 = 2+4$	2/16
7	$=$	$1+2+4 = 3+4$	2/16
8	$=$	$1+3+4$	1/16
9	$=$	$2+3+4$	1/16
10	$=$	$1+2+3+4$	1/16

Im Falle $n = 20$, der uns im Beispiel 3.54 interessiert, könnte man im Prinzip diese Wahrscheinlichkeiten ebenso ausrechnen, jedoch nur mit größerem Rechenaufwand. Darum verwendet man auch hier, ebenso wie beim Vorzeichentest, eine Näherung. Man kann zeigen (siehe Lehmann [1975], Seiten 331 und 351), daß die Zufallsvariable U für große n näherungsweise normalverteilt ist und daß

$$E(U) = \frac{n(n+1)}{4} \quad \text{sowie} \quad \operatorname{Var}(U) = \frac{n(n+1)(2n+1)}{24} \tag{114}$$

gilt. Daher erhalten wir näherungsweise

$$P(U < k) = P\Big(\frac{U - E(U)}{\sqrt{\operatorname{Var}(U)}} < \frac{k - \frac{n(n+1)}{4}}{\sqrt{\frac{n(n+1)(2n+1)}{24}}}\Big) \approx \Phi\Big(\frac{k - \frac{n(n+1)}{4}}{\sqrt{\frac{n(n+1)(2n+1)}{24}}}\Big).$$

Mit der Gleichung $P(U < k) = \frac{\alpha}{2}$ ergibt sich daraus der Näherungswert

$$k = \frac{n(n+1)}{4} - u_{1-\alpha/2} \cdot \sqrt{\frac{n(n+1)(2n+1)}{24}} \tag{115}$$

für die kritische Schranke eines Niveau-α-Tests zum Prüfen der Nullhypothese H_0. Wir wenden also folgende Entscheidungsregel an:

"Falls $u < k$ oder $u > \frac{n(n+1)}{2} - k$ ist H_0 abzulehnen;
falls $k \le u \le \frac{n(n+1)}{2} - k$, dann kann H_0 nicht abgelehnt werden."

Im Beispiel 3.54 ist $n = 20$ und daher

$$E(U) = 105 \quad \text{und} \quad \operatorname{Var}(U) = 717.5 = 26.79^2.$$

Damit erhält man bei einem Niveau $\alpha = 0.05$ die kritische Schranke $k = 53$. Der beobachtete Wert $n = 35$ führt demnach zur Ablehnung der Nullhypothese.

Bemerkung: Wir haben bisher vorausgesetzt, daß die Beträge $|D_i| = |X_i - Y_i|$, $i = 1, \ldots, n$, alle verschieden und ungleich 0 sind. In diesem Fall läßt sich jedem

Paar (X_i, Y_i) eindeutig ein signierter Rang R_i zuordnen. Diese Voraussetzung ist gewährleistet, wenn die Verteilungsfunktion der Differenzen $D_i = X_i - Y_i$ stetig ist, denn dann treten mit Wahrscheinlichkeit 1 nur Realisierungen von $(D_1, \ldots, D_n)$ auf, bei denen die Beträge alle positiv und verschieden sind. Diese Annahme ist jedoch bei der praktischen Anwendung des Vorzeichen–Rang–Tests häufig unrealistisch. Durch die begrenzte Meßgenauigkeit bedingt ist es in aller Regel nicht auszuschließen, daß ein Meßwert x_i mit dem zugehörigen Wert y_i übereinstimmt oder daß zwei Differenzen $x_i - y_i$ und $x_j - y_j$ gleich sind oder den gleichen Betrag haben. In diesen Fällen spricht man von *Bindungen*.

Der Vorzeichen–Rang–Test läßt sich in modifizierter Form auch auf Meßreihen mit Bindungen anwenden. Eine der möglichen Modifikationen soll hier kurz beschrieben werden:

Man ordnet wie üblich die Absolutbeträge $|D_i|$, $i = 1, \ldots, n$, der Größe nach. Beim Vorhandensein von Bindungen kommen jedoch jetzt in der geordneten Reihe manche Zahlen mehrfach vor, und auch die Zahl 0 kann einmal oder mehrmals auftreten. Steht zum Beispiel an den Positionen $n_1 + 1, n_1 + 2, \ldots, n_1 + k$ dieselbe Zahl d, so ordnen wir jeder dieser Differenzen die "mittlere Nummer"

$$\frac{n_1 + 1 + n_1 + 2 + \cdots + n_1 + k}{k} = n_1 + \frac{k+1}{2}$$

zu. Daraus ergibt sich dann für jede der zugehörigen Differenzen der "mittlere signierte Rang"

$$\begin{aligned} n_1 + \frac{k+1}{2}, & \quad \text{falls die Differenz positiv,} \\ -\left(n_1 + \frac{k+1}{2}\right), & \quad \text{falls die Differenz negativ, und} \\ 0, & \quad \text{falls die Differenz gleich 0 ist.} \end{aligned}$$

Als Testgröße verwenden wir wieder die Summe U der positiven signierten Ränge.

Beispiel 3.55. *Für die Meßreihe* (x_i, y_i), $i = 1, \ldots, 8$,

$$(1,2) \quad (2,0) \quad (2,2) \quad (3,1) \quad (0,0) \quad (2,1) \quad (3,1) \quad (-1,3)$$

sind die Differenzen d_i, $i = 1, \ldots, 8$,

$$-1 \quad 2 \quad 0 \quad 2 \quad 0 \quad 1 \quad 2 \quad -4$$

Ordnet man die Absolutbeträge, so erhält man die Zahlen

$$0 \quad 0 \quad 1 \quad 1 \quad 2 \quad 2 \quad 2 \quad 4$$

denen die "mittleren Nummern"

$$1.5 \quad 1.5 \quad 3.5 \quad 3.5 \quad 6 \quad 6 \quad 6 \quad 8$$

zuzuordnen sind. Daraus ergeben sich die signierten mittleren Ränge r_i *für die Differenzen*

$$-3.5 \quad 6 \quad 0 \quad 6 \quad 0 \quad 3.5 \quad 6 \quad -8$$

und damit

$$u = 6 + 6 + 3.5 + 6 = 21.5\ .$$

Die Zufallsvariable U, die auf diese Weise definiert ist, besitzt beim Vorliegen von Bindungen leider eine andere Verteilung als die Testgröße beim Vorzeichen–Rang–Test ohne Bindungen, so daß auch die Entscheidungsregel zu modifizieren ist. Auch hier kann eine "Normalapproximation" hergeleitet werden, aus der sich anstelle des in (115) angegebenen Näherungswertes

$$k = \frac{n(n+1) - b_0(b_0+1)}{4}$$

$$-u_{1-\alpha/2} \cdot \sqrt{\tfrac{1}{24}\Big[n(n+1)(2n+1) - b_0(b_0+1)(2b_0+1)\Big] - \tfrac{1}{48}\sum_{i=1}^{l}(b_i^3 - b_i)} \tag{116}$$

ergibt, der als kritische Schranke zu verwenden ist, wenn in der Folge $|d_1|, |d_2|, \ldots, |d_n|$ genau b_0 Nullen enthalten sind und genau l verschiedene positive Werte jeweils mehrfach auftreten, und zwar mit den Häufigkeiten $b_1, \ldots, b_l \geq 2$ (siehe Lehmann [1975], Seite 331).

Der Zwei–Stichproben–Test von Wilcoxon–Mann–Whitney

Beispiel 3.56. *Ein Mathematiker wohnt am Rande einer Großstadt und arbeitet im Mathematischen Institut in der Innenstadt. Es gibt zwei Möglichkeiten, mit öffentlichen Verkehrsmitteln zu fahren, entweder mit dem Bus der Linie A zur U–Bahn–Station am Stadtrand, dann mit der U–Bahn zu einer Station im Stadtzentrum und von dort zu Fuß zum Institut (Route A) oder mit dem Bus der Linie S zur Straßenbahnstation und von dort mit der Straßenbahn bis zur Haltestelle unmittelbar am Institut (Route B). Die Summe der Geh–, Warte– und Fahrtzeiten ist für beide Routen etwa die gleiche, doch eben diese Annahme will er überprüfen. Dazu verläßt er drei Monate lang (genauer an 59 Arbeitstagen) jeden Morgen zur selben Uhrzeit seine Wohnung, geht zur Bushaltestelle und fährt auf einer der beiden Routen zum Mathematischen Institut. Die Entscheidung, welche der Routen er wählt, trifft er nach Werfen einer Münze. Mit der Stoppuhr stellt er jeweils die Gesamtzeit fest.*

Wir nehmen an, daß während des Beobachtungszeitraumes m Zeiten $x_1, \ldots, x_m$ auf der Route A und n Zeiten $y_1, \ldots, y_n$ auf der Route B ermittelt werden. Wir sehen diese Zeiten als Werte von Zufallsvariablen $X_1, \ldots, X_m$ und $Y_1, \ldots, Y_n$ mit stetigen Verteilungsfunktionen an. Für $X_1, \ldots, X_m$ wird angenommen, daß sie die gleiche Verteilungsfunktion F besitzen, und für $Y_1, \ldots, Y_n$, daß sie alle die Verteilungsfunktion G haben. Außerdem wollen wir $X_1, \ldots, X_m, Y_1, \ldots, Y_n$ als unabhängig voraussetzen. Unter diesen Annahmen wollen wir nun die

$$\text{Nullhypothese} \quad H_0 : F = G$$

bei der

$$\text{Alternativhypothese} \quad H_1 : F > G \quad \text{oder} \quad F < G$$

prüfen, wobei $F > G$ bedeuten soll, daß $F(x) \geq G(x)$ für alle $x \in \mathbb{R}$ und $F \neq G$ gelten soll. Betrachten wir unsere Beobachtungsergebnisse $x_1, \ldots, x_m, y_1, \ldots, y_n$ und ordnen sie der Größe nach, so erhalten wir z.B.

$$x_{i_1} < x_{i_2} < y_{j_1} < x_{i_3} < \cdots < x_{i_m} < y_{j_n}.$$

Die Idee des Testverfahrens besteht nun darin, daß unter der Nullhypothese die x– und y–Werte "gut durchmischt" sind, wenn sie der Größe nach geordnet werden. Dabei ist noch zu klären, was wir unter "gut durchmischt" verstehen wollen. Wir betrachten eine $x - y$ –Folge der Form

$$xxyyyxxyxxyyx,$$

wie sie nach dem Ordnen der Beobachtungsergebnisse bei $m = 7$ und $n = 6$ auftreten kann. Steht ein y vor einem x, so wollen wir von einer *Inversion* sprechen. Steht ein y vor mehreren x, so bedeutet dies mehrere Inversionen entsprechend der Anzahl der nachfolgenden x. Die obige Folge enthält dann $3 \cdot 5 + 1 \cdot 3 + 2 \cdot 1 = 20$ Inversionen, denn die ersten drei y stehen vor fünf x, das vierte y vor drei x und die letzten beiden y jeweils vor einem x.

Man überzeugt sich leicht, daß als Anzahl der Inversionen einer Folge, die m–mal x und n–mal y enthält, jede der ganzen Zahlen $0, 1, \ldots, m \cdot n$ auftreten kann. Die Anzahl ist 0, wenn alle x vor dem ersten y stehen, und sie ist $m \cdot n$, wenn alle y vor dem ersten x stehen. Diese beiden Folgen werden wir sicher nicht als "gut durchmischt" bezeichnen wollen. Ist die Anzahl der Inversionen jedoch ungefähr $m \cdot n/2$, so ist dies zumindest ein Anzeichen dafür, daß weder die Tendenz "x–Werte vornehmlich größer als y–Werte" besteht, noch die entgegengesetzte Tendenz "y–Werte vornehmlich größer als x–Werte" vorherrschend ist. Wir wollen daher die Nullhypothese verwerfen, wenn die Anzahl der Inversionen "sehr klein" oder wenn sie "sehr groß" ist. Wir definieren

$$z_{ij} = \begin{cases} 1, & \text{falls } x_i > y_j \\ 0, & \text{falls } x_i < y_j \end{cases}, \quad i = 1, \ldots, m, \; j = 1, \ldots, n.$$

Damit ist die Anzahl der Inversionen "y vor x" gegeben durch

$$U(x_1, \ldots, x_m, y_1, \ldots, y_n) = \sum_{i=1}^{m} \sum_{j=1}^{n} z_{ij}.$$

Wir lehnen H_0 ab, falls

$$U(x_1, \ldots, x_m, y_1, \ldots, y_n) > k \quad \text{oder} \quad U(x_1, \ldots, x_m, y_1, \ldots, y_n) < m \cdot n - k$$

ist. Die Zahl k bestimmen wir als kleinste, für die zu vorgegebenem α unter der Nullhypothese

$$P(U(X_1, \ldots, X_m, Y_1, \ldots, Y_n) > k) = P(U(X_1, \ldots, X_m, Y_1, \ldots, Y_n) < m \cdot n - k) \leq \frac{\alpha}{2}$$

gilt, wobei das Gleichheitszeichen aus Symmetriegründen steht. Da unter H_0 alle $\binom{m+n}{m}$ verschiedenen Folgen mit m–mal x und n–mal y gleich wahrscheinlich sind, wählen wir das kleinste k, für das die Anzahl solcher $x-y$, –Folgen mit mehr als k Inversionen kleiner oder gleich $\frac{\alpha}{2}\binom{m+n}{m}$ ist.

Betrachten wir den Fall $m = 3$, $n = 8$ und wählen wir $\alpha = 0.05$, so erhalten wir

$$\frac{\alpha}{2} \cdot \binom{m+n}{m} = 0.025 \cdot 165 = 4.125.$$

Wir haben also das kleinste k zu suchen, für das es weniger als 5 Folgen mit mehr als k Inversionen gibt. Ordnen wir die $x-y$ –Folgen nach fallender Inversionenzahl, so erhalten wir

Folge	Anzahl der Inversionen
$yyyyyyyyxxx$	24
$yyyyyyyxyxx$	23
$yyyyyyxyyxx$	22
$yyyyyyyxxyx$	22
$yyyyyyxyxyx$	21

und finden $k = 21$. H_0 wird also abgelehnt, falls $U(x_1, x_2, x_3, y_1, \ldots, y_8) > 21$ oder $U(x_1, x_2, x_3, y_1, \ldots, y_8) < 3$ ist.

Nehmen wir nun an, es habe sich die $x-y$ –Folge

$$y_5 < y_7 < y_2 < y_4 < x_1 < y_6 < y_3 < y_8 < x_3 < x_2 < y_1,$$

ergeben, die $U(x_1, x_2, x_3, y_1, \ldots, y_8) = 18$ Inversionen enthält, so wird H_0 bei unserem Verfahren auf dem 5%–Niveau nicht abgelehnt.

Für große m und n ist der eben beschrittene Weg zur Bestimmung des Wertes k zu vorgegebenem α sehr mühsam. Man wird daher nach einer Approximation fragen, wie wir sie im Falle des Vorzeichentests und des Vorzeichen–Rang–Tests bereits kennengelernt haben. In der Tat läßt sich beweisen, daß unter H_0 die Testgröße

$$U(X_1, \ldots, X_m, Y_1, \ldots, Y_n)$$

für große m und n näherungsweise normalverteilt ist (siehe Lehmann [1975], Seiten 333 und 355). Wenn wir also den Erwartungswert und die Varianz kennen, läßt sich die Verteilung näherungsweise angeben.

Unter $H_0 : F = G$ gilt, wie man zeigen kann,

$$\begin{aligned} E(U(X_1, \ldots, X_m, Y_1, \ldots, Y_n)) &= \tfrac{m \cdot n}{2} \quad \text{und} \\ \operatorname{Var}(U(X_1, \ldots, X_m, Y_1, \ldots, Y_n)) &= \tfrac{1}{12} \cdot m \cdot n \cdot (m+n+1). \end{aligned} \tag{117}$$

Das Ergebnis für den Erwartungswert folgt aus der Symmetrie der Verteilung von U unter H_0 und daraus, daß 0 der kleinste und $n \cdot m$ der größte Wert ist, den U annimmt.

Als Näherungswert für den kritischen Wert ergibt sich daraus

$$k = \tfrac{m \cdot n}{2} + u_{1-\alpha/2} \cdot \sqrt{\tfrac{1}{12} \cdot m \cdot n \cdot (m+n+1)}\,. \tag{118}$$

Beispiel 3.57. *In der oben beschriebenen Situation seien für Route A die Zeiten $x_1, \dots, x_{27}$ und für Route B die Zeiten $y_1, \dots, y_{32}$ ermittelt worden. Nach Ordnen der Zeiten ihrer Größe nach sei die folgende $x - y$ –Folge entstanden:*

$$yyyxxyxxxyyyxyyyxxxxxxyxxyyyyxxxxxyyyyxyyxxyyyyxxyyxxyyyyy \tag{119}$$

Wir zählen die Inversionen und erhalten:

$$\begin{aligned} &U(x_1, \dots, x_{27}, y_1, \dots, y_{32}) \\ &= 3 \cdot 27 + 1 \cdot 25 + 3 \cdot 22 + 3 \cdot 21 + 1 \cdot 14 + 4 \cdot 12 + 4 \cdot 7 + 2 \cdot 6 + 4 \cdot 4 + 2 \cdot 2 \\ &= 357. \end{aligned}$$

Mit $\alpha = 0.05$ ergibt sich als Näherungswert für den kritischen Wert

$$k = \tfrac{27 \cdot 32}{2} + 1.96 \cdot \sqrt{\tfrac{1}{12} \cdot 27 \cdot 32 \cdot (27 + 32 + 1)} \approx 560.8$$

und damit $m \cdot n - k \approx 303.2$. Da die Beobachtungsergebnisse die Inversionenzahl 357 liefern, die zwischen diesen beiden Werten liegt, wird die Annahme gleichen zeitlichen Aufwandes auf dem 5%–Niveau nicht widerlegt.

Bemerkung: Es gibt noch eine zweite Möglichkeit, die Testgröße U zu berechnen, die eng mit dem Verfahren beim Vorzeichen–Rang–Test zusammenhängt: Wir ordnen die Meßergebnisse x_i, $i = 1, \dots, m$, und y_j, $j = 1, \dots, n$, der Größe nach und numerieren sie beim kleinsten beginnend durch. Die Nummer, die ein Meßwert x_i bzw. y_j erhält, nennen wir seinen Rang r_i. Sei nun $V(x_1, \dots, x_m, y_1, \dots, y_n)$ die Summe der Ränge r_i, die zu den x–Werten gehören. Dann läßt sich leicht zeigen, daß

$$U(x_1, \dots, x_m, y_1, \dots, y_n) = V(x_1, \dots, x_m, y_1, \dots, y_n) - \tfrac{m(m+1)}{2} \tag{120}$$

gilt. Wenn U auf diese Weise berechnet wird, so läßt sich auch das Testverfahren bei Vorliegen von Bindungen anwenden (siehe die Bemerkung zum Vorzeichen–Rang–Test). Man muß dann in den Fällen, in denen gleiche Meßwerte (Bindungen) auftreten, mittlere Ränge zuordnen und beachten, daß sich dadurch die Verteilung der Testgröße ändert. Die Testgröße U hat dann zwar denselben Erwartungswert wie im Fall ohne Bindungen

$$E(U) = \frac{m \cdot n}{2}\,, \tag{121}$$

aber eine kleinere Varianz. Als Näherungswert für die kritische Schranke des entsprechenden Niveau–α–Tests ist

$$k = \frac{m \cdot n}{2} + \sqrt{\tfrac{1}{12} \cdot m \cdot n(m + n + 1) - \frac{m \cdot n \sum_{i=1}^{l} (b_i^3 - b_i)}{12(m+n)(m+n-1)}}\ . \tag{122}$$

zu verwenden, wenn in der Folge $x_1, \dots, x_m, y_1, \dots, y_n$ genau l verschiedene Werte jeweils mehrfach vorkommen, und zwar mit der Häufigkeit $b_1, \dots, b_l \geq 2$ (siehe Lehmann [1975], Seite 333).

Der Run–Test von Wald und Wolfowitz

Wir möchten zur gleichen Fragestellung noch einen weiteren verteilungsunabhängigen Test vorstellen, der früher publiziert wurde als der Test von Wilcoxon–Mann–Whitney, jedoch seltener angewendet wird. Er geht zurück auf A. Wald und J. Wolfowitz, die die Entwicklung der modernen Statistik wesentlich beeinflußt haben.

Auch hier wollen wir, wie im vorhergehenden Abschnitt, ein Zweistichprobenproblem betrachten. $X_1, \ldots, X_m, Y_1, \ldots, Y_n$ seien unabhängige Zufallsvariablen. Für $X_1, \ldots, X_m$ wird angenommen, daß sie die gleiche stetige Verteilungsfunktion F besitzen; $Y_1, \ldots, Y_n$ mögen alle die gleiche stetige Verteilungsfunktion G haben. Unter dieser Annahme soll die

$$\text{Nullhypothese} \quad H_0 : F = G$$

bei der

$$\text{Alternativhypothese} \quad H_1 : F \neq G$$

getestet werden. Man beachte, daß hier nicht wie beim Wilcoxon–Mann–Whitney–Test eine ganz spezielle Alternative, $H_1 : F > G$ oder $F < G$ ("stochastisch kleiner" bzw. "stochastisch größer") die der Annahme "im Mittel kleiner" oder "im Mittel größer" entspricht, sondern die ganz allgemeine Gegenhypothese der Verschiedenheit der Verteilungsfunktionen ins Auge gefaßt wird. Die beobachteten Werte $x_1, \ldots, x_m, y_1, \ldots, y_n$ der Zufallsgrößen $X_1, \ldots, X_m, Y_1, \ldots, Y_n$ werden der Größe nach geordnet, so daß eine Folge aus m x–Werten und n y–Werten der Form

$$xxyyyxxyxxyyx$$

entsteht. Eine Teilfolge gleicher Zeichen, bei der vor dem ersten und auch hinter dem letzten Zeichen eines der anderen Sorte steht, heißt *Run*. In obiger Folge gibt es 7 Runs:

$$xx|yyy|xx|y|xx|yy|x$$

Die Folge beginnt mit dem x–Run xx der Länge 2, dann folgt ein y–Run der Länge 3, dann wieder ein x–Run der Länge 2 usw.; sie endet mit einem x–Run der Länge 1. Die Idee, die dem Run–Test zugrunde liegt, ist wie beim Wilcoxon–Test die Überlegung, daß unter der Nullhypothese die x– und y–Werte "gut durchmischt" sind, während eine "schlechte Mischung" gegen H_0 spricht. Als "gut durchmischt" soll jetzt eine Folge angesehen werden, wenn sie viele Runs besitzt.

Wir wollen daher die Nullhypothese verwerfen, wenn die Anzahl der Runs im Beobachtungsergebnis kleiner als ein kritischer Wert k ausfällt. Wir wollen diesen kritischen Wert so angeben, daß die Wahrscheinlichkeit, H_0 abzulehnen, obwohl H_0 zutrifft, nicht größer als eine vorgegebene Schranke α ist. Dazu betrachten wir die Testgröße

$$R = R(X_1, \ldots, X_m, Y_1, \ldots, Y_n),$$

die die Anzahl der Runs im Beobachtungsergebnis beschreibt.

Für die Verteilung der Testgröße R gelten bei zutreffender Nullhypothese H_0 die folgenden Formeln für $i = 1, 2, \ldots, \min(n, m)$

$$P(R = 2i) = \frac{2\binom{m-1}{i-1}\binom{n-1}{i-1}}{\binom{m+n}{m}} \tag{123}$$

und

$$P(R = 2i + 1) = \frac{\binom{m-1}{i-1}\binom{n-1}{i} + \binom{m-1}{i}\binom{n-1}{i-1}}{\binom{m+n}{m}} . \tag{124}$$

Dies ergibt sich aufgrund folgender Überlegungen:

Trifft H_0 zu, so tritt jede der $\binom{m+n}{m}$ Anordnungen von m x–Werten und n y–Werten mit derselben Wahrscheinlichkeit $\frac{1}{\binom{m+n}{m}}$ auf. Wir haben daher lediglich zu berechnen, wie viele $x - y$ –Folgen existieren, die $2i$ (bzw. $2i + 1$) Runs enthalten.

(1) Wir betrachten den Fall $R = 2i$.

Eine $x - y$ –Folge, die $2i$ Runs enthält, muß offensichtlich genau i x–Runs und genau i y–Runs enthalten. Wir haben daher nur noch zu überlegen, wie wir m x–Werte auf die i x–Runs verteilen, und ebenso, wie wir n y–Werte auf die i y–Runs verteilen.

Im Fall $i = 6$ kann dies durch Zeichnen von je 5 Trennungsstrichen innerhalb der x –Folge und der y –Folge geschehen ($m = 13$, $n = 9$):

$$xx|xxx|x|xxxx|xx|x \qquad yy|y|yyy|y|y|y \quad .$$

Bei dieser Festlegung der Trennungsstriche ergeben sich jeweils zwei Möglichkeiten für
$x - y$ –Folgen mit $2i = 12$ Runs:

1. Möglichkeit: $xxyyxxxyxyyyxxxxyxxyxy$,
2. Möglichkeit: $yyxxyxxxyyyxyxxxxyxxyx$.

Wie wir an diesem Beipiel erkennen, entspricht dem Problem, aus m x–Werten und n y–Werten eine Folge mit $2i$ Runs zu bilden, die Aufgabe, in der x –Folge und der y –Folge je $i - 1$ Trennungsstriche zu zeichnen. Da es $m - 1$ bzw. $n - 1$ verschiedene Plätze für Trennungsstriche gibt, haben wir insgesamt $\binom{m-1}{i-1}$ bzw. $\binom{n-1}{i-1}$ Möglichkeiten, i x–Runs bzw. i y–Runs zu bilden. Für das Zusammensetzen der $x - y$ –Folge gibt es dann jeweils 2 Möglichkeiten: Man beginnt mit einem x–Run, oder man beginnt mit einem y–Run. Insgesamt gibt es daher

$$2\binom{m-1}{i-1}\binom{n-1}{i-1}$$

Möglichkeiten, $x - y$ –Folgen mit $2i$ Runs zu bilden, d.h., es gilt

$$P(R = 2i) = \frac{2\binom{m-1}{i-1}\binom{n-1}{i-1}}{\binom{m+n}{m}} .$$

(2) Wir betrachten nun den Fall $R = 2i + 1$.

Man erkennt, daß es entweder genau $i + 1$ x–Runs oder genau $i + 1$ y–Runs gibt. $i + 1$ x–Runs gibt es, falls die Folge mit einem x–Run beginnt. Entsprechend gibt es $i + 1$ y–Runs, falls die Folge mit einem y–Run beginnt.

Zur Erzeugung einer $x - y$ –Folge, die mit einem x–Run beginnt, setzen wir i Trennungsstriche zwischen die x–Werte und $i - 1$ Trennungsstriche zwischen die y–Werte. Dazu haben wir

$$\binom{m-1}{i} \quad \text{bzw.} \quad \binom{n-1}{i-1}$$

Möglichkeiten. Beginnen wir mit einem y–Run, so haben wir entsprechend

$$\binom{m-1}{i-1} \quad \text{bzw.} \quad \binom{n-1}{i}$$

Möglichkeiten. Insgesamt gibt es also

$$\binom{m-1}{i}\binom{n-1}{i-1} + \binom{m-1}{i-1}\binom{n-1}{i}$$

verschiedene $x - y$ –Folgen mit $2i + 1$ Runs, d.h., es gilt

$$P(R = 2i + 1) = \frac{\binom{m-1}{i}\binom{n-1}{i-1} + \binom{m-1}{i-1}\binom{n-1}{i}}{\binom{m+n}{m}} \; .$$

Beispiel 3.58. *Wir greifen das Beispiel 3.54 auf. Die unterschiedlichen Reifentypen sollen jetzt auf dem Prüfstand bezüglich ihrer Laufleistung verglichen werden. Dazu werden für je 10 Reifen der Profilsorten A und B die Laufleistungen gemessen. Die Meßwerte $x_1, \ldots, x_{10}$ und $y_1, \ldots, y_{10}$ betrachten wir als die Werte von unabhängigen Zufallsgrößen $X_1, \ldots, X_{10}, Y_1, \ldots, Y_{10}$, deren Verteilungsfunktionen F und G als stetig angenommen werden. Auf dem 5%–Niveau soll die Gleichwertigkeit der Reifen, d.h. die*

$$\textit{Nullhypothese} \quad H_0 : F = G$$

bei der

$$\textit{Alternativhypothese} \quad H_1 : F \neq G$$

getestet werden.

Bei den Messungen seien folgende Meßwerte (in 1000 km) entstanden:

i	1	2	3	4	5	6	7	8	9	10
x_i	40.5	48.1	62.0	60.4	47.2	50.1	54.1	54.3	52.6	58.0
y_i	63.1	69.0	71.5	59.3	66.3	58.2	88.0	70.1	59.9	41.0

Daraus ergibt sich die $x - y$ –Folge $xyxxxxxxxyyyxxyyyyyy$, die 6 Runs enthält. Mit den Formeln (123) und (124) findet man nach kurzer Rechnung, daß bei Vorliegen der Nullhypothese gilt:

$$P(R \leq 5) = 0.004, \quad P(R \leq 6) = 0.019, \quad P(R \leq 7) = 0.051.$$

Die Gleichwertigkeit der Reifen ist auf dem 5%–Niveau zu verwerfen, denn für den kritischen Wert erhalten wir $k = 7$, und das Meßergebnis weist nur 6 Runs auf.

Wie schon beim Wilcoxon–Test erweist sich die Berechnung des kritischen Wertes als sehr aufwendig, wenn m und/oder n groß sind. Aber auch hier läßt sich unter sehr allgemeinen Voraussetzungen über die Verteilungsfunktion beweisen, daß für große m, n die standardisierte Testgröße näherungsweise $N(0,1)$–verteilt ist (siehe Lehmann [1975], Seite 314). Hilfreich ist, daß sich $E(R)$ und auch $\text{Var}(R)$ durch einfache Formeln angeben lassen, die wir jedoch nicht herleiten wollen. Es gilt

$$E(R) = 1 + \frac{2mn}{m+n} \quad \text{und} \quad \text{Var}(R) = \frac{2mn(2mn - m - n)}{(m+n)^2(m+n-1)} \; . \tag{125}$$

Als kritischen Wert zu vorgegebenem α bestimmen wir das größte k, für das unter der Nullhypothese $P(R < k) \leq \alpha$ gilt. Für große n und m läßt sich k aufgrund der Normalapproximation mit Hilfe des α–Quantils u_α der $N(0,1)$–Verteilung bestimmen. Wir erhalten

$$P(R < k) \approx \Phi\Big(\frac{k - E(R)}{\sqrt{\mathrm{Var}(R)}}\Big)$$

und berechnen k aus der Gleichung

$$\frac{k - E(R)}{\sqrt{\mathrm{Var}(R)}} = u_\alpha \ ,$$

woraus sich $k = E(R) + u_\alpha \cdot \sqrt{\mathrm{Var}(R)}$ ergibt. Verwenden wir die oben angegebenen Formeln für den Erwartungswert und die Varianz, so ergibt sich

$$k = 1 + \frac{2mn}{m+n} + u_\alpha \cdot \sqrt{\frac{2mn(2mn - m - n)}{(m+n)^2(m+n-1)}} \ . \tag{126}$$

Beispiel 3.55 *(Fortsetzung)*

Betrachten wir noch einmal das Problem des unterschiedlichen zeitlichen Aufwands auf den Routen A und B. Dort hatten wir $m = 27$ *und* $n = 32$ *Beobachtungen. Betrachten wir die entstandene* $x - y$ *–Folge, so erkennen wir 21 Runs. Für* k *errechnet sich bei* $\alpha = 0.05$ *und* $u_{0.05} = -1.64$

$$k = 1 + \tfrac{2\cdot 27\cdot 32}{27+32} - 1.64 \cdot \sqrt{\tfrac{2\cdot 27\cdot 32\cdot(2\cdot 27\cdot 32-27-32)}{(27+32)^2(27+32-1)}} \approx 24.09 \ .$$

Da die Anzahl der Runs, die das Beobachtungsergebnis enthält, kleiner als 24.09 (nämlich 21) ist, wird bei Anwendung des Run–Tests die Nullhypothese auf dem 5%–Niveau verworfen, im Gegensatz dazu, daß sich bei der Anwendung des Wilcoxon–Tests auf dem 5%–Niveau keine Ablehnung ergab. Dies ist nicht verwunderlich, da die kritischen Bereiche für die beiden Tests verschieden gewählt sind, was auf die verschiedenen Testgrößen zurückzuführen ist, die auf die jeweils betrachteten unterschiedlichen Gegenhypothesen zugeschnitten sind. Betrachtet man die $x - y$ *–Folge (119), so stellt man fest, daß sich die* x*– bzw.* y*–Werte nicht allein zu einem Ende hin häufen, sondern daß an beiden Enden viele* y*–Werte liegen, während sich die* x*–Werte in der Mitte häufen. Da somit eine "mittlere" Anzahl von Inversionen entsteht, wird bei Anwendung des Wilcoxon–Tests nicht abgelehnt. Andererseits entstehen wenige Runs, was bei Anwendung des Run–Tests zur Ablehnung führt.*

Dieses Beispiel zeigt, daß es sinnvoll ist, nach Besonderheiten in der Struktur vorliegender Daten zu suchen, falls verschiedene Verfahren zu unterschiedlichen Entscheidungen führen. Im obigen Beispiel könnten die kleinen y–Werte Zeiten solcher Fahrten auf der Route B entsprechen, bei denen der Bus pünktlich zur Abfahrt der Straßenbahn an der Umsteigestelle eintraf, während die großen y–Werte zu Fahrten gehören könnten, bei denen das fahrplanmäßige Umsteigen nicht klappte.

Der Kruskal–Wallis–Test

Beim Zweistichproben–Test von Wilcoxon–Mann–Whitney und beim Run–Test von Wald und Wolfowitz werden jeweils zwei Meßreihen untersucht, und es wird geprüft, ob ihre Entstehung durch das gleiche Zufallsgesetz beschrieben werden kann. Bei Anwendungen hat man jedoch häufig eine solche Prüfung für mehr als zwei Meßreihen durchzuführen.

Beispiel 3.59. *Um den Erfolg einer Werbesendung für ein bestimmtes Produkt im Fernsehen zu überprüfen, ermittelt die Herstellerfirma in 19 Großstädten die Umsatzsteigerungen (in %) für das Produkt. Die Ergebnisse, nach Bundesländern gegliedert, sind in folgender Tabelle zusammengestellt:*

	Bayern		*Baden-W.*		*Hessen*		*NRW*		*Nieders.*	
	%	*Rang*	*%*	*Rang*	*%*	*Rang*	*%*	*Rang*	*%*	*Rang*
	2.4	*7*	*4.8*	*13*	*7.2*	*17*	*3.8*	*10*	*2.0*	*6*
	3.7	*9*	*1.6*	*5*	*0.3*	*3*	*9.2*	*19*	*7.3*	*18*
	2.9	*8*	*0.2*	*2*	*5.3*	*15*	*1.4*	*4*	*5.4*	*16*
	4.6	*12*	*3.9*	*11*			*0.1*	*1*		
			5.1	*14*						
mittlere Rangsumme		*9*		*9*		$\frac{35}{3}$		$\frac{17}{2}$		$\frac{40}{3}$

Es soll entschieden werden, ob aus den Daten auf regionale Unterschiede im Erfolg der Werbesendung geschlossen werden kann.

Wir stellen uns vor, daß die Meßreihe $x_{11},\dots,x_{1n_1};x_{21},\dots,x_{2n_2};\dots;x_{k1},\dots,x_{kn_k}$ durch Realisierung von unabhängigen Zufallsvariablen

$$X_{11},\dots,X_{1n_1};X_{21},\dots,X_{2n_2};\dots;X_{k1},\dots,X_{kn_k}$$

entstanden ist, wobei die Zufallsvariablen $X_{i1},\dots,X_{in_i}$ dieselbe Verteilungsfunktion F_i besitzen ($i=1,\dots,k$). Wir setzen zunächst voraus, daß die Verteilungsfunktionen stetig sind, um zu gewährleisten, daß mit Wahrscheinlichkeit 1 keine Bindungen auftreten.

Als zu testende Nullhypothese wählen wir

$$H_0: F_1=F_2=\dots=F_k.$$

Trifft H_0 zu, so sind die $n=n_1+\dots+n_k$ Zufallsvariablen $X_{11},\dots,X_{1n_1},\dots\dots,$ $X_{k1},\dots,X_{kn_k}$ unabhängig und identisch verteilt.

Wir ordnen die Gesamtheit der Beobachtungsergebnisse der Größe nach und numerieren sie beim kleinsten beginnend durch. Jedem Ergebnis ordnen wir seine Nummer als Rang zu. Dadurch werden den n_i Ergebnissen der i–ten Meßreihe n_i Ränge $r_{i1},\dots,r_{in_i}$ zugeordnet. Falls die Nullhypothese zutrifft, kann man erwarten, daß die Mittelwerte

$$\bar{r}_i=\frac{1}{n_i}(r_{i1}+\dots+r_{in_i}),\quad i=1,\dots,k,$$

der jeweiligen Ränge sich nicht sehr voneinander unterscheiden und deshalb alle in der Nähe des Gesamtmittels

$$\begin{aligned}\bar{r} &= \frac{1}{n}(r_{11} + \cdots + r_{1n_1} + \cdots + r_{k1} + \cdots + r_{kn_k}) \\ &= \frac{1}{n}(1 + 2 + \cdots + n) = \frac{n+1}{2}\end{aligned}$$

aller Ränge liegen werden. Darum kann man davon ausgehen, daß die Quadrate

$$(\bar{r}_1 - \tfrac{n+1}{2})^2, \ldots, (\bar{r}_k - \tfrac{n+1}{2})^2$$

klein sein werden.

Ist die Nullhypothese H_0 verletzt, so ist damit zu rechnen, daß für einige der Meßreihen der Mittelwert der Ränge deutlich unterhalb, für andere deutlich oberhalb des Gesamtmittels liegen wird und deswegen einige der Quadrate größer ausfallen werden. Wir werden deshalb die Nullhypothese verwerfen, wenn die Größe

$$T(x_{11}, \ldots, x_{1n_1}, \ldots, x_{k1}, \ldots, x_{kn_k}) = \frac{12}{n(n+1)} \sum_{i=1}^{k} n_i(\bar{r}_i - \tfrac{n+1}{2})^2 \tag{127}$$

eine kritische Schranke s übersteigt. Mit dem Normierungsfaktor $\frac{12}{n(n+1)}$ und den Gewichten n_i, $i = 1, \ldots, k$, in der gewichteten Summe der Abweichungsquadrate wird erreicht, daß die Testgröße

$$T = T(X_{11}, \ldots, X_{1n_1}, \ldots, X_{k1}, \ldots, X_{kn_k})$$

unter H_0 näherungsweise χ^2–verteilt ist mit $k-1$ Freiheitsgraden. Als kritische Schranke wählt man die kleinste reelle Zahl s, für die unter H_0

$$P(T > s) \leq \alpha \tag{128}$$

gilt. Das Testverfahren mit der Entscheidungsregel

"H_0 ist abzulehnen, falls $T(x_{11}, \ldots, x_{1n_1}, \ldots, x_{k1}, \ldots, x_{kn_k}) > s$"

besitzt dann das Niveau α. Es heißt der *Kruskal–Wallis–Test.*

Wir erläutern nun, wie man die Verteilung von T ermitteln kann: Unter der Nullhypothese H_0 kann für die entstehende Reihenfolge der $n = n_1 + \cdots + n_k$ Meßwerte die Laplace–Annahme gemacht werden. Also tritt jede der $n!$ möglichen Reihenfolgen mit Wahrscheinlichkeit $\frac{1}{n!}$ auf. Darum hat auch jede Zuordnung von n_i Rangzahlen zur i–ten Gruppe ($i = 1, \ldots, k$) die gleiche Wahrscheinlichkeit. Es gibt insgesamt

$$\frac{n!}{n_1! n_2! \cdots n_k!} \quad \text{Möglichkeiten,}$$

den k Gruppen ihre n_1 bzw. n_2 bzw. ... bzw. n_k zugehörigen Rangzahlen zuzuordnen. Berechnet man für jede dieser Möglichkeiten den zugehörigen Wert der Testgröße T, so ergeben sich die möglichen Werte von T und die Wahrscheinlichkeiten ihres Auftretens. Dies ist allerdings praktisch nur durchführbar, wenn n klein ist.

(In Beispiel 3.57 hat man z.B. wegen $n = 19$, $n_1 = 4$, $n_2 = 5$, $n_3 = 3$, $n_4 = 4$, $n_5 = 3$ schon

$$\frac{19!}{4!\,5!\,3!\,4!\,3!} = 48886437600$$

mögliche Zuordnungen.)

Man ist daher in der Regel darauf angewiesen, eine Näherungsverteilung zu verwenden. Dies ist im Fall der Testgröße des Kruskal–Wallis–Tests die χ^2–Verteilung mit $k-1$ Freiheitsgraden (siehe Lehmann [1975], Seite 396). Bei Verwendung dieser Näherung erhält man für die kritische Schranke s in (128) das $(1-\alpha)$–Quantil $\chi^2_{k-1;1-\alpha}$ der χ^2–Verteilung mit $k-1$ Freiheitsgraden, also

$$s \approx \chi^2_{k-1;1-\alpha}\,. \tag{129}$$

Beispiel 3.59 *(Fortsetzung)*

Aus der Datentabelle des Beispiels 3.59 erhält man

$$n = 19,\ n_1 = 4,\ n_2 = 5,\ n_3 = 3,\ n_4 = 4,\ n_5 = 3$$

$$\bar{r}_1 = 9,\ \bar{r}_2 = 9,\ \bar{r}_3 = \tfrac{35}{3},\ \bar{r}_4 = \tfrac{17}{2},\ \bar{r}_5 = \tfrac{40}{3}$$

und daraus

$$T = \tfrac{12}{19\cdot 20}\big(4(9-10)^2 + 5(9-10)^2 + 3(\tfrac{35}{3}-10)^2 + 4(\tfrac{17}{2}-10)^2 + 3(\tfrac{40}{3}-10)^2\big) = 1.88\,.$$

Das 0.90–Quantil der χ^2_4–Verteilung ist

$$\chi^2_{4;0.90} = 7.78\,.$$

Die Nullhypothese ist also auf dem 10%–Niveau nicht abzulehnen.

Bemerkung: Treten bei den Meßwerten Bindungen auf, so kann eine modifizierte Form des Kruskal–Wallis–Tests angewendet werden. Dabei wird gleichen Beobachtungswerten gemeinsam ein mittlerer Rang zugeordnet und der damit berechnete Wert der Testgröße T (127) noch durch

$$1 - \sum_{i=1}^{l} (b_i^3 - b_i)/(n^3 - n)$$

geteilt. Dabei ist angenommen, daß in der Folge $x_{11}, \ldots, x_{1n_1}, \ldots, x_{k1}, \ldots, x_{kn_k}$ genau l verschiedene Werte jeweils mehrfach vorkommen, und zwar mit den Häufigkeiten
$b_1, \ldots, b_l \geq 2$. Die kritische Schranke $s = \chi^2_{k-1;1-\alpha}$ bleibt unverändert (siehe Lehmann [1975], Seite 208).

3.8 Einfache Varianzanalyse

Im vorigen Abschnitt sind wir davon ausgegangen, daß über die Verteilung der Zufallsvariablen, die das Entstehen der Meßdaten beschreiben, keine Informationen vorliegen. Dagegen werden wir nun wieder konkrete Verteilungsannahmen treffen und voraussetzen, daß die beschreibenden Zufallsvariablen normalverteilt sind. Dadurch wird es möglich, zu Entscheidungsproblemen, wie sie oben mit dem Kruskal–Wallis–Test gelöst wurden, effektive Testverfahren anzugeben. "Effektiv" bezieht sich dabei auf Fehlerwahrscheinlichkeiten 2. Art, d.h. bei Anwendung solcher Verfahren ist bei Abweichungen von der Nullhypothese die Wahrscheinlichkeit dafür, daß die Analyse der Daten zu einer Ablehnung der Nullhypothese führt, größer als bei verteilungsunabhängigen Verfahren. Allerdings sind sie nur dann anwendbar, wenn die Verteilungsannahmen gerechtfertigt sind. Das dem Kruskal–Wallis–Test entsprechende parametrische Verfahren ist die einfache Varianzanalyse.

Wir beginnen mit einem Beispiel.

Beispiel 3.60. *Es soll die Abhängigkeit der Ernteerträge einer bestimmten Getreidesorte von unterschiedlichen Düngemitteln $D_1, \ldots, D_k$ untersucht werden. Wir nehmen an, daß jedes von n gleichgroßen Feldern mit einem dieser Mittel gedüngt wird, und zwar n_i Felder mit dem Mittel $D_i, i = 1, 2, \ldots, k$. Dabei soll $n_i \geq 1, i = 1, \ldots, k$, und $n_1 + n_2 + \ldots + n_k = n > k$ gelten. Es bezeichne y_{ij} den Ernteertrag (z.B. in Kilogramm) auf dem j–ten Feld, das mit dem Mittel D_i gedüngt wurde ($j = 1, \ldots, n_i$, $i = 1, \ldots, k$). Es soll festgestellt werden, ob sich die Erträge so stark unterscheiden, daß auf eine unterschiedliche Qualität der Düngemittel geschlossen werden muß. Wir suchen hier also keinen funktionalen Zusammenhang zwischen den Merkmalen Düngemittel und Ertrag, sondern wollen nur feststellen, ob überhaupt Unterschiede in der Wirkung der Düngemittel bestehen.*

Wir werden zunächst wieder mit heuristischen Argumenten ein plausibles Entscheidungsverfahren begründen und dies anschließend im Rahmen eines mathematischen Modells präzisieren und analysieren. Zunächst stellen wir die Daten in einer Tabelle übersichtlich dar.

Düngemittel (Gruppe)	Anzahl der Meßwerte	Meßwerte der Gruppe	Summe innerhalb der Gruppe	Mittelwert der Gruppe
1	n_1	$y_{11}, \ldots, y_{1n_1}$	$y_{1.} = y_{11} + \cdots + y_{1n_1}$	$\bar{y}_1 = y_{1.}/n_1$
2	n_2	$y_{21}, \ldots, y_{2n_2}$	$y_{2.} = y_{21} + \cdots + y_{2n_2}$	$\bar{y}_2 = y_{2.}/n_2$
$\vdots$	$\vdots$	$\vdots$	$\vdots$	$\vdots$
k	n_k	$y_{k1}, \ldots, y_{kn_k}$	$y_{k.} = y_{k1} + \cdots + y_{kn_k}$	$\bar{y}_k = y_{k.}/n_k$
Gesamt	$n = n_1 + \cdots + n_k$		$y_{..} = y_{1.} + \cdots + y_{k.}$	$\bar{y} = y_{..}/n$

Weichen die mittleren Erträge $\bar{y}_1, \ldots, \bar{y}_k$ wenig voneinander (und damit nur wenig vom Gesamtmittel $\bar{y}$) ab, so spricht das nicht gegen die Gleichwertigkeit. Bei "zu großen" Abweichungen wird man jedoch die Hypothese der Gleichwertigkeit verwerfen. Um das quantitativ zu fassen, berechnen wir die Quadrate $(\bar{y}_i - \bar{y})^2$, $i = 1, \ldots, k$, der Abweichungen zwischen den Gruppen– und dem Gesamtmittel und vergleichen sie mit den Quadraten $(y_{ij} - \bar{y}_i)^2$, $j = 1, \ldots, n_i$, $i = 1, \ldots, k$, der Abweichungen zwischen den Erträgen und den jeweiligen Gruppenmitteln. Daraus bilden wir zwei Summen von je n Abweichungsquadraten

$$\text{sst} = n_1(\bar{y}_1 - \bar{y})^2 + \cdots + n_k(\bar{y}_k - \bar{y})^2$$

und

$$\text{sse} = (y_{11} - \bar{y}_1)^2 + \cdots + (y_{1n_1} - \bar{y}_1)^2 + \cdots + (y_{k1} - \bar{y}_k)^2 + \cdots + (y_{kn_k} - \bar{y}_k)^2.$$

Man bezeichnet sst als Summe der Abweichungsquadrate zwischen den Gruppen ("sum of squares of treatments") und sse als Summe der Abweichungsquadrate innerhalb der Gruppen ("sum of squares of errors"). Man kann vermuten, daß bei unterschiedlicher Wirksamkeit der Düngemittel sst deutlich größer ausfallen wird als sse.

Um zu quantitativen Aussagen zu gelangen, müssen im Rahmen eines mathematischen Modells Verteilungsannahmen gemacht werden. Wir stellen uns vor, daß die Meßwerte y_{ij} Realisierungen von unabhängigen Zufallsvariablen Y_{ij}, $\quad j = 1, \ldots, n_i$, $i = 1, \ldots, k$, sind, die alle normalverteilt sind mit der (gleichen) Varianz σ^2. Für die Erwartungswerte soll gelten

$$E(Y_{ij}) = \mu_i, \quad j = 1, \ldots, n_i, \quad i = 1, \ldots, k.$$

Als Nullhypothese, die der Annahme der Gleichwertigkeit der Düngemittel entspricht, wählen wir

$$H_0 : \mu_1 = \mu_2 = \cdots = \mu_k.$$

Den oben definierten Quadratsummen sst und sse entsprechen im mathematischen Modell die Zufallsvariablen

$$\text{SST} = \sum_{i=1}^{k} n_i(\overline{Y}_i - \overline{Y})^2 \quad \text{und} \quad \text{SSE} = \sum_{i=1}^{k}\sum_{j=1}^{n_i}(Y_{ij} - \overline{Y}_i)^2,$$

wobei die Mittelwerte $\overline{Y}_i$, $\quad i = 1, \ldots, k$, und das Gesamtmittel $\overline{Y}$ durch

$$\overline{Y}_i = \tfrac{1}{n_i}\sum_{j=1}^{n_i} Y_{ij} \quad \text{und} \quad \overline{Y} = \tfrac{1}{n}\sum_{i=1}^{k}\sum_{j=1}^{n_i} Y_{ij} = \tfrac{1}{n}\sum_{i=1}^{k} n_i\overline{Y}_i$$

definiert sind.

Um eine Vorstellung von den Größenordnungen der Zufallsvariablen SST und SSE zu bekommen, berechnen wir zunächst ihre Erwartungswerte. Zur Abkürzung schreiben wir

$$\bar{\mu} = E(\overline{Y}) = \tfrac{1}{n}\sum_{i=1}^{k} n_i E(\overline{Y}_i) = \tfrac{1}{n}(n_1\mu_1 + \cdots + n_k\mu_k)$$

für den Erwartungswert des Gesamtmittels. Dann gilt mit (54) und (78), da die Zufallsvariablen $\overline{Y}_1, \ldots, \overline{Y}_k$ unabhängig sind und die Erwartungswerte μ_i sowie die Varianzen σ^2/n_i, $\quad i = 1, \ldots, k$, besitzen:

$$\begin{aligned} E[(\overline{Y}_i - \overline{Y})^2] &= [E(\overline{Y}_i - \overline{Y})]^2 + \text{Var}(\overline{Y}_i - \overline{Y}) \\ &= (\mu_i - \bar{\mu})^2 + \sum_{j \neq i}\left(\tfrac{n_j}{n}\right)^2 \tfrac{\sigma^2}{n_j} + (1 - \tfrac{n_i}{n})^2 \tfrac{\sigma^2}{n_i} \\ &= (\mu_i - \bar{\mu})^2 + \frac{(n - n_i)}{n^2}\sigma^2 + \frac{(n - n_i)^2}{n^2 n_i}\sigma^2 \\ &= (\mu_i - \bar{\mu})^2 + \frac{n - n_i}{n \cdot n_i}\sigma^2. \end{aligned}$$

Also ist

$$E(\mathrm{SST}) = \sum_{i=1}^{k} n_i E(\overline{Y}_i - \overline{Y})^2 = \sum_{i=1}^{k} n_i(\mu_i - \bar{\mu})^2 + (k-1)\sigma^2.$$

Demgegenüber ergibt sich mit (81)

$$E(\mathrm{SSE}) = \sum_{i=1}^{k} E\Big(\sum_{j=1}^{n_i}(Y_{ij} - \overline{Y}_i)\Big)^2 = \sum_{i=1}^{k}(n_i - 1)\sigma^2 = (n-k)\sigma^2.$$

Trifft die Nullhypothese $\mu_1 = \mu_2 = \cdots = \mu_k$ zu, so gilt $\bar{\mu} = \mu_1 = \cdots = \mu_k$ und deshalb

$$E(\tfrac{1}{k-1}\mathrm{SST}) = E(\tfrac{1}{n-k}\mathrm{SSE}) = \sigma^2.$$

Man kann dann erwarten, daß die Realisierungen $\frac{1}{k-1}\mathrm{sst}$ und $\frac{1}{n-k}\mathrm{sse}$ nicht zu verschieden ausfallen werden. Ist dagegen die Nullhypothese verletzt, so unterscheiden sich die Erwartungswerte um

$$E(\tfrac{1}{k-1}\mathrm{SST}) - E(\tfrac{1}{n-k}\mathrm{SSE}) = \frac{1}{k-1}\sum_{i=1}^{k} n_i(\mu_i - \bar{\mu})^2 > 0,$$

so daß man dann mit größeren Abweichungen zu rechnen hat.

Um zu einem Verfahren zu kommen, mit dem entschieden wird, ob $\frac{1}{k-1} \cdot \mathrm{sst}$ so groß gegenüber $\frac{1}{n-k} \cdot \mathrm{sse}$ ist, daß eine solche Beobachtung gegen die Nullhypothese spricht, betrachten wir die Verteilungen der Zufallsvariablen SST und SSE sowie deren gemeinsame Verteilung unter der Voraussetzung der Nullhypothese. Es wird sich zeigen, daß unter H_0

a) $\frac{1}{\sigma^2} \cdot \mathrm{SST}$ eine χ^2_{k-1}–verteilte Zufallsvariable ist,

b) $\frac{1}{\sigma^2} \cdot \mathrm{SSE}$ eine χ^2_{n-k}–verteilte Zufallsvariable ist,

c) SST und SSE unabhängig sind.

Daraus folgt, daß der Quotient

$$\frac{\frac{1}{k-1} \cdot \mathrm{SST}}{\frac{1}{n-k} \cdot \mathrm{SSE}} = \frac{\frac{1}{k-1} \cdot \frac{1}{\sigma^2} \cdot \mathrm{SST}}{\frac{1}{n-k} \cdot \frac{1}{\sigma^2} \cdot \mathrm{SSE}}$$

$F_{k-1,n-k}$–verteilt ist. Damit erhalten wir einen Test zum Niveau α mit der folgenden

Entscheidungsregel:

Die Hypothese $H_0 : \mu_1 = \cdots = \mu_k$ ist zu verwerfen, falls

$$\frac{\frac{1}{k-1} \cdot \mathrm{sst}}{\frac{1}{n-k} \cdot \mathrm{sse}} > F_{k-1,n-k;1-\alpha}$$

ausfällt. Dieser Test heißt *einfache Varianzanalyse.*

Wir werden diesen Test in einem Zahlenbeispiel am Ende dieses Abschnittes anwenden, wollen jedoch zuvor die obigen drei Verteilungsaussagen a), b) und c) beweisen. Dazu wenden wir Satz 2.74 auf die unter H_0 standardisierten und daher $N(0,1)$–verteilten Zufallsvariablen

$$Z_{ij} = \tfrac{1}{\sigma}(Y_{ij} - \bar{\mu}), \quad j = 1, \ldots, n_i, \quad i = 1, \ldots, k,$$

an und wählen ein für unser Problem geeignetes Orthonormalsystem $\{u_1, \ldots, u_n\}$ von Vektoren des $\mathbb{R}^n$.

Sei

$$Z = (Z_{11}, \ldots, Z_{1n_1}, Z_{21}, \ldots, Z_{2n_2}, \ldots, Z_{k1}, \ldots, Z_{kn_k})$$

die n–dimensionale Zufallsvariable mit den Komponenten Z_{ij}, und sei für $i = 1, \ldots, k$

$$u_i = (c_{11}, \ldots, c_{1n_1}, c_{21}, \ldots, c_{2n_2}, \ldots, c_{k1}, \ldots, c_{kn_k})^T$$

mit

$$c_{mj} = \begin{cases} \frac{1}{\sqrt{n_i}} & \text{für} \quad m = i, \\ 0 & \text{für} \quad m \neq i, \end{cases} \qquad j = 1, \ldots, n_i \,.$$

Dann bilden die Vektoren $u_1, \ldots, u_k$ ein System von paarweise orthogonalen Vektoren der Länge 1, das wir zu einem Orthonormalsystem $\{u_1, \ldots, u_n\}$ vervollständigen. Nach Satz 2.74 sind die Zufallsvariablen

$$U_1 = u_1^T Z, \quad \ldots\ldots, \quad U_n = u_n^T Z$$

unabhängig und $N(0,1)$–verteilt. Wegen der besonderen Wahl der Vektoren $u_1, \ldots, u_k$ gilt für $i = 1, \ldots, k$

$$U_i = \sum_{j=1}^{n_i} \frac{1}{\sqrt{n_i}} Z_{ij} = \sum_{j=1}^{n_i} \frac{1}{\sqrt{n_i}} \frac{Y_{ij} - \bar{\mu}}{\sigma} = \frac{\sqrt{n_i}}{\sigma}(\overline{Y}_i - \bar{\mu}). \tag{130}$$

Daraus folgt

$$\begin{aligned} \text{SSE} &= \sum_{i=1}^{k} \sum_{j=1}^{n_i} (\overline{Y}_{ij} - \overline{Y}_i)^2 = \sigma^2 \sum_{i=1}^{k} \sum_{j=1}^{n_i} \left(\frac{Y_{ij} - \bar{\mu}}{\sigma} - \frac{\overline{Y}_i - \bar{\mu}}{\sigma} \right)^2 \\ &= \sigma^2 \sum_{i=1}^{k} \sum_{j=1}^{n_i} (Z_{ij} - U_i \frac{1}{\sqrt{n_i}})^2. \end{aligned}$$

Also ist $\frac{1}{\sigma^2}$SSE das Quadrat der Länge des Vektors

$$\begin{aligned} &(Z_{11} - U_1 \cdot \tfrac{1}{\sqrt{n_1}}, \ldots, Z_{1n_1} - U_1 \cdot \tfrac{1}{\sqrt{n_1}}, \ldots, Z_{k1} - U_k \cdot \tfrac{1}{\sqrt{n_k}}, \ldots, \;_{kn_k} - U_k \cdot \tfrac{1}{\sqrt{n_k}})^T \\ &= Z - U_1 \cdot u_1 - \cdots - U_k \cdot u_k. \end{aligned}$$

Wegen Bemerkung 4 vor Satz 2.74 ist

$$Z = U_1 \cdot u_1 + \cdots + U_n \cdot u_n,$$

also folgt

$$\frac{1}{\sigma^2}\mathrm{SSE} = |U_{k+1} \cdot u_{k+1} + \cdots + U_n \cdot u_n|^2 = U_{k+1}^2 + \cdots + U_n^2.$$

Damit ist die Verteilungsaussage b) bewiesen.

Während SSE nur von den Zufallsvariablen $U_{k+1}, \ldots, U_n$ abhängt, sind wegen (130) die Zufallsvariablen

$$\overline{Y}_i = \frac{\sigma}{\sqrt{n_i}} U_i + \bar{\mu}, \quad i = 1, \ldots, k, \quad \text{sowie} \quad \overline{Y} = \frac{1}{n} \sum_{i=1}^{k} n_i \cdot \overline{Y}_i$$

und deshalb auch die Zufallsvariable

$$\mathrm{SST} = \sum_{i=1}^{k} n_i (\overline{Y}_i - \overline{Y})^2$$

allein durch $U_1, \ldots, U_k$ bestimmt. Daraus folgt c).

Beim Beweis von a) wollen wir auf Details verzichten. Wir erwähnen nur, daß er ebenso wie der Beweis von b) geführt werden kann, wenn man Satz 2.74 auf die unabhängigen $N(0,1)$–verteilten Zufallsvariablen $U_1, \ldots, U_k$ anwendet und ein Orthonormalsystem $\{\tilde{u}_1, \ldots, \tilde{u}_k\}$ des $\mathbb{R}^k$ zugrunde legt, bei dem als erster Vektor

$$\tilde{u}_1 = \left(\sqrt{\frac{n_1}{n}}, \ldots, \sqrt{\frac{n_k}{n}}\right)$$

gewählt wird.

Beispiel 3.61. *Die Ernteerträge von 20 Feldern, die mit vier verschiedenen Mitteln bzw. überhaupt nicht gedüngt wurden, sind in folgender Tabelle zusammengestellt:*

Düngemittel	n_i	y_{ij}				$y_{i.}$	$\bar{y}_i$
ohne	4	66	68	42	56	232	58.00
D_1	4	60	35	51	69	215	53.75
D_2	4	64	79	72	82	297	74.25
D_3	4	97	99	64	91	351	87.75
D_4	4	90	79	87	71	327	81.75
	20					1422	71.10

In diesem Beispiel ist $n = 20$, $k = 5$, und zu diesen Ergebnissen gehören als Realisierungen von SST und SSE

$$sst = 4 \cdot (58.00 - 71.10)^2 + \cdots + 4 \cdot (81.75 - 71.10)^2 = 3492.80$$

und

$$sse = (66-58.00)^2 + \cdots + (56-58.00)^2 + \cdots + (90-81.75)^2 + \cdots + (71-81.75)^2 = 2253.00\ .$$

Daraus folgt

$$\frac{sst/(k-1)}{sse/(n-k)} = \frac{3492.80/4}{2253.0/15} = 5.81\ .$$

Dies ist deutlich größer als das 0.99–Quantil $F_{4,15;0.99} = 4.89$ der $F_{4,15}$–Verteilung. Die Hypothese ist also auf dem 1%–Niveau zu verwerfen. Hätte man nur die letzten drei Düngemittel D_2, D_3 und D_4 vergleichen wollen, wäre man mit $k = 3$ und $n = 12$ zu den Resultaten

$$\bar{y} = 81.25, \quad sst = 366.0, \quad sse = 1198.25$$

und

$$\frac{sst/(k-1)}{sse/(n-k)} = \frac{366.00/2}{1198.25/9} = 1.37$$

gekommen. Wegen $F_{2,9;0.95} = 4.26$ wäre die Nullhypothese selbst auf dem 5%–Niveau nicht abgelehnt worden.

3.9 Einfache lineare Regression

In Beispiel 1.5 haben wir eine zweidimensionale Meßreihe $(x_1, y_1), \ldots, (x_n, y_n)$ betrachtet. In einer Gruppe von $n = 30$ Männern bezeichnete x_i das Lebensalter und y_i den Blutdruck des i–ten Mannes. Das Punktediagramm der Daten legt die Vermutung nahe, daß ein Zusammenhang zwischen diesen beiden Merkmalen besteht, den man durch eine lineare Gleichung der Form

$$\text{Blutdruck} = a \cdot \text{Alter} + b + \text{zufällige Abweichung}$$

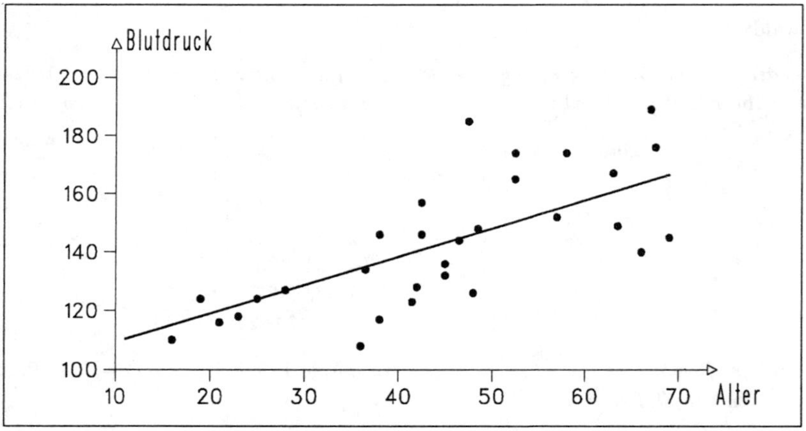

zu beschreiben versucht. Wir gehen darum in der mathematischen Beschreibung davon aus, daß die Meßreihe die Realisierung von n unabhängigen, identisch verteilten zweidimensionalen Zufallsvariablen $(X_1, Y_1), \ldots, (X_n, Y_n)$ ist, und unterstellen die Existenz reeller Zahlen a und b so, daß die (unabhängigen, identisch verteilten) Zufallsvariablen

$$E_i = Y_i - aX_i - b, \quad i = 1, \ldots, n,$$

die die zufällige Abweichung vom linearen Zusammenhang beschreiben, in einem noch zu präzisierenden Sinne klein sind.

Mit der Regressionsanalyse wird das Ziel verfolgt, aus der Meßreihe $(x_1, y_1), \ldots, (x_n, y_n)$ Schätzwerte für diese unbekannten Zahlen a und b (die "Regressionssteigung" und den "Achsenabschnitt") der "Regressionsgeraden" $y = ax + b$ sowie Aussagen über die "Abweichungen" E_i zu gewinnen.

In Abschnitt 1.4 haben wir bereits für zweidimensionale Meßreihen $(x_1, y_1), \ldots, (x_n, y_n)$ eine Gerade, die sogenannte Regressionsgerade, bestimmt, um die sich die Datenpunkte $(x_1, y_1), \ldots, (x_n, y_n)$ gruppieren. Da wir nun davon ausgehen, daß die Meßreihe das Ergebnis eines Zufallsexperimentes ist, sind die daraus berechnete Steigung und der Achsenabschnitt dieser Geraden ebenfalls Zufallsprodukte. Sie sind aber gute Schätzwerte für die Modellparameter a und b.

Wir bezeichnen die entsprechenden Schätzwerte mit $\hat{a}$ und $\hat{b}$ und übernehmen aus Abschnitt 1.4

$$\hat{a} = \frac{\text{sxy}}{\text{ssx}} \quad \text{und} \quad \hat{b} = \bar{y} - \hat{a}\bar{x} \tag{131}$$

mit

$$\bar{x} = \tfrac{1}{n} \cdot \sum_{i=1}^{n} x_i, \quad \bar{y} = \tfrac{1}{n} \cdot \sum_{i=1}^{n} y_i, \tag{132}$$

sowie

$$\text{sxy} = \sum_{i=1}^{n}(x_i - \bar{x})(y_i - \bar{y}) = \sum_{i=1}^{n} x_i y_i - n\bar{x}\bar{y} \tag{133}$$

und

$$\text{ssx} = \sum_{i=1}^{n}(x_i - \bar{x})^2 = \sum_{i=1}^{n} x_i^2 - n\bar{x}^2. \tag{134}$$

Im Abschnitt 1.4 wurde bereits gezeigt, daß für die Quadratsumme der empirischen Residuen die Gleichung

$$\text{ssr} = \sum_{i=1}^{n}(y_i - \hat{a}x_i - \hat{b})^2 = \text{ssy} \cdot (1 - r_{xy}^2) \tag{135}$$

gilt. Dabei ist

$$\text{ssy} = \sum_{i=1}^{n}(y_i - \bar{y})^2 = \sum_{i=1}^{n} y_i^2 - n\bar{y}^2 \tag{136}$$

und

$$r_{xy} = \frac{\text{sxy}}{\sqrt{\text{ssx}} \cdot \sqrt{\text{ssy}}} \tag{137}$$

ist der empirische Korrelationskoeffizient.

Beispiel 3.62. *Die Meßreihe, die in obiger Abbildung dargestellt ist, haben wir nicht explizit angegeben. Da dies für unsere Zwecke ausreichend ist, beschränken wir uns darauf mitzuteilen, daß sich für die 30 Meßpunkte* (x_i, y_i)

$$\bar{x} = 44.9, \quad \bar{y} = 143.2, \quad \text{ssx} = 6783.4, \quad \text{sxy} = 6584.3, \quad \textit{und} \quad \text{ssy} = 14788.0,$$

ergibt. Daraus berechnet man nach obigen Gleichungen

$$\hat{a} = 0.97, \quad \hat{b} = 99.6 \quad \textit{und} \quad ssr = 8397.0 \; .$$

Die Gerade mit der Steigung $\hat{a} = 0.97$ und dem Achsenabschnitt $\hat{b} = 99.6$ ist ebenfalls in der Abbildung dargestellt.

Die Regressionsgerade mit der Steigung $\hat{a}$ und dem Achsenabschnitt $\hat{b}$ wurde in Abschnitt 1.4 mit geometrischen Methoden ohne Hilfsmittel aus der Wahrscheinlichkeitstheorie hergeleitet. Wir wollen nun die eingangs dieses Abschnitts angedeutete Problemstellung durch zwei stochastische Modelle präzisieren und in diesem Rahmen jeweils Schätzwerte für Steigung, Achsenabschnitt und mittlere Abweichungen herleiten.

Methode der minimalen mittleren quadratischen Abweichung

Sei (X, Y) eine zweidimensionale Zufallsvariable, die ebenso verteilt ist wie die Zufallsvariablen $(X_1, Y_1), \ldots, (X_n, Y_n)$. In Satz 2.65 wurde gezeigt, daß zu einer zweidimensionalen Zufallsvariablen (X, Y) mit existierenden Varianzen genau ein Paar (a, b) reeller Zahlen gehört, so daß die mittlere quadratische Abweichung $E((Y - aX - b)^2)$ minimal wird. Wir nennen die Gerade mit der Steigung a und dem Achsenabschnitt b die *Regressionsgerade* zu (X, Y). Diese Regressionsgerade ist zu unterscheiden von der empirischen Regressionsgeraden einer Meßreihe $(x_1, y_1), \ldots, (x_n, y_n)$, deren Steigung und Achsenabschnitt wir oben mit $\hat{a}$ und $\hat{b}$ bezeichnet haben.

Nach Satz 2.65 gilt

$$a = \mathrm{Cov}(X, Y)/\mathrm{Var}(X) \quad \text{und} \quad b = E(Y) - aE(X)$$

sowie für die mittlere quadratische Abweichung

$$E((Y - aX - b)^2) = \mathrm{Var}(Y) \cdot (1 - \varrho(X, Y)^2).$$

Um die Größen a und b sowie die mittlere quadratische Abweichung zu schätzen, ersetzen wir die unbekannten Kennzahlen $E(X)$, $E(Y)$, $\mathrm{Var}(X), \mathrm{Var}(Y)$, $\mathrm{Cov}(X, Y)$ und $\varrho(X, Y)$ durch Schätzer. Sind $(X_1, Y_1), \ldots, (X_n, Y_n)$ unabhängige zweidimensionale Zufallsvariablen, die alle dieselbe Verteilung wie (X, Y) haben, so sind wegen Satz 3.5 und Satz 3.6

$$\overline{X}, \quad \overline{Y}, \quad \frac{1}{n-1}\sum_{i=1}^{n}(X_i - \overline{X})^2, \quad \frac{1}{n-1}\sum_{i=1}^{n}(Y_i - \overline{Y})^2 \quad \text{und} \quad \frac{1}{n-1}\sum_{i=1}^{n}(X_i - \overline{X})(Y_i - \overline{Y})$$

erwartungstreue Schätzvariablen für

$$E(X), \quad E(Y), \quad \mathrm{Var}(X), \quad \mathrm{Var}(Y) \quad \text{bzw.} \quad \mathrm{Cov}(X, Y).$$

Wir werden im folgenden diese und auch andere Schätzvariablen der Einfachheit halber Schätzer nennen. In Analogie zur Bezeichnungsweise bei Meßreihen führen wir die Bezeichnungen

$$\mathrm{SSX} = \sum_{i=1}^{n}(X_i - \overline{X})^2, \quad \mathrm{SSY} = \sum_{i=1}^{n}(Y_i - \overline{Y})^2 \quad \text{und} \quad \mathrm{SXY} = \sum_{i=1}^{n}(X_i - \overline{X})(Y_i - \overline{Y})$$

ein. Dann bieten sich als Schätzer für a und b die Zufallsvariablen

$$A = \text{SXY}/\text{SSX} \quad \text{und} \quad B = \overline{Y} - A \cdot \overline{X}$$

und für die mittlere quadratische Abweichung

$$\tfrac{1}{n-1}\text{SSY}\Big(1 - \frac{\text{SXY}^2}{\text{SSX} \cdot \text{SSY}}\Big)$$

an. Die zu einer zweidimensionalen Meßreihe $(x_1, y_1), \ldots, (x_n, y_n)$, d.h. zu einer Realisierung der Zufallsvariablen $(X_1, Y_1), \ldots, (X_n, Y_n)$ gehörenden Schätzwerte stimmen also mit den in Abschnitt 1.4 gewonnenen Ergebnissen $\hat{a}$ und $\hat{b}$ überein (siehe (131)).

Führen wir noch die Bezeichnung

$$\text{SSR} = \text{SSY}\Big(1 - \frac{\text{SXY}^2}{\text{SSX} \cdot \text{SSY}}\Big) \tag{138}$$

ein, so ist die empirische Quadratsumme der Residuen ssr in (135) eine Realisierung der Zufallsvariablen SSR, und wir können deshalb $\frac{1}{n-1}$ssr als Schätzwert für die mittlere quadratische Abweichung betrachten.

Maximum–Likelihood–Methode

Wir wollen schließlich noch mit der Maximum–Likelihood–Methode Schätzer für a und b bestimmen. Dazu wählen wir ein anderes Modell und setzen voraus, daß die Werte $x_1, \ldots, x_n$, die nicht alle gleich sein sollen, ohne zufällige Fehler beobachtet werden. Diese Annahme ist in der Praxis häufig gerechtfertigt, da die Zahlen $x_1, \ldots, x_n$ in der Regel vorgegebene (z.B. äquidistante) Meßstellen oder Meßzeitpunkte sind, an denen die zufallsabhängigen Meßwerte y_i bestimmt werden. In unserem Beispiel ist x_i das Alter des i–ten Mannes. Weiter setzen wir voraus, daß $Y_1, \ldots, Y_n$ unabhängige, normalverteilte Zufallsvariablen sind mit

$$E(Y_i) = ax_i + b \quad \text{und} \quad \text{Var}(Y_i) = \sigma^2, \quad i = 1, \ldots, n. \tag{139}$$

Der Erwartungswert der Zufallsvariablen Y_i hängt also von der Meßstelle x_i ab, und zwar linear mit unbekannten Koeffizienten a und b. Die Zufallsvariablen $Y_1, \ldots, Y_n$ haben jedoch alle die gleiche (unbekannte) Varianz $\sigma^2 > 0$.

Die zur Meßreihe $(x_1, y_1), \ldots, (x_n, y_n)$ gehörende Likelihood–Funktion ist unter diesen Voraussetzungen gegeben durch

$$\begin{aligned} L(a, b, \sigma^2; y_1, \ldots, y_n) &= \prod_{i=1}^{n} \frac{1}{\sqrt{2\pi\sigma^2}} \exp\left[-(y_i - ax_i - b)^2/2\sigma^2\right] \\ &= \Big(\frac{1}{\sqrt{2\pi\sigma^2}}\Big)^n \cdot \exp\left[-\Big(\sum_{i=1}^{n}(y_i - ax_i - b)^2\Big)/2\sigma^2\right], \qquad a, b \in \mathbb{R}, \quad \sigma^2 > 0. \end{aligned}$$

Für jeden Wert von σ^2 nimmt diese Funktion ihren größten Wert an, wenn die Summe $\sum_{i=1}^{n}(y_i - ax_i - b)^2$ am kleinsten wird. Wie wir bereits in Abschnitt 1.4 gesehen haben, hat diese ihr Minimum an der Stelle $(a, b) = (\hat{a}, \hat{b})$ mit

$$\hat{a} = \text{sxy}/\text{ssx} \quad \text{und} \quad \hat{b} = \bar{y} - \hat{a} \cdot \bar{x}.$$

Für das Minimum ergibt sich

$$\text{ssr} = \sum_{i=1}^{n}(y_i - \hat{a}x_i - \hat{b})^2.$$

Betrachten wir die Likelihood–Funktion nun für $a = \hat{a}$ und $b = \hat{b}$ als Funktion von σ^2, so hat sie (mit einer positiven Konstanten c) die Form

$$L(\hat{a}, \hat{b}, \sigma^2; y_1, \dots, y_n) = c \cdot (\sigma^2)^{-n/2} \cdot e^{-\text{ssr}/2\sigma^2}, \quad \sigma^2 > 0,$$

und besitzt, wie die Untersuchung ihrer Ableitungen zeigt, ihr Maximum an der Stelle

$$\hat{\sigma}^2 = \tfrac{1}{n} \cdot \text{ssr}.$$

Damit erhalten wir die Maximum–Likelihood–Schätzer

$$A = \text{SXY}/\text{ssx} \quad \text{und} \quad B = \bar{Y} - A \cdot \bar{x} \tag{140}$$

für die Koeffizienten a und b, sowie den Maximum–Likelihood–Schätzer

$$\tfrac{1}{n}\text{SSR} = \tfrac{1}{n}\sum_{i=1}^{n}(Y_i - A \cdot x_i - B)^2$$

für die Varianz σ^2.

Die Schätzer A und B für a bzw. b stimmen mit den nach der Methode der minimalen mittleren quadratischen Abweichung gewonnenen Schätzern überein. Allerdings haben wir jetzt vorausgesetzt, daß die Meßwerte $x_1, \dots, x_n$ vom Zufall nicht abhängen, daß also die Zufallsvariable X_i identisch gleich x_i ist, $i = 1, \dots, n$, und darum $\bar{x}$ anstelle von $\overline{X}$ und ssx anstelle von SSX geschrieben.

Wir wollen uns nun den Verteilungen der erhaltenen Schätzer zuwenden. Wir bleiben bei den zuletzt gemachten Voraussetzungen, unter denen $Y_1, \dots, Y_n$ unabhängige, normalverteilte Zufallsvariablen mit gleicher Varianz $\sigma^2 > 0$ sind und die Erwartungswerte

$$E(Y_i) = a \cdot x_i + b, \quad i = 1, \dots, n,$$

besitzen. Die Meßstellen $x_1, \dots, x_n$ seien bekannt, während die Koeffizienten a und b und die Varianz σ^2 als unbekannt angenommen werden. Das wesentliche Hilfsmittel zur Bestimmung der Verteilungen ist Satz 2.74, den wir auf die n–dimensionale Zufallsvariable $Z = (Z_1, \dots, Z_n)^T$ anwenden, deren Komponenten

$$Z_i = \frac{1}{\sigma}(Y_i - ax_i - b), \quad i = 1, \dots, n \tag{141}$$

nach unseren Modellannahmen unabhängige $N(0,1)$–verteilte Zufallsvariablen sind. Ist $\{u_1, \ldots, u_n\}$ irgendein Orthonormalsystem von Vektoren des $\mathbb{R}^n$ und stellen wir Z als Linearkombination der Vektoren $u_1, \ldots, u_n$ in der Form

$$Z = U_1 \cdot u_1 + U_2 \cdot u_2 + U_3 \cdot u_3 + \cdots + U_n \cdot u_n \tag{142}$$

dar, so sind nach Satz 2.74 die Koeffizienten $U_1, \ldots, U_n$ unabhängige $N(0,1)$–verteilte Zufallsvariablen. Wir wählen $u_1, \ldots, u_n$ geeignet, so daß U_1 und U_2 in engem Zusammenhang mit den Schätzern A und B stehen. Dies gelingt, wenn wir analog zum Vorgehen in Abschnitt 1.4 bei der Bestimmung der empirischen Regressionsgeraden

$$\begin{aligned} u_1 &= \tfrac{1}{\sqrt{n}} \cdot (1, \ldots, 1)^T = \tfrac{1}{\sqrt{n}} \cdot \mathbb{1} \quad \text{und} \\ u_2 &= \tfrac{1}{\sqrt{\text{ssx}}} \cdot (x_1 - \bar{x}, \ldots, x_n - \bar{x})^T = \tfrac{1}{\sqrt{\text{ssx}}} \cdot (x - \bar{x} \cdot \mathbb{1}) \end{aligned} \tag{143}$$

setzen und weitere Vektoren $u_3, \ldots, u_n$ hinzunehmen, so daß ein Orthonormalsystem $u_1, \ldots, u_n$ entsteht.

Wir berechnen nun die Darstellung (142). Aus (141) folgt

$$\begin{aligned} Z = \tfrac{1}{\sigma} \cdot (Y - a \cdot x - b \cdot \mathbb{1}) &= \tfrac{1}{\sigma} \cdot (Y - a \cdot (x - \bar{x} \cdot \mathbb{1}) - (b + a \cdot \bar{x}) \cdot \mathbb{1}) \\ &= \tfrac{1}{\sigma} \cdot (Y - (b + a \cdot \bar{x}) \cdot \sqrt{n} \cdot u_1 - a\sqrt{\text{ssx}} \cdot u_2). \end{aligned} \tag{144}$$

Für die n–dimensionale Zufallsvariable Y erhalten wir ebenso wie in Abschnitt 1.4 (siehe (17)) für den Datenvektor y eine Darstellung der Form

$$Y = \overline{Y} \cdot \mathbb{1} + \frac{\text{SXY}}{\text{ssx}} \cdot (x - \bar{x} \cdot \mathbb{1}) + R, \tag{145}$$

wobei der Vektor der Residuen

$$R = Y - A \cdot x - B \tag{146}$$

orthogonal zu u_1 und u_2 ist. Mittels (140) und (143) ergibt sich aus (145)

$$Y = (B + A \cdot \bar{x}) \cdot \mathbb{1} + A \cdot (x - \bar{x} \cdot \mathbb{1}) + R = (B + A\bar{x})\sqrt{n} \cdot u_1 + A\sqrt{\text{ssx}} \cdot u_2 + R \tag{147}$$

Setzt man dies in (144) ein, so gewinnt man die Zerlegung

$$Z = \tfrac{1}{\sigma}\Big([(A - a)\bar{x} + (B - b)]\sqrt{n} \cdot u_1 + (A - a)\sqrt{\text{ssx}} \cdot u_2 + R\Big). \tag{148}$$

Durch Koeffizientenvergleich mit (142) folgt daraus

$$U_1 = \tfrac{1}{\sigma}\Big[(A - a)\bar{x} + (B - b)\Big] \cdot \sqrt{n} \quad \text{und} \quad U_2 = \tfrac{1}{\sigma}(A - a)\sqrt{\text{ssx}} \tag{149}$$

sowie, weil R orthogonal zu u_1 und u_2 ist,

$$\tfrac{1}{\sigma} R = U_3 \cdot u_3 + \cdots + U_n \cdot u_n. \tag{150}$$

Löst man die Gleichung (149) nach A und B auf, so ergibt sich

$$A = \frac{\sigma}{\sqrt{\mathrm{ssx}}} U_2 + a \quad \text{und} \quad B = \frac{\sigma}{\sqrt{n}} U_1 - \frac{\sigma \bar{x}}{\sqrt{\mathrm{ssx}}} U_2 + b, \tag{151}$$

und es wird deutlich, daß A und B Linearkombinationen unabhängiger, $N(0,1)$–verteilter Zufallsvariablen sind. Diese Schätzer sind darum normalverteilt mit

$$E(A) = a, \quad \mathrm{Var}(A) = \frac{\sigma^2}{\mathrm{ssx}} \quad \text{sowie} \quad E(B) = b, \quad \mathrm{Var}(B) = \sigma^2 \Big(\frac{1}{n} + \frac{\bar{x}^2}{\mathrm{ssx}} \Big). \tag{152}$$

Beide Schätzer sind also insbesondere erwartungstreu für den jeweils zu schätzenden Parameter. Ihre Varianz hängt noch von dem unbekannten Wert σ^2 ab.

Wir bestimmen nun die Verteilung des Schätzers

$$\tfrac{1}{n} \cdot \mathrm{SSR} = \tfrac{1}{n} \sum_{i=1}^{n} (Y_i - Ax_i - B)^2 = \tfrac{1}{n} |R|^2$$

für σ^2. Aus (150) folgt

$$\frac{1}{\sigma^2} \mathrm{SSR} = \frac{1}{\sigma^2} |R|^2 = U_3^2 + \cdots + U_n^2. \tag{153}$$

Daraus ergibt sich, daß diese Zufallsvariable χ^2_{n-2}–verteilt ist. Außerdem sind U_1, U_2 und SSR unabhängig, woraus sich die Unabhängigkeit von SSR und A wie auch die von SSR und B ergibt. Der Schätzer $\frac{1}{n} \cdot \mathrm{SSR}$ hat somit den Erwartungswert

$$E(\tfrac{1}{n} \cdot \mathrm{SSR}) = \tfrac{1}{n} \cdot \sigma^2 E(\tfrac{1}{\sigma^2} \cdot \mathrm{SSR}) = \tfrac{1}{n} \cdot \sigma^2 \cdot (n-2). \tag{154}$$

Er ist also nicht erwartungstreu für σ^2. Statt dessen ist $\frac{1}{n-2}\mathrm{SSR}$ ein erwartungstreuer Schätzer für σ^2.

Wir fassen die soeben hergeleiteten Ergebnisse über die Verteilungen der Schätzer und einige Folgerungen daraus zusammen:

Satz 3.63.

(i) *Die Zufallsvariable A ist ein erwartungstreuer, normalverteilter Schätzer für a mit der Varianz $\frac{\sigma^2}{ssx}$.*

(ii) *Die Zufallsvariable* $\tilde{A} = \sqrt{ssx}\,(A - a) \cdot \sqrt{\dfrac{n-2}{SSR}}$ *ist t_{n-2}–verteilt.*

(iii) *Die Zufallsvariable B ist ein erwartungstreuer, normalverteilter Schätzer für b mit der Varianz* $\sigma^2 \cdot \Big(\dfrac{1}{n} + \dfrac{\bar{x}^2}{ssx} \Big)$.

(iv) *Die Zufallsvariable* $\tilde{B} = \dfrac{B - b}{\sqrt{\frac{1}{n} + \frac{\bar{x}^2}{\mathrm{ssx}}}} \cdot \sqrt{\dfrac{n-2}{\mathrm{SSR}}}$ *ist t_{n-2}–verteilt.*

(v) *Die Zufallsvariable* $\dfrac{SSR}{n-2}$ *ist ein erwartungstreuer Schätzer für σ^2.*

(vi) *Die Zufallsvariable* $\frac{SSR}{\sigma^2}$ *ist* χ^2_{n-2}*–verteilt.*

Mit diesem Satz lassen sich zahlreiche Fragen zur Regressionsgeraden beantworten.

Beispiel 3.64. *Gesucht ist ein Konfidenzintervall für a zum Niveau* $1-\alpha$. *Wir verwenden Teil (ii). Sei* $t_{n-2;1-\alpha/2}$ *das* $(1-\alpha/2)$*–Quantil der* t_{n-2}*–Verteilung. Dann gilt*

$$1-\alpha = P(|\tilde{A}| \le t_{n-2;1-\alpha/2}) = P(|A-a| \le \sqrt{\frac{SSR}{(n-2)ssx}} \cdot t_{n-2;1-\alpha/2}).$$

Also ist

$$\left[A - \sqrt{\frac{SSR}{(n-2)ssx}} \cdot t_{n-2;1-\alpha/2}\ ,\quad A + \sqrt{\frac{SSR}{(n-2)ssx}} \cdot t_{n-2;1-\alpha/2}\right]$$

ein Konfidenzintervall zum Niveau $1-\alpha$ *für a.*

Im Falle $1-\alpha = 0.95$ *und* $n = 30$ *erhält man*

$$t_{n-2;1-\alpha/2} = 2.05,$$

und mit den Daten aus Beispiel 3.62 ergibt sich ein konkretes Schätzintervall mit den Grenzen

$$0.97 \pm \sqrt{\frac{8397.0}{28 \cdot 6783.4}} \cdot 2.05 = 0.97 \pm 0.43\ .$$

Beispiel 3.65. *Es soll auf dem Niveau* α *getestet werden, ob der Achsenabschnitt b gleich* b_0 *sein kann. (Nullhypothese* $H_0 : b = b_0$*).*

Nach Teil (iv) gilt mit $t_* = t_{n-2;1-\alpha/2}$ *für* $b = b_0$

$$\alpha = P(|\tilde{B}| > t_*) = P((B-b_0)^2 > t_*^2 \cdot \Big(\frac{1}{n} + \frac{\bar{x}^2}{ssx}\Big)\frac{SSR}{n-2}).$$

Darum hat der Test mit der Entscheidungsregel, H_0 *zu verwerfen, falls*

$$(\hat{b} - b_0)^2 > t_*^2(\frac{1}{n} + \frac{\bar{x}^2}{\mathrm{ssx}})\frac{\mathrm{ssr}}{\mathrm{n}-2}$$

ausfällt, das Niveau α.

Im Beispiel 3.62 sei die Nullhypothese $H_0 : b = 50$ *auf dem Niveau* $\alpha = 0.05$ *zu testen. Es gilt*

$$t_*^2 \cdot \Big(\frac{1}{n} + \frac{\bar{x}^2}{ssx}\Big)\frac{ssr}{n-2} = 2.05^2 \cdot \big(\tfrac{1}{30} + \tfrac{44.9^2}{6783.4}\big) \cdot \tfrac{8397.0}{28} = 20.41^2$$

und

$$(\hat{b} - 50)^2 = 49.6^2 > 20.41^2\ .$$

Die Nullhypothese ist demnach auf dem 5%–Niveau zu verwerfen.

Beispiel 3.66. *Es soll die Nullhypothese $H_0 : a = a_0$ auf dem Niveau α getestet werden. Aus Teil (ii) des Satzes ergibt sich die Entscheidungsregel, H_0 zu verwerfen, wenn*

$$(\hat{a} - a_0)^2 > t_*^2 \cdot \frac{\mathrm{ssr}}{(n-2)\mathrm{ssx}} \quad \text{mit} \quad t_* = t_{n-2;1-\alpha/2}$$

ausfällt. Von besonderer Bedeutung ist die Hypothese $H_0 : a = 0$, denn aus ihr folgt, daß die Zufallsvariablen $Y_1, \ldots, Y_n$ identisch $N(b, \sigma^2)$–verteilt sind. Die Verteilung von Y_i hängt dann von der Meßstelle x_i nicht ab. Eine Ablehnung dieser Hypothese wird in der Praxis als Bestätigung dafür gedeutet, daß der Regressionsansatz $E(Y_i) = ax_i + b, \quad i = 1, \ldots, n$, eine Berechtigung hat. Die Hypothese $H_0 : a = 0$ ist zu verwerfen, wenn

$$\hat{a}^2 > t_*^2 \cdot \frac{\mathrm{ssr}}{(n-2)\mathrm{ssx}}, \quad \text{d.h. wenn} \quad \mathrm{ssr} < \frac{1}{t_*^2} \cdot \frac{(n-2)\mathrm{sxy}^2}{\mathrm{ssx}}$$

ausfällt.

In Beispiel 3.62 gilt

$$\mathrm{ssr} = 8397.0 \quad \text{und} \quad \frac{1}{t_*^2} \cdot \frac{(n-2)\mathrm{sxy}^2}{\mathrm{ssx}} = \frac{1}{2.05^2} \cdot \frac{28 \cdot 6584.3^2}{6783.4} = 42581.6\ .$$

Die Hypothese ist demnach auf dem 5%–Niveau zu verwerfen.

Beispiel 3.67. *Es soll eine Prognose über den Blutdruck eines Mannes mit dem Alter k gemacht werden ($k \in \mathbb{R}$ sei vorgegeben). Wir beschreiben seinen Blutdruck durch eine $N(ak + b, \sigma^2)$–verteilte Zufallsvariable $Y(k)$ und nehmen an, daß $Y(k), Y_1, \ldots, Y_n$ unabhängig sind, woraus die Unabhängigkeit von $Y(k), U_1$ und U_2 folgt.*

Die Zufallsvariable

$$\begin{aligned} Y(k) - A \cdot k - B &= Y(k) - \left(\frac{\sigma}{\sqrt{\mathrm{ssx}}} U_2 + a\right) k - \left(\frac{\sigma}{\sqrt{n}} U_1 - \frac{\sigma \bar{x}}{\sqrt{\mathrm{ssx}}} U_2 + b\right) \\ &= Y(k) - a \cdot k - b - \sigma \left(\frac{1}{\sqrt{n}} U_1 + \frac{k - \bar{x}}{\sqrt{\mathrm{ssx}}} U_2\right) \end{aligned}$$

ist daher normalverteilt mit dem Erwartungswert 0 und der Varianz $\sigma^2(1 + \frac{1}{n} + \frac{(k-\bar{x})^2}{\mathrm{ssx}})$. Wegen der Unabhängigkeit von Zähler und Nenner folgt aus Satz 3.63, daß

$$\tilde{Y}(k) = \frac{Y(k) - A \cdot k - B}{\sqrt{1 + \frac{1}{n} + \frac{(k-\bar{x})^2}{\mathrm{ssx}}} \cdot \sqrt{\frac{\mathrm{SSR}}{n-2}}}$$

eine t_{n-2}–verteilte Zufallsvariable ist. Mit

$$t_* = t_{n-2;1-\alpha/2} \quad \text{und} \quad s_* = \sqrt{1 + \frac{1}{n} + \frac{(k-\bar{x})^2}{\mathrm{ssx}}}$$

ergibt sich darum

$$\begin{aligned} &P(|\tilde{Y}(k)| \le t_*) \\ &= P\Big(A \cdot k + B - t_* \cdot s_* \sqrt{\frac{SSR}{n-2}} \le Y(k) \le A \cdot k + B + t_* \cdot s_* \sqrt{\frac{SSR}{n-2}}\Big) = 1 - \alpha. \end{aligned}$$

Darum überdeckt das Intervall

$$\left[A \cdot k + B - t_* \cdot s_* \sqrt{\frac{SSR}{n-2}},\ A \cdot k + B + t_* \cdot s_* \sqrt{\frac{SSR}{n-2}}\right]$$

mit Wahrscheinlichkeit $1-\alpha$ *die Realisierung von* $Y(k)$ *und kann deshalb als "Prognoseintervall" gedeutet werden. In Beispiel 3.62 erhält man für das Alter* $k = 50$ *Jahre und für* $1-\alpha = 0.95$ *das Prognoseintervall mit den Endpunkten*

$$0.97 \cdot 50 + 99.6 \pm 2.05 \cdot \sqrt{1 + \tfrac{1}{30} + \tfrac{(44.9-50)^2}{6783.4}} \cdot \sqrt{\tfrac{8397.0}{28}} = 148.1 \pm 36.2\ .$$

Die in diesen Beispielen ermittelten Schätzintervalle sind relativ groß, was in dem kleinen Stichprobenumfang $n = 30$ begründet ist. Bei der praktischen Anwendung der obigen Verfahren werden daher meist sehr viel größere Stichprobenumfänge zugrunde gelegt, um zu befriedigenderen Ergebnissen zu kommen.

Tabellen

Werte $\phi(x)$ der Verteilungsfunktion der $N(0,1)$–Verteilung

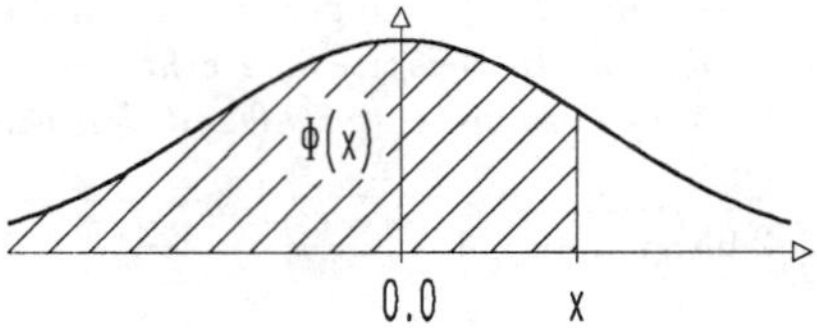

x	0	1	2	3	4	5	6	7	8	9
0.0	0.500	0.504	0.508	0.512	0.516	0.520	0.524	0.528	0.532	0.536
0.1	0.540	0.544	0.548	0.552	0.556	0.560	0.564	0.567	0.571	0.575
0.2	0.579	0.583	0.587	0.591	0.595	0.599	0.603	0.606	0.610	0.614
0.3	0.618	0.622	0.626	0.629	0.633	0.637	0.641	0.644	0.648	0.652
0.4	0.655	0.659	0.663	0.666	0.670	0.674	0.677	0.681	0.684	0.688
0.5	0.691	0.695	0.698	0.702	0.705	0.709	0.712	0.716	0.719	0.722
0.6	0.726	0.729	0.732	0.736	0.739	0.742	0.745	0.749	0.752	0.755
0.7	0.758	0.761	0.764	0.767	0.770	0.773	0.776	0.779	0.782	0.785
0.8	0.788	0.791	0.794	0.797	0.800	0.802	0.805	0.808	0.811	0.813
0.9	0.816	0.819	0.821	0.824	0.826	0.829	0.831	0.834	0.836	0.839
1.0	0.841	0.844	0.846	0.848	0.851	0.853	0.855	0.858	0.860	0.862
1.1	0.864	0.866	0.869	0.871	0.873	0.875	0.877	0.879	0.881	0.883
1.2	0.885	0.887	0.889	0.891	0.893	0.894	0.896	0.898	0.900	0.901
1.3	0.903	0.905	0.907	0.908	0.910	0.911	0.913	0.915	0.916	0.918
1.4	0.919	0.921	0.922	0.924	0.925	0.926	0.928	0.929	0.931	0.932
1.5	0.933	0.934	0.936	0.937	0.938	0.939	0.941	0.942	0.943	0.944
1.6	0.945	0.946	0.947	0.948	0.949	0.951	0.952	0.953	0.954	0.954
1.7	0.955	0.956	0.957	0.958	0.959	0.960	0.961	0.962	0.962	0.963
1.8	0.964	0.965	0.966	0.966	0.967	0.968	0.969	0.969	0.970	0.971
1.9	0.971	0.972	0.973	0.973	0.974	0.974	0.975	0.976	0.976	0.977
2.0	0.977	0.978	0.978	0.979	0.979	0.980	0.980	0.981	0.981	0.982
2.1	0.982	0.983	0.983	0.983	0.984	0.984	0.985	0.985	0.985	0.986
2.2	0.986	0.986	0.987	0.987	0.987	0.988	0.988	0.988	0.989	0.989
2.3	0.989	0.990	0.990	0.990	0.990	0.991	0.991	0.991	0.991	0.992
2.4	0.992	0.992	0.992	0.992	0.993	0.993	0.993	0.993	0.993	0.994
2.5	0.994	0.994	0.994	0.994	0.994	0.995	0.995	0.995	0.995	0.995
2.6	0.995	0.995	0.996	0.996	0.996	0.996	0.996	0.996	0.996	0.996
2.7	0.997	0.997	0.997	0.997	0.997	0.997	0.997	0.997	0.997	0.997
2.8	0.997	0.998	0.998	0.998	0.998	0.998	0.998	0.998	0.998	0.998
2.9	0.998	0.998	0.998	0.998	0.998	0.998	0.998	0.999	0.999	0.999

Weitere Funktionswerte erhält man durch die Beziehung

$$\phi(-x) = 1 - \phi(x) \quad \text{für} \quad x < 0.$$

Quantile u_p der $N(0,1)$–Verteilung

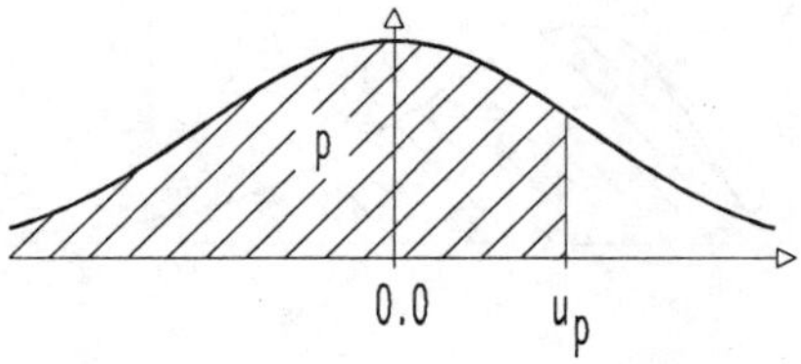

p	0.80	0.90	0.95	0.975	0.99	0.995	0.999	0.9995
u_p	0.84	1.28	1.64	1.96	2.33	2.58	3.09	3.29

Weitere Quantile erhält man durch die Beziehung

$$u_p = -u_{1-p} \quad \text{für} \quad 0 \leq p \leq 0.5 \; .$$

Quantile $t_{n,p}$ von t_n–Verteilungen

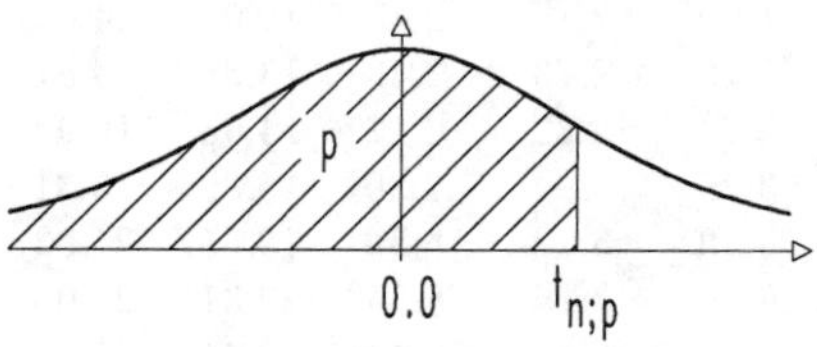

n \ p	0.80	0.90	0.95	0.975	0.99	0.995
1	1.38	3.08	6.31	12.71	31.82	63.66
2	1.06	1.89	2.92	4.30	6.96	9.92
3	0.98	1.64	2.35	3.18	4.54	5.84
6	0.91	1.44	1.94	2.45	3.14	3.71
9	0.88	1.38	1.83	2.26	2.82	3.25
10	0.88	1.37	1.81	2.23	2.76	3.17
20	0.86	1.33	1.72	2.09	2.53	2.85
25	0.86	1.32	1.71	2.06	2.49	2.79
28	0.85	1.31	1.70	2.05	2.47	2.76
29	0.85	1.31	1.70	2.05	2.46	2.76
30	0.85	1.31	1.70	2.04	2.46	2.75
50	0.85	1.30	1.68	2.01	2.40	2.68
100	0.85	1.29	1.66	1.98	2.36	2.63

Weitere Quantile erhält man mit der Beziehung

$$t_{n,p} = -t_{n,1-p}, \quad 0 \leq p \leq 0.5 \; .$$

Quantile $\chi^2_{n;p}$ von χ^2_n–Verteilungen

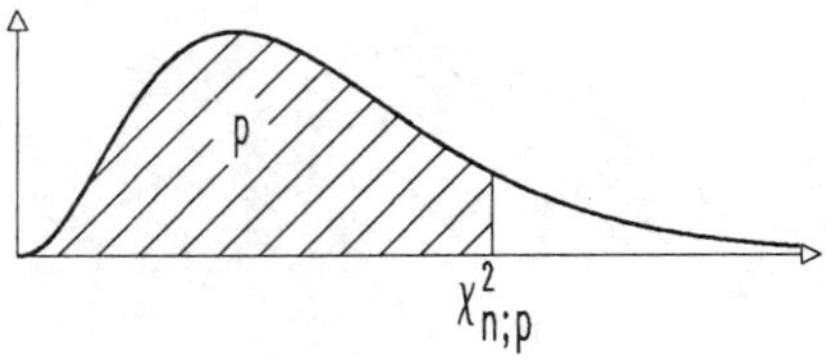

p / n	0.01	0.025	0.05	0.10	0.90	0.95	0.975	0.99
1	0.00	0.00	0.00	0.02	2.71	3.84	5.02	6.64
2	0.02	0.05	0.10	0.21	4.60	5.99	7.38	9.21
3	0.11	0.22	0.35	0.58	6.25	7.82	9.35	11.34
4	0.30	0.48	0.71	1.06	7.78	9.49	11.14	13.28
5	0.55	0.83	1.15	1.61	9.24	11.07	12.83	15.09
6	0.87	1.24	1.63	2.20	10.65	12.59	14.45	16.81
7	1.24	1.69	2.17	2.83	12.02	14.07	16.01	18.48
8	1.65	2.18	2.73	3.49	13.36	15.51	17.53	20.09
9	2.09	2.70	3.32	4.17	14.68	16.92	19.02	21.67
10	2.55	3.25	3.94	4.86	15.99	18.31	20.48	23.21
12	3.57	4.40	5.23	6.30	18.55	21.03	23.34	26.22
15	5.23	6.26	7.26	8.55	22.31	25.00	27.49	30.58
20	8.26	9.59	10.85	12.44	28.41	31.41	34.17	37.57
50	29.71	32.36	34.76	37.69	63.17	67.50	71.42	76.15
200	156.4	162.7	168.3	174.8	226.0	234.0	241.1	249.5

Beispiele: $\chi_{6;0.95} = 12.59$, $\chi_{50;0.01} = 29.71$.

Quantile $F_{m,n;p}$ von $F_{m,n}$–Verteilung

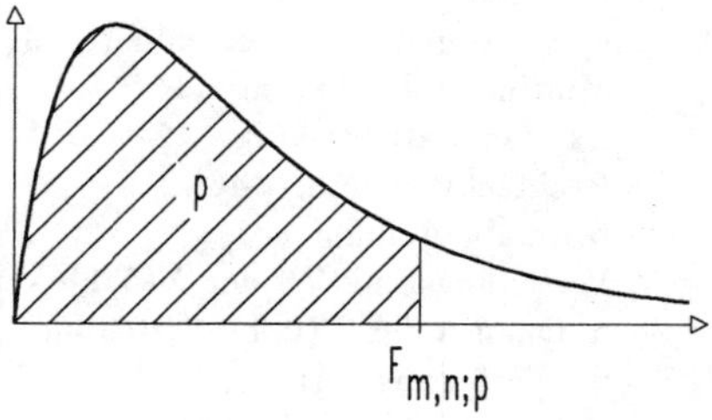

p / m,n	0.01	0.025	0.05	0.10	0.50	0.90	0.95	0.975	0.99
2, 9	0.01	0.03	0.05	0.11	0.75	3.01	4.26	5.71	8.02
2, 10	0.01	0.03	0.05	0.11	0.74	2.92	4.10	5.46	7.56
2, 12	0.01	0.03	0.05	0.11	0.73	2.81	3.89	5.10	6.93
2, 15	0.01	0.03	0.05	0.11	0.73	2.70	3.68	4.76	6.36
4, 9	0.07	0.11	0.17	0.25	0.91	2.69	3.63	4.72	6.42
4, 10	0.07	0.11	0.17	0.26	0.90	2.61	3.48	4.47	5.99
4, 12	0.07	0.11	0.17	0.26	0.89	2.48	3.26	4.12	5.41
4, 15	0.07	0.12	0.17	0.26	0.88	2.36	3.06	3.80	4.89
8, 12	0.18	0.24	0.30	0.40	0.97	2.24	2.85	3.51	4.50

Weitere Quantile erhält man mit den Beziehungen

$$F_{m,n;p} = \frac{1}{F_{n,m;1-p}} \quad \text{und} \quad F_{1,n;p} = (t_{n;(1+p)/2})^2, \qquad < p < 1.$$

Beispiele:

$$\begin{aligned} F_{2,10;0.9} &= 2.92, \\ F_{10,2;0.5} &= \tfrac{1}{F_{2,10;0.5}} = \tfrac{1}{0.74} = 1.35, \\ F_{1,28;0.95} &= (t_{28;0.975})^2 = 2.05^2 = 4.20 \end{aligned}$$

Symbole:

$B(n,p)$	Binominalverteilung 43
$H(n,N,M)$	hypergeometrische Verteilung 93
$M(n,p)$	Multinomialverteilung 147
$Ex(\lambda)$	Exponentialverteilung 49
$R(a,b)$	Rechteckverteilung 46
$N(\mu,\sigma^2)$	Normalverteilung 47
$\phi(\cdot)$	Verteilungsfunktion der $N(0,1)$–Verteilung 47
u_α	α–Quantil der $N(0,1)$–Verteilung 121
χ^2_r	χ^2–Verteilung 81
$\chi^2_{r;\alpha}$	α–Quantil der χ^2_r–Verteilung 126
t_r	t–Verteilung 82
$t_{r;\alpha}$	α–Quantil der t_r–Verteilung 125
$F_{r,s}$	F–Verteilung 82
$F_{r,s;\alpha}$	α–Quantil der $F_{r,s}$–Verteilung 137
$K(\cdot)$	Kolmogoroffsche Verteilungsfunktion 97
$\bar{x}$	Mittelwert 13
$\mathbb{1}$	Einsvektor 14
$\bar{x}_\alpha$	α–gestutztes Mittel 23
w_α	α–winsorisiertes Mittel 23
$\tilde{x}$	Median 14
x_p	p–Quantil 16,62
s^2	empirische Varianz 14
s, s_x, s_y	empirische Standardabweichung 14,18
r_{xy}	empirischer Korrelationskoeffizient 20
$x_{(1)},\ldots,x_{(n)}$	geordnete Meßreihe 14
$F_n(\cdot;x_1,\ldots,x_n)$	empirische Verteilungsfunktion 95
Ω	Ergebnismenge 25
$\mathfrak{A}$	σ–Algebra 26
$\mathfrak{P}(\cdot)$	Potenzmenge 27
P, P_θ	Wahrscheinlichkeitsmaß 28,108
$P(\cdot\|B)$	bedingte Wahrscheinlichkeit 33
F, F_θ	Verteilungsfunktion 39,108
f, f_θ	Dichtefunktion 44,116
$E(X), E_\theta(X)$	Erwartungswert 51,108
$\mathrm{Var}(X), \mathrm{Var}_\theta(X)$	Varianz 57,108
$\mathrm{Cov}(X,Y), \mathrm{Cov}_\theta(X,Y)$	Kovarianz 72,109
$\varrho(X,Y)$	Korrelationskoeffizient 72
$\overline{X}, \overline{X}_{(n)}$	arithmetisches Mittel 77,86
$S^2, S^2_{(n)}$	Stichprobenvarianz 78,109
$C_{(n)}$	Stichprobenkovarianz 109

$L(.; x_1, \ldots, x_n)$	Likelihood–Funktion 116
$\hat{\theta}$	Maximum–Likelihood–Schätzer 116
$[U(x_1, \ldots, x_n), O(x_1, \ldots, x_n)]$	Schätzintervall 119
H_0	Nullhypothese 130
H_1	Alternativhypothese 139
$\beta(\cdot)$	OC–Funktion 142
$Q(\cdot, p^0)$	χ^2–Abstandsfunktion 147
$u_1, \ldots, u_n$	Orthonormalbasis des $\mathbb{R}^n$ 79
$U = (U_1, \ldots, U_n)$, $Z = (Z_1, \ldots, Z_n)$	Zufallsvektoren mit unabhängigen $N(0,1)$–verteilten Komponenten 79
ssx, SSX, ssy, SSY, ssr, SSR, sst, SST, sse, SSE	Summen von Quadraten 16,18,19,178,184,185
sxy, SXY	Summen von Produkten 18,184

Literaturhinweise

Die folgende Zusammenstellung enthält (mit einer Ausnahme) deutschsprachige Literatur zum Weiterlesen, zum Nachschlagen und zum Üben.

Lehrbücher

Bauer,H. [1991]: Wahrscheinlichkeitstheorie. W. de Gruyter, Berlin

Bamberg, G.; Baur, F. [1987]: Statistik. Oldenbourg, München–Wien.

Behnen, K.; Neuhaus, G. [1984]: Grundkurs Stochastik. Teubner, Stuttgart.

Büning, H.; Trenkler, G. [1978]: Nichtparametrische statistische Methoden. W. de Gruyter, Berlin

Gänssler, P.; Stute, W. [1977]: Wahrscheinlichkeitstheorie. Springer, Berlin.

Krengel, U. [1988]: Einführung in die Wahrscheinlichkeitstheorie und Statistik. Vieweg, Braunschweig.

Krickeberg, K.; Ziezold, H. [1979]: Stochastische Methoden. Springer, Berlin.

Lehmann,E.L. [1975]: Nonparametrics. Statistical Methods based on Ranks. Holden–Day, San Francisco.

Pfanzagl, J. [1988]: Elementare Wahrscheinlichkeitsrechnung. W. de Gruyter, Berlin

Plachky, D.; Baringhaus, L.; Schmitz, N. [1983]: Stochastik I. Akademische Verlagsgesellschaft, Wiesbaden.

Plachky, D. [1981]: Stochastik II. Akademische Verlagsgesellschaft, Wiesbaden.

Pruscha, H. [1989]: Angewandte Methoden der Mathematischen Statistik. Teubner, Stuttgart.

Witting, H. [1985]: Mathematische Statistik I. Teubner, Stuttgart.

Witting, H.; Nölle, G. [1970]: Angewandte Mathematische Statistik. Teubner, Stuttgart.

Nachschlagewerke, Formelsammlungen, Aufgabensammlungen

Bamberg, G.; Baur, F. [1989]: Statistik–Arbeitsbuch. Oldenbourg, München–Wien.

Härtter, E. [1987]: Wahrscheinlichkeitsrechnung, Statistik und mathematische Grundlagen. Begriffe, Definitionen und Formeln. Vandenhoeck & Ruprecht, Göttingen.

Hartung, J.; Elpelt, B.; Klösener, K.H. [1982]: Statistik. Lehr– und Handbuch der angewandten Statistik. Oldenbourg, München–Wien.

Lehn, J.; Wegmann, H.; Rettig, S. [1988]: Aufgabensammlung zur Einführung in die Statistik. Teubner, Stuttgart.

Müller, P.H. (Hrsg.) [1991]: Wahrscheinlichkeitsrechnung und Mathematische Statistik. Lexikon der Stochastik. Akademie–Verlag, Berlin.

Plachky, D. [1985]: Stochastik – Anwendungen und Übungen. Akademische Verlagsgesellschaft, Wiesbaden.

Index

W

Z